工业和信息化精品系列教材
职业教育云计算技术与应用专业教学资源库配套教材
山东省职业教育精品资源共享课程配套教材

PHP 网站开发项目式教程

微课版 | 第2版

王爱华 刘锡冬 ◉ 编著

PROJECT TUTORIAL OF PHP WEB DEVELOPMENT

人民邮电出版社
北京

图书在版编目（CIP）数据

PHP网站开发项目式教程 ：微课版 / 王爱华，刘锡冬编著. -- 2版. -- 北京 ：人民邮电出版社，2022.6
工业和信息化精品系列教材
ISBN 978-7-115-20391-5

Ⅰ. ①P… Ⅱ. ①王… ②刘… Ⅲ. ①PHP语言—程序设计—高等学校—教材 Ⅳ. ①TP312.8

中国版本图书馆CIP数据核字(2021)第261822号

内容提要

本书分为基础篇、核心篇与提高篇三大部分，共12个任务。基础篇包含4个教学任务，分别是初识PHP、搭建PHP程序的运行环境、掌握PHP 7的基本语法和提交表单数据；核心篇包含5个教学任务，分别是实现163邮箱注册功能，实现163邮箱登录功能，实现163邮箱写邮件功能，实现接收、阅读、删除邮件功能，以及实现在线投票与网站计数功能；提高篇包含3个教学任务，分别是判断注册界面的密码强弱、添加附件的复杂方法设计和使用PHP面向对象程序设计方法。

全书内容的讲解由浅入深，循序渐进，旨在培养学生实际开发网站的能力。本书可作为高等职业院校计算机相关专业的专业课教材，也适合应用PHP开发动态网站的人员学习使用。

◆ 编　　著　王爱华　刘锡冬
责任编辑　马小霞
责任印制　王　郁　焦志炜

◆ 人民邮电出版社出版发行　　北京市丰台区成寿寺路11号
邮编　100164　　电子邮件　315@ptpress.com.cn
网址　https://www.ptpress.com.cn
固安县铭成印刷有限公司印刷

◆ 开本：787×1092　1/16
印张：17.5　　2022年6月第2版
字数：448千字　　2024年8月河北第6次印刷

定价：59.80元

读者服务热线：(010)81055256　印装质量热线：(010)81055316
反盗版热线：(010)81055315
广告经营许可证：京东市监广登字20170147号

前言 PREFACE

近年来，PHP 作为一种功能强大的 Web 编程语言，已经成为流行的 Web 开发工具之一。PHP 因其简单易学、安全可靠和跨平台等特性受到广大 Web 开发者的喜爱，很多网站在建设中都使用了 PHP+MySQL 技术，各网站开发公司需要大量这方面的人才，很多学校也将 PHP+MySQL 作为动态网站编程课程中讲授的核心技术。

传统的 PHP+MySQL 教材编写主要注重基础知识的讲解，通常一个知识点会配以一个小练习，整本教材看起来更像一本使用手册，知识结构是松散的，针对知识点设计的实训内容也是松散的，缺乏完整的教学项目将这些知识点串联成一个整体。几乎所有这方面的教材都只谈 PHP，内容与网站界面设计中的 HTML、CSS 和 JavaScript 没有太多关联，读者通过这些教材学习到的知识都是零散的，这些教材很难培养读者的实践能力，导致读者很难形成完整的知识体系。而在实际开发网站时，后台与前台、动态与静态往往是密不可分的。

因此，编写一本以项目贯穿知识、以实用带动学习，将 PHP 的知识与 HTML、CSS 和 JavaScript 有效融合的教材是非常有必要的。

本书的主要特色如下。

一、落实立德育人根本任务，培养学生"坚守初心、勇担使命"的匠心精神

本书注重素养提高，从开发项目时的安全、轻便、快捷等角度培养学生质量为本、用户至上的为民服务精神；以项目中的异步处理为契机，培养学生团队合作协同处理的合作精神；精心设计的以"关爱地球"为主题的在线投票项目，向学生灌输关爱地球、共建美好家园的责任和使命精神，厚植学生家国情怀。

二、落实项目贯穿的设计理念，围绕项目需求展开内容讲解

在充分考虑 PHP 知识在网站搭建中的应用需求之后，模拟开发了 163 邮箱网站的主要功能，以项目实现的过程为主线设计本书的架构，落实项目贯穿理念，内容选取不追求泛泛而谈，而是根据项目需求以实用为原则，突出了项目开发和案例教学，在教学过程中培养学生的项目开发思维和能力。

三、校企合作开发，课程与认证融合，前端与后端融合

PHP 是 Web 前端开发 1+X 职业技能等级中级认证考试中的必考模块，对接认证考试的知识和技能标准，校企合作共同开发，做到课证融合；设计的邮箱项目除了应用 PHP 的主流技术之外，高度融合了静态网站中的 HTML、CSS 和 JavaScript/jQuery 技术，将前导课程和后续课程有机融合、前端与后端有机融合，培养学生 Web 大前端的开发能力。

四、采用"思、学、做、检"的模式设计项目中的每个任务

党的二十大报告提出，必须坚持问题导向。工作中要坚持问题导向，学习中、创新应用中都要坚持问题导向，用心发现问题，努力解决问题，将事情做好。

任务开始首先抛出问题：这是什么？用在哪里？如何使用？采用问题导入的模式引导学生探索解决问题的方案，带着问题学习相关知识，实现项目功能，最后配以针对项目内容的测试，帮助学生检测学习情况，巩固知识和技能。

五、配套资源丰富，方便线上线下混合式学习

本书是云计算技术与应用专业国家级职业教育专业教学资源库配套教材，山东省职业教育精品资源共享课程配套教材，配套资源丰富，除了必备的项目代码之外，还配套了与内容同步的精美PPT、部分难度较大的内容的微课、与任务吻合的习题等资料，方便广大读者学习和使用。

本书建议参考学时为 80～96 学时，建议采用理实一体化教学模式，以基于精讲多练的方式完成教学。

本书由王爱华、刘锡冬编著，薛现伟、孟繁兴参与编写，本书还得到了中慧云启科技集团有限公司的支持与帮助，在此深表感谢！

编者

2023 年 5 月

目录 CONTENTS

第 1 篇　基础篇

任务 1

任务 2

任务 3

第 3 篇 提高篇

任务 10

任务 11

任务 12

第1篇　基础篇

任务1 初识PHP

01

作为动态网站技术 PHP（Hypertext Preprocessor，超文本预处理器）内容的起点，本任务通过讲解静态网页及其执行过程、动态网页及其执行过程，分析动态网页与静态网页的区别，帮助大家理解动态网页的作用及应用环境，任务的最后简要说明 PHP 的特性和 PHP 能够实现的功能。

素养要点

分工合作　互利共赢　为民服务

任务 1-1　理解静态网页与动态网页及其执行过程

需要解决的核心问题

- 什么是静态网页？静态网页如何执行？
- 什么是动态网页？动态网页如何执行？
- 动态网页与静态网页的本质区别是什么？

1.1.1　静态网页及其执行过程

1. 静态网页

目前流行的静态网页都是用 HTML+CSS+JavaScript/jQuery 编写的扩展名为.htm 或.html 的 HTML（Hypertext Markup Language，超文本标记语言）文件。静态网页只能按一定格式显示固定的内容信息，无须用户提交信息，也无法按用户的要求显示任意需要的内容。

对于静态网页，使用 JavaScript/jQuery 可实现具有交互性的动态效果，如动态变换图像、动态更新日期；鼠标指针指向某个元素或区域时动态出现浮动区域；鼠标指针指向浮动区域内的某个元素时，还可动态改变显示效果，并可实现超链接功能。但是，静态网页的所有动态效果都是事先设计好的固定内容，在页面刚刚运行时即下载到浏览器端，只不过是根据用户的操作由浏览器执行 JavaScript/jQuery 代码产生动态效果而已，用户的操作及动态显示都与网站服务器没有关系，因此具有动态效果的静态网页并不是真正意义上的动态网页。

静态网页部署在服务器，服务器收到浏览器发出的页面请求后，需要将整个页面的代码及页面运行中需要的素材一起打包，发送给浏览器，并在浏览器端执行。

静态网页主要的特点是，网页中显示的内容通常不会因人、因时不同而不同，即只要没有重新设计或修改网页，任何人在任何时候浏览页面，内容都是一样的。

2. 静态网页的执行过程

当用户在浏览器地址栏中输入某网站的静态网页地址并按【Enter】键后，该网站服务器会通过 HTTP（Hypertext Transfer Protocol，超文本传送协议）把用户指定的“网页”文件及所有相关的资源文件传输到用户计算机中，再由用户计算机的浏览器解析、执行该“网页”文件，将执行结果显示在浏览器中，从而形成用户看到的页面。

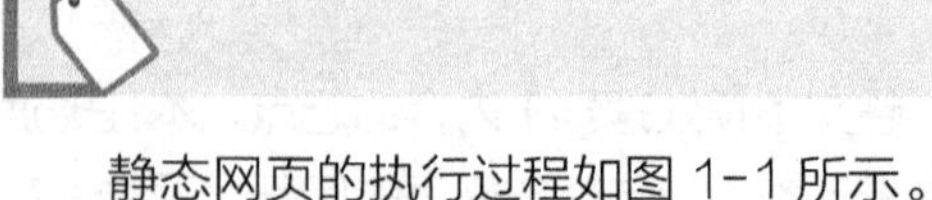

注意 静态网页的所有代码一定都是在浏览器端执行的。

静态网页的执行过程如图 1-1 所示。

图 1-1 静态网页的执行过程

静态网页的执行需要通过两步来完成。

第 1 步，在浏览器地址栏中输入 URL（Uniform Resource Locator，统一资源定位符），浏览器向服务器发出 HTTP 请求。

第 2 步，服务器发回 HTTP 响应，将用户请求页面的所有代码及资源文件都返回给浏览器，浏览器解释并执行之后，显示页面效果。

由此可知，在浏览器端查看静态网页的源文件时，能够查看到文件的所有代码，不具有任何保密性。

1.1.2 动态网页及其执行过程

1. 动态网页

动态网页的显著特点是，网页中显示的内容常常会因人、因时不同而不同。

例如，我们在网页上登录邮箱，今天登录后阅读了几封未读邮件，明天登录后可能又会有新的未读邮件出现。也就是说，对于同一个用户而言，不同时段看到的结果会有所不同；而不同的用户进入自己的邮箱看到的邮件更是大相径庭。动态网页可以按用户要求显示用户保存在服务器上的信息，用户也可以通过动态网页将自己的信息提交给服务器保存。

再如微博网站，其中的信息更是瞬息万变。

动态网页是指用 HTML+CSS+JavaScript/jQuery 结合 ASP（Active Server Pages，活动服务器页面）、PHP 或 JSP（Java Server Pages，Java 服务器页面）代码编写的扩展名为.asp、.php 或.jsp 的文件，即在动态网页代码中往往会穿插使用静态代码和动态代码。

2. 动态网页的执行过程

在动态网页中常出现的功能是用户与服务器的交互，这种交互过程通常需要借助于表单界面，用户也可以通过超链接形式与服务器交互。若使用表单界面，则用户在输入相关的信息之后，单击类似于“登录”“注册”或“确认”等 submit 类型按钮，即可将数据提交给服务器，服务器端会执行相关的动态网页文件，并将结果回传到浏览器供用户浏览。

动态网页的执行一般需要包含两个阶段。

第一阶段，根据用户的请求在服务器端运行动态代码，获取相应的结果。

第二阶段，将运行动态代码获取的结果与源代码中的静态代码一起发送给浏览器，由浏览器解释、执行这一部分内容，并将最后结果显示在浏览器界面上。

下面以 PHP 程序的运行过程来说明动态网页的执行过程，如图 1-2 所示。

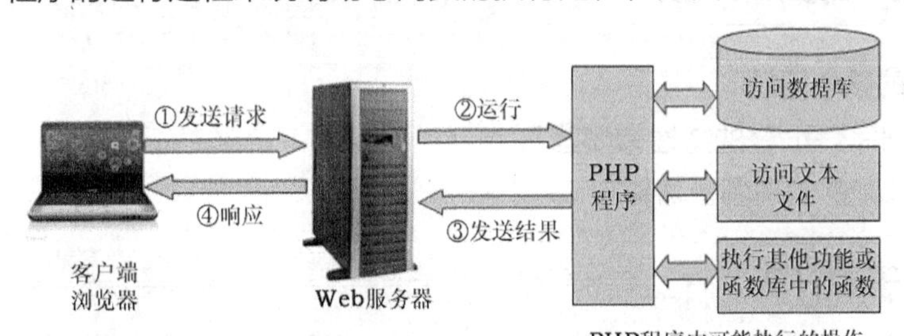

图 1-2　动态网页的执行过程

由图 1-2 可以看出，动态网页的执行包含下面 4 个步骤。

第 1 步，由客户端浏览器使用 HTTP 向 Web 服务器发出请求，请求执行的是包含 PHP 程序代码的动态网页文件。

第 2 步，由 Web 服务器运行用户指定的 PHP 程序，在程序运行过程中可能要访问数据库，也可能要访问服务器端的文本文件，还可能要执行其他功能或函数库中的函数。

第 3 步，Web 服务器获取 PHP 程序的运行结果。

第 4 步，Web 服务器将 PHP 程序中动态代码的运行结果连同程序中原来的 HTML+ CSS+ JavaScript 部分的代码及需要的素材文件使用 HTTP 一起传送给客户端浏览器，再由浏览器以页面的形式展示给发出请求的用户。

注意　动态网页中的动态代码一定是在服务器端运行的。

1.1.3　动态网页与静态网页的区别

综上所述，动态网页与静态网页的区别如下。

（1）使用的技术不同。静态网页中只能使用 HTML+CSS+JavaScript/jQuery 等技术；动态网页在 HTML+CSS+JavaScript/jQuery 的基础上，增加了核心技术 PHP、JSP 或者 ASP。

（2）文件扩展名不同。静态网页文件的扩展名为.html 或者.htm；动态网页文件的扩展名根据页面中使用的核心技术不同，可以是.php、.jsp、.asp 等。

（3）页面内容不同。静态网页的页面内容基本固定不变；动态网页的页面针对不同的访问用户、不同的访问时间往往会展现不同的内容。

（4）执行的位置不同。静态网页的代码只需要在浏览器端运行；动态网页中的动态代码必须在服务器端运行。

素养提示 浏览器和服务器各司其职，分别执行静态代码和动态代码，我们在工作中也需要分工合作、互利共赢，有各自的担当。

任务 1-2 初识 PHP

需要解决的核心问题

- 什么是 PHP？PHP 的特性有哪些？
- 使用 PHP 能够实现哪些功能？

1.2.1 关于 PHP

1. PHP 概述

PHP 是一种服务器端的脚本语言，必须在服务器环境下才能运行。它是开源、免费和跨平台的，而且具有高效、安全和简单等特点，使用 PHP 可以编写出功能强大的服务器端脚本。目前，PHP 是全球网站使用最多的脚本语言之一。

PHP/F1 是在 1995 年由拉斯姆斯 · 勒的夫（Rasmus Lerdorf）创建的，最初只是一套简单的 Perl 脚本，用来跟踪访问他自己主页的用户信息。他给这一套脚本取名为“Personal Home Page Tools”。随着更多功能需求的增加，拉斯姆斯编写了一个更大的 C 语言的实现，它可以访问数据库。

此后，越来越多的网站开始使用 PHP，并且强烈要求增加一些新特性，如循环语句和数组变量等。在新的成员加入开发行列之后，1997 年，第二版 PHP/FI 加入了对 mSQL 的支持，PHP 2.0 的发布确立了 PHP 在动态网页开发中的地位。

到 1996 年年底，约有 15 000 个网站使用 PHP/FI。

到 1997 年年中，使用 PHP/FI 开发的网站超过 5 万个。

随着 PHP 5.0 的发布和更多对面向对象的支持，PHP 进一步巩固了自己在 Web 开发领域的重要地位。

2015 年 12 月，PHP 7 正式发布，PHP 7 是 PHP 脚本语言的重大更新版本，带来了大幅度的性能改进和新的特性，同时改进了一些过时功能。新版本的 PHP 引擎优化了很多地方，也正是如此，才使得 PHP 7 相对于 PHP 5 性能有了很大提升。2020 年 11 月，PHP8 正式发布，它引入了一些重大变更，以及许多新特性和性能优化，能够进一步提高 PHP 脚本的执行速度。PHP 的迅速发展从侧面说明了 PHP 语言的简单、易学、面向对象和安全等特点正在被更多人所认同。相信 PHP 语言将会朝着更加企业化的方向迈进，并且将更适合大型系统的开发。

2. PHP 的特性

PHP 之所以会得到非常广泛的应用，是因为它具有很多突出的特性，具体如下。

（1）PHP 独特的语法混合了 C、Java、Perl 的语法，以及 PHP 自创的新语法。

（2）PHP 相比 CGI 或者 Perl，可以更快速地执行动态网页。

（3）与其他的编程语言相比，在动态网页中使用 PHP 技术时，将 PHP 代码嵌入 HTML 文档执行，执行效率比完全生成 HTML 标签的 CGI 的效率要高许多。

（4）PHP 还可以执行编译后的代码，编译过程可以加密和优化代码运行，使代码运行更快。

（5）PHP 具有非常强大的功能，几乎能实现 CGI 的所有功能。

（6）PHP 几乎支持所有流行的数据库，可以在 Linux、UNIX 和 Windows 等各种操作系统环境下运行。

（7）PHP 支持面向过程和面向对象两种编程方式。

素养提示 PHP 技术因其轻便、快捷、跨平台等特点深受用户的喜爱。在做项目时，我们要本着方便用户、为民服务的理念。

1.2.2 PHP 能够实现的功能

PHP 能够实现 Web 服务器端的很多功能，具体如下。

（1）生成图片验证码及判断验证码的正确性。

（2）上传文件。PHP 可用于上传头像图片或者附件。

（3）保存注册信息。PHP 可将用户在表单界面中输入的注册信息保存到数据库中。

（4）验证登录信息。PHP 可将用户在表单界面中输入的登录信息与保存在数据库中的信息进行比较，从而确定登录成功或者失败。

（5）发布与分页浏览博客或新闻。

（6）在线投票功能。PHP 可将投票的结果显示在页面中，同时会将其保存到服务器端指定的文本文件中。

（7）网站计数器。PHP 可将统计的访客人数信息保存到服务器端指定的文本文件中。

小结

本任务介绍了静态网页的执行过程和动态网页的执行过程，并在此基础上分析了动态网页与静态网页的区别，帮助读者更深刻地理解动态网页的工作过程。另外，本任务对 PHP 能够实现的功能和特性也做了简要说明，帮助读者初步认识与了解 PHP 语言。

习题

一、选择题

1．下面哪项不属于静态网页设计中使用的核心技术？________

A．HTML　　B．Dreamweaver

C．CSS　　D．JavaScript

2．下面哪组列举的技术都属于进行动态网页设计时使用的核心技术？________

A．ASP、JSP、SSP　　B．JSP、XHTML、PHP

C．JSP、PHP、ASP　　D．PHP、ASP、JavaScript

3．下面不属于动态网页与静态网页的区别的是________。

A．静态网页运行后能够查看所有的源代码，动态网页中的动态代码则无法通过查看源代码的方式来查看

B．静态网页在任何时候运行，其页面内容都相同，动态网页则不然

C．静态网页中可以包含各种小动画，动态网页不可以

D．动态网页是在服务器端执行的，而静态网页是在浏览器端执行的

4．下面说法中错误的是________。

A．动态网页中可以包含大量的静态代码

B．使用静态网页技术中的 JavaScript 可以实现浏览器端动态变化的时钟效果

C．动态网页的执行过程通常会包含服务器端的执行过程和浏览器端的执行过程两个阶段

D．浏览器请求执行静态网页时，服务器会先把页面文件执行完毕，然后将结果传递到浏览器端显示

二、填空题

1．浏览器向某个服务器发出页面请求时，无论请求的是静态网页还是动态网页，该请求都要通过________协议发送出去。

2．静态网页的代码在________端执行，而动态网页的代码在________端执行。

3．PHP 是________端的脚本语言，JavaScript 是________端的脚本语言。

任务2 搭建PHP程序的运行环境

PHP 作为一种动态网站编程技术，其程序的运行需要 Web 服务器环境和数据库技术。本任务围绕服务器环境安装、配置及应用过程等相关内容展开讲解，帮助读者为后续学习 PHP 程序的开发和运行做好准备。

Apache 和 IIS（Internet Information Service，Internet 信息服务）等大多数 Web 服务器的环境都支持 PHP，但是使用 Apache 软件比使用 IIS 更好一些，本书只介绍在 Apache 服务器下的 PHP 环境的搭建过程。

在动态网站开发过程中，经常需要使用数据库存储各种信息，如用户的注册信息、留言信息、邮件信息、购物信息等。PHP 支持绝大多数数据库，如 MySQL、SQL Server、Oracle 等。在选用数据库方面，Apache + PHP + MySQL 是“黄金组合”，而且是跨平台的，即在所有平台下运行几乎都没有任何问题，因此更多情况下都是选用 MySQL 数据库，本书使用的也是 MySQL 数据库。但是本书不介绍 MySQL 数据库的安装，读者可自行学习相关知识，以便完成环境搭建。

本任务介绍集成开发环境 phpStudy 和 XAMPP 的安装和使用方法，供各种不同需求的读者参考。

本任务提供的安装包如图 2-1 所示。

本任务提供的安装包包含 Visual C++ 2015（以下简称 VC 14）++2015 的32位和64位安装包，集成环境 phpStudy 2016 和 XAMPP，开发工具选用红色版本的 HBuilder。

HBuilder.9.1.29.windows.zip
phpStudy_2016.11.03.zip
vc_redist.x64.rar
vc_redist.x86.rar
xamppinstaller.exe

图 2-1 安装包

注意 32 位和 64 位安装包的安装过程并无区别。

素养要点

全局观 大局观

任务 2-1 搭建与配置集成化的开发环境 phpStudy

需要解决的核心问题

- 怎样安装 phpStudy?
- 如何单独启动或停止 phpStudy 环境下的 Apache 或者 MySQL?

- “运行模式”中的“系统服务”和“非服务模式”分别指什么？
- 怎样在 phpStudy 中对 MySQL 数据库进行操作？
- phpStudy 中的默认主目录是什么？Apache 的配置文件是什么？
- 如何改变 Web 服务器的主目录及使用的端口号？
- 如何得到 PHP 的配置文件？配置文件中的注释符号是什么？
- PHP 中默认的时区是什么？如何修改？

为了提高环境搭建效率，方便广大用户使用，很多软件（如大家经常使用的 phpStudy、WampServer、XAMPP 等）提供了一键搭建 PHP 安装环境的功能，可一键进行 PHP 环境配置，大大节省搭建 PHP+MySQL 环境的时间。本节主要介绍的是 phpStudy 的安装及应用。

2.1.1 phpStudy 的安装

phpStudy 程序包集成 Apache+nginx+lighttpd+PHP+MySQL+phpMyAdmin+Zend Optimizer+Zend Loader，可一次性安装，无须配置即可使用，是非常方便、好用的 PHP 调试环境。

下载 phpStudy 的较新版本的安装包，本书选用的是 phpStudy_2016.11.03.zip，将其解压之后，可得到文件夹 phpStudy_2016.11.03，其内容如图 2-2 所示。

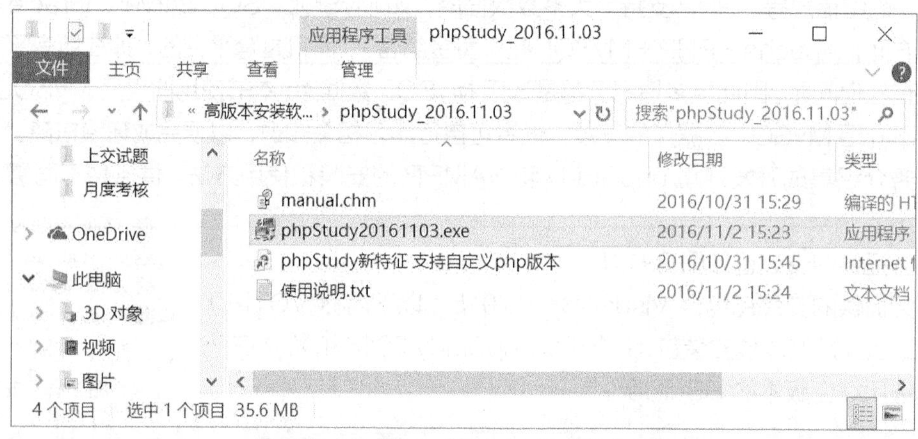

图 2-2 phpStudy_2016.11.03 文件夹内容

运行图 2-2 中的 phpStudy20161103.exe 文件，安装 phpStudy。在安装过程中，通常需要重新选择安装路径，如图 2-3 所示，单击对话框右侧的文件夹按钮，更换安装路径，此处选择的安装路径为 E:\phpstudy。

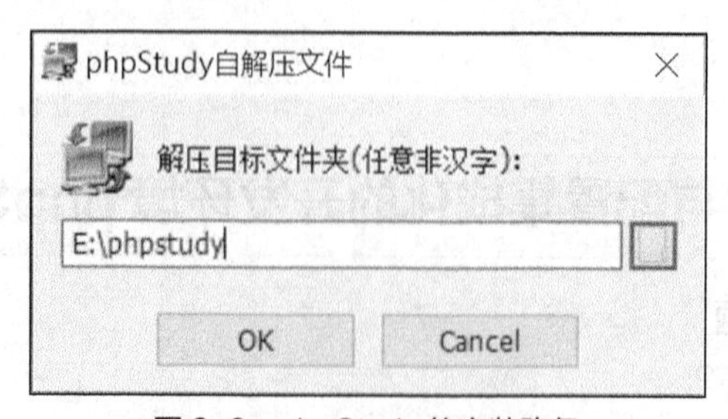

图 2-3 phpStudy 的安装路径

2.1.2 phpStudy 的主界面

安装完成之后系统会自动弹出 phpStudy 主界面，初始时默认的 PHP 版本是 5.4.45，如图 2-4 所示。

1. “启动”“停止”和“重启”按钮

图 2-4 所示界面的“phpStudy 启停”中，有 3 个按钮分别用于实现程序的启动、停止和重启。另外，在这些按钮上单击鼠标右键，可以单独对 Apache 和 MySQL 进行启动、停止和重启。例如，在停止 phpStudy 之后，用鼠标右键单击“启动”按钮时，会弹出快捷菜单，如图 2-5 所示。

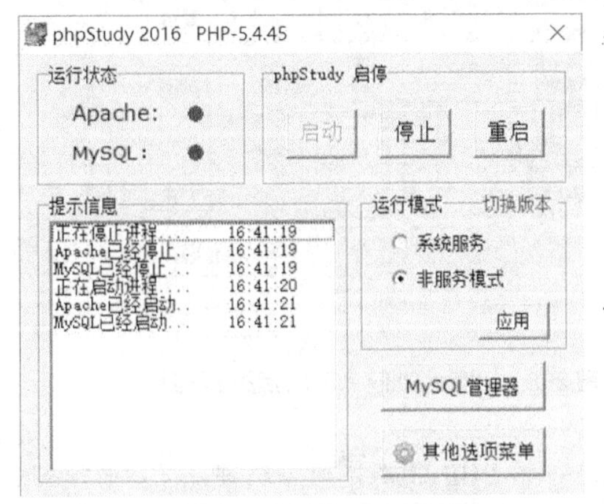

图 2-4 phpStudy 主界面

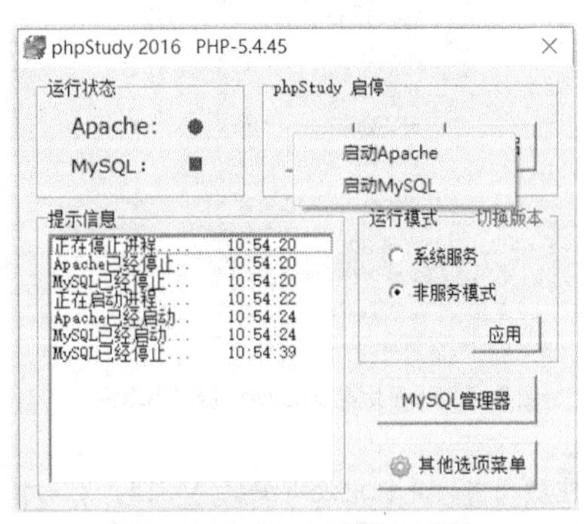

图 2-5 phpStudy 单独启动菜单

2. 运行模式

图 2-4 所示界面的“运行模式”中有“系统服务”和“非服务模式”两个选项。选择“系统服务”选项，在计算机开机后，该程序将在后台自动运行，在这种模式下，可直接使用 phpStudy 运行 PHP 程序；若选择“非服务模式”，那么在运行 PHP 程序前，必须先运行安装文件夹中的 phpStudy.exe 文件，如图 2-6 所示。

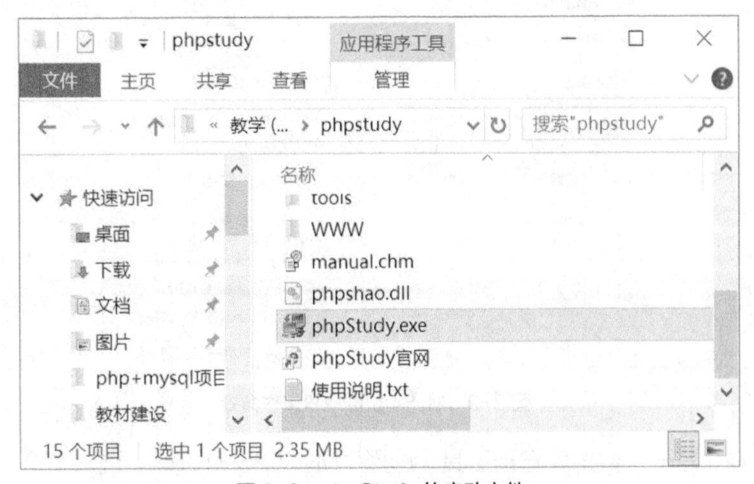

图 2-6 phpStudy 的启动文件

图 2-4 中的“运行模式”右侧有绿色文本“切换版本”，单击“切换版本”会弹出 PHP 版本以及 Web 服务器组合选择面板，读者可以选择自己需要的组合，如图 2-7 所示。

选择图 2-7 中的“php-7.0.12-nts+Apache”版本组合，会得到图 2-8 所示的主界面。

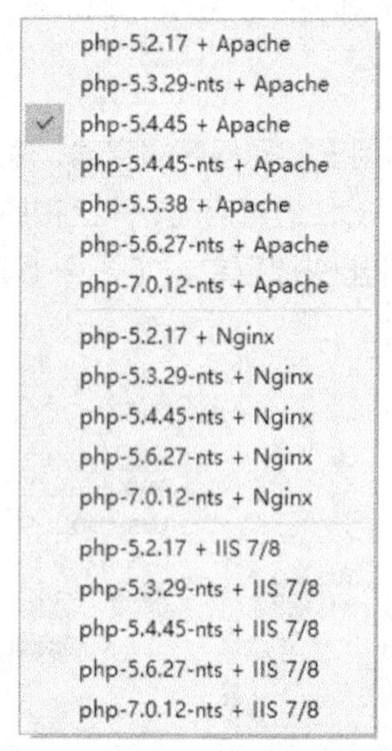

图 2-7　PHP 版本以及 Web 服务器组合

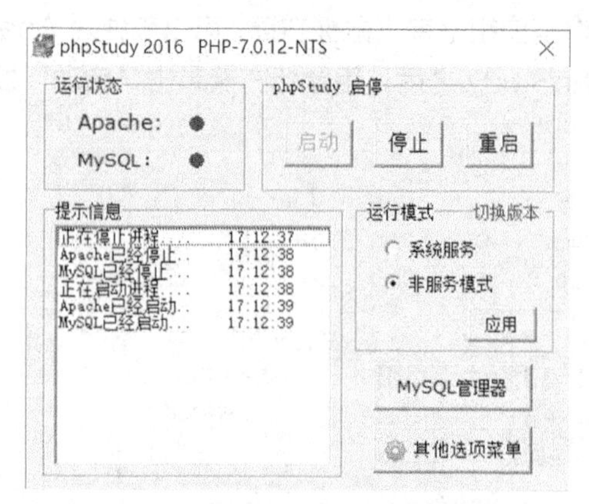

图 2-8　切换为 PHP 7.0.12 后的主界面

注意　若计算机中没有安装 VC14，则切换为任何一个 PHP 高版本时系统都会提示必须安装 VC14，否则切换无法成功。

3. MySQL 管理器

单击 phpStudy 主界面中的“MySQL 管理器”，弹出图 2-9 所示的快捷菜单。

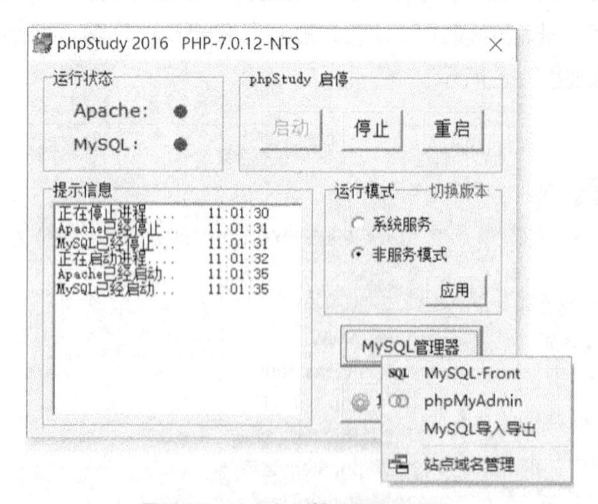

图 2-9　MySQL 管理器操作命令

MySQL-Front 是一个数据库管理工具，选择“MySQL-Front”，进入图 2-10 所示的操作界面，在该界面中可以完成数据库的创建与删除、表的创建与删除、浏览数据、查询数据、删除数据等操作。

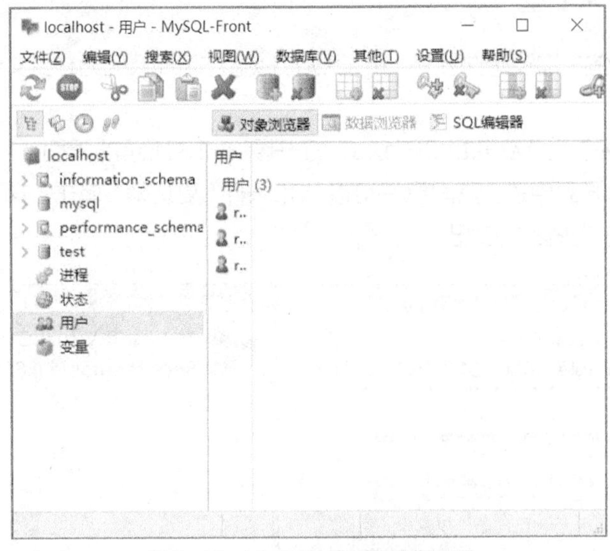

图 2-10　MySQL 管理器操作界面

phpMyAdmin 也是一个数据库管理工具，与 MySQL-Front 不同的是，phpMyAdmin 可以实现远程管理。

要导入与导出 MySQL 数据库时，需要选择图 2-9 所示的快捷菜单中的“MySQL 导入导出”命令，进入图 2-11 所示的界面，之后就可以完成数据库的导入导出操作。

4. 其他选项菜单

单击 phpStudy 主界面的“其他选项菜单”按钮，会弹出图 2-12 所示的菜单。

使用菜单中的命令能够运行 phpStudy 的默认主页，在“打开配置文件”下面打开并修改 PHP、Apache 和 MySQL 的配置文件，也可以在“MySQL 工具”下面修改 MySQL 数据库的密码和进行备份、还原等多种操作。

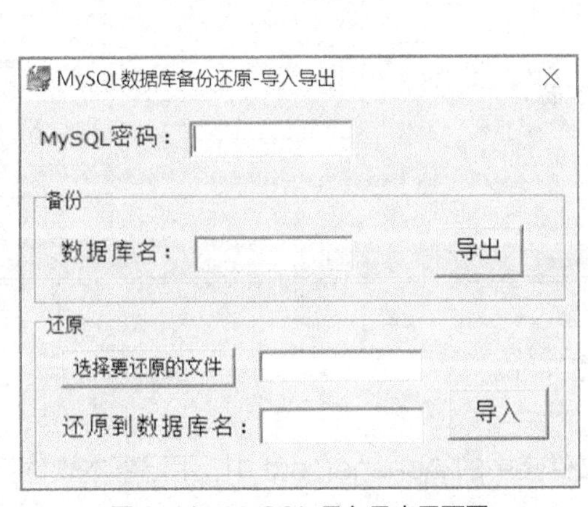

图 2-11　MySQL 导入导出界面图

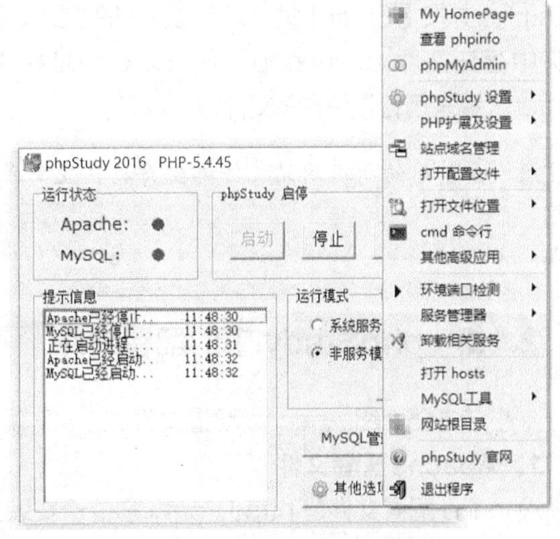

图 2-12　phpStudy 其他选项菜单

2.1.3 安装 VC14

在切换 PHP 版本之前，需要先安装 VC14，否则切换版本可能会因为缺少文件 VCRUNTIME140.dll 而导致出现错误。

运行安装文件夹中的 vc_redist.x86.exe，打开图 2-13 所示的界面。

选中图 2-13 所示界面中的“我同意许可条款和条件”复选框，单击“安装”按钮，打开图 2-14 所示的界面，然后单击“关闭”按钮。

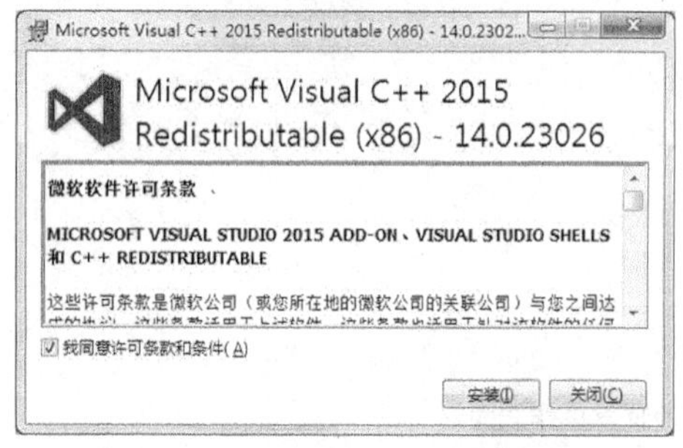

图 2-13 安装 VC14 的初始界面

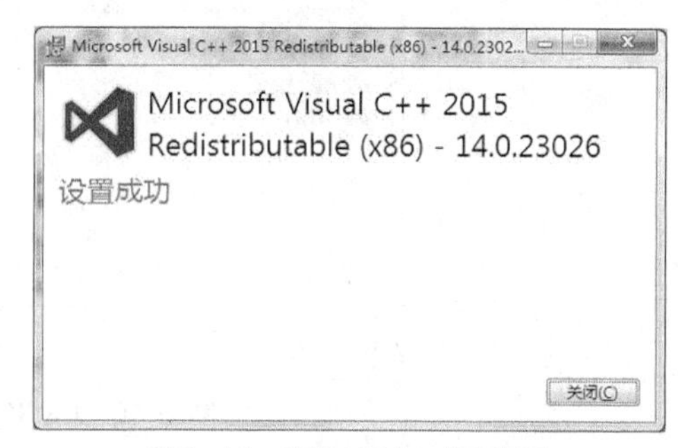

图 2-14 安装 VC14 成功界面

2.1.4 phpStudy 下的服务器主目录

任何一个 Web 服务器都会提供主目录，phpStudy 集成环境下的主目录位于安装文件夹中的 WWW 文件夹（见图 2-6），存放在该文件夹中的任何页面文件都可以通过“http://localhost/文件名”或者“http://127.0.0.1/文件名”的方式运行。可以将 localhost 看作是到主目录 WWW 文件夹的映射，若主目录下面存在子文件夹，那么在浏览器中运行子文件夹中的文件时，需要在 localhost 后面增加子文件夹名称和子文件夹内部的页面文件名称。

例如，若 WWW 文件夹下存在文件 date.php，则可以在浏览器地址栏中输入 http://localhost/date.php 并按【Enter】键来运行该 PHP 文件；若 WWW 文件夹下包含子文件夹 exam，且该文件夹中存在文件 exam.php，则可以在地址栏中输入 http://localhost/exam/ exam.php 并按【Enter】键来运行该 PHP 文件。

注意 要创建的所有网站文件都要存放在主目录下面。

2.1.5 phpStudy 下的配置文件

本小节主要介绍 Apache 配置文件和 PHP 配置文件。

1. Apache 配置文件

Apache 配置文件是 httpd.conf，它位于安装文件夹中的 Apache/conf 中，用记事本软件打开它之后的界面如图 2-15 所示。

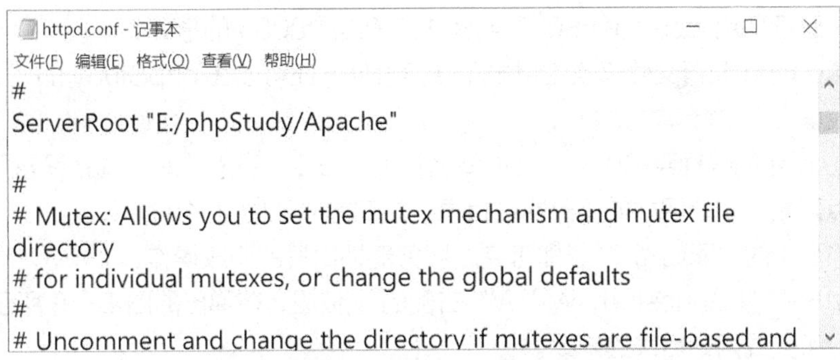

图 2-15　Apache 配置文件

Apache 配置文件中行首的#是注释符号。

在 Apache 配置文件中可以修改 Web 服务器的主目录和端口号，修改主目录的做法如图 2-16 所示。

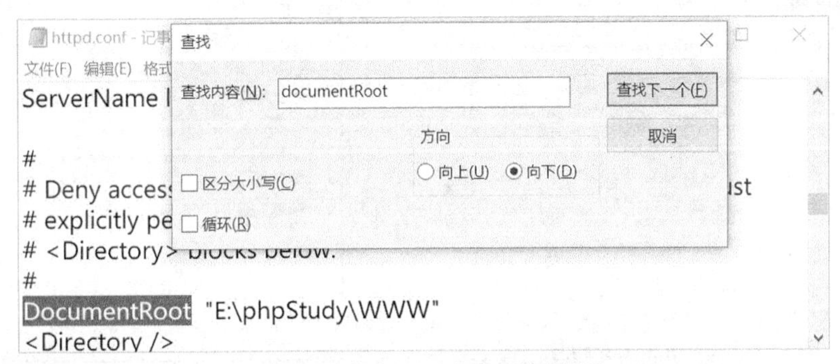

图 2-16　修改 Web 服务器的主目录

搜索 documentRoot，找到相关内容后，将其后面指定的路径修改为任意一个存在的可读写的文件夹名称即可。

修改端口号的做法如图 2-17 所示。

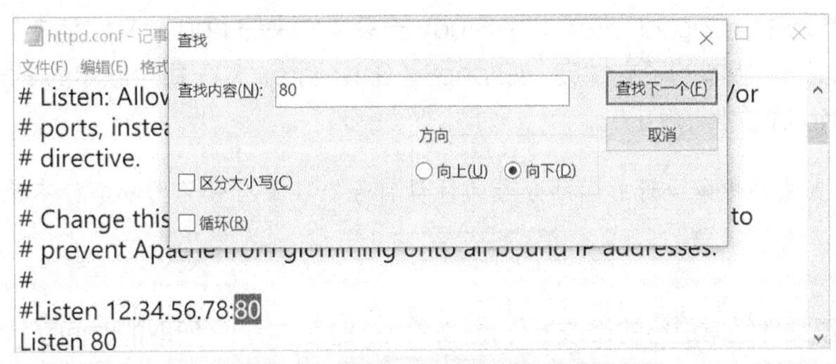

图 2-17　修改 Web 服务器的端口号

搜索 80 或者 listen 等关键字，找到相关内容后，将 Listen 80 中的 80 改为准备使用的端口号，如 8080，即 Listen 8080。

修改 Apache 配置文件之后，必须重新启用服务器。

在 Apache 配置文件 httpd.conf 中修改 Web 服务器的端口号，例如，改为 8080 之后，在运行页面文件时，必须使用 localhost:8080/或者 127.0.0.1:8080/的形式。

除了使用 Apache 配置文件修改主目录和端口号外，还可以在 phpStudy 的“站点域名设置”对话框进行修改。

选择图 2-9 所示的快捷菜单中的“站点域名管理”命令，进入“站点域名设置”对话框，在其中可以管理站点网站、新增网站或修改网站目录、端口等，如图 2-18 所示。

修改图 2-18 中的“网站端口”，即可完成服务器端口号的修改操作。

单击图 2-18 中“E:\phpstudy\WWW”右侧的 按钮，在弹出的图 2-19 所示的对话框中选择新的文件夹即可完成网站目录的修改。

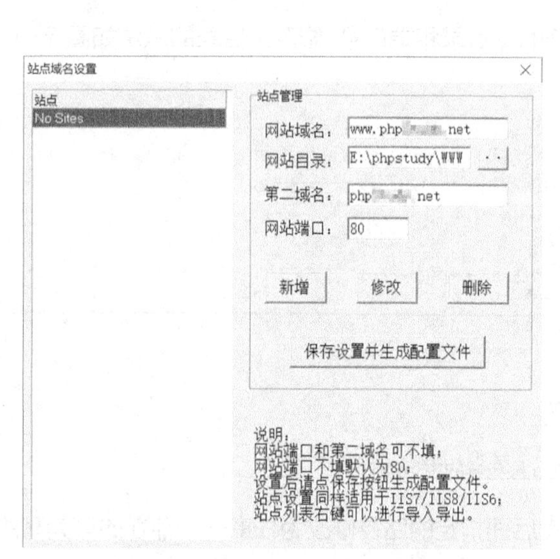

图 2-18　phpStudy 站点域名设置界面

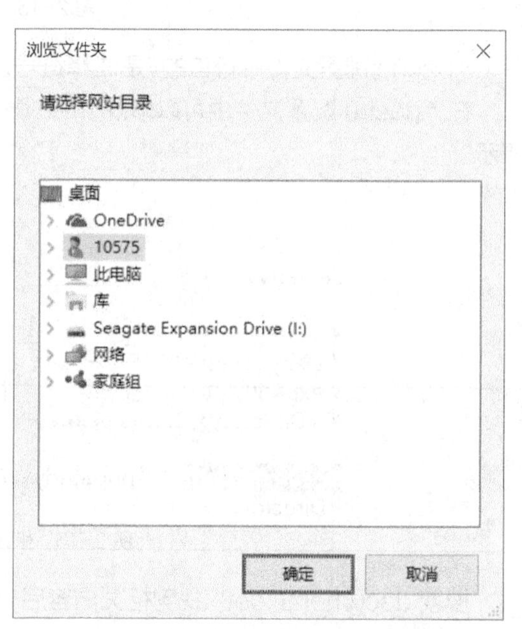

图 2-19　phpStudy 网站目录选择界面

2. PHP 配置文件

PHP 的配置文件是 php.ini，位于 phpStudy 安装文件夹的 php 子文件夹中，php 子文件夹中存在若干个不同 PHP 版本的子文件夹，如 php-7.0.12-nts。对于每个版本的 PHP，需要找其对应文件夹中的 php.ini 文件。

说明　PHP 配置文件中命令行前面的分号为注释符号，即带有分号的命令行不执行。

对 PHP 配置文件经常进行的修改操作是修改默认时区，PHP 所取的时间默认是格林尼治标准时间，和北京时间相差 8 小时。采用默认时区时，若是在程序中增加了关于日期时间函数的使用，则会触发警告。

修改 PHP 默认时区的做法如下。

使用记事本软件打开 php.ini 文件，打开“编辑”菜单，选择“查找”命令，在“查找”对话框中输入“date.timezone”进行查找，如图 2-20 所示。

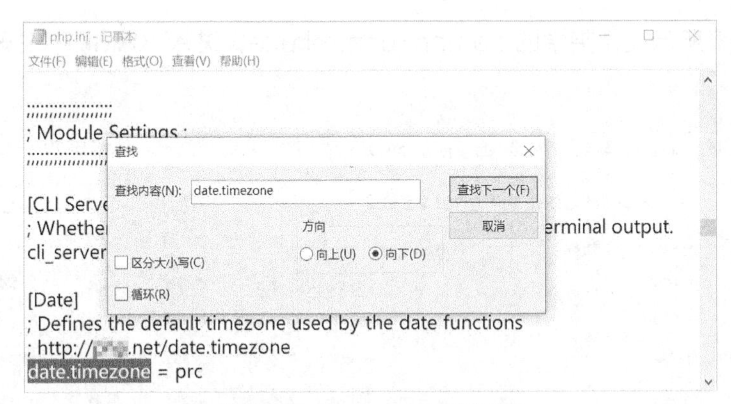

图 2-20 在 php.ini 中查找内容

如果 date.timezone 的取值不是 prc（或 PRC），则将其改为 prc（或 PRC），prc（或 PRC）表示是中华人民共和国的时区。这样能保证在运行带有系统日期和时间的 PHP 文件时，不会因为时区问题而产生警告信息，如果原来的配置中取值已经是 prc（或 PRC），则不需要进行任何操作。

任务 2-2 搭建集成开发环境——XAMPP

需要解决的核心问题

- 如何启用 XAMPP 环境下的 Apache 或者 MySQL？
- 在 XAMPP 主界面下可以完成哪些操作？
- XAMPP 环境下的服务器主目录是什么？

安装包 xamppinstaller.exe 集成了 Apache 2.4.37、PHP 7.3.1 、 MySQL 5.0.12，可一次性安装，无须配置即可使用，是非常方便、好用的 PHP 调试环境。

2.2.1 XAMPP 的主界面

XAMPP 安装完成后的文件夹内容如图 2-21 所示。

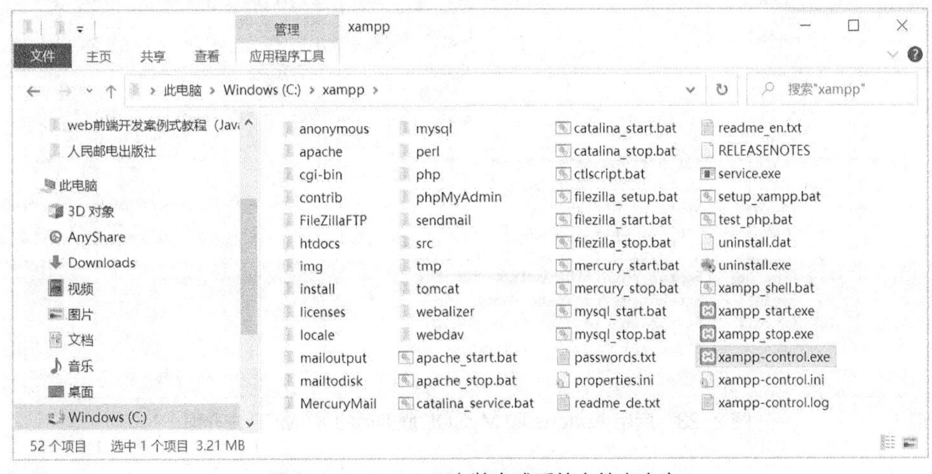

图 2-21 XAMPP 安装完成后的文件夹内容

运行图 2-21 所示文件夹中的 xampp-control.exe，进入 XAMPP 主界面，如图 2-22 所示。

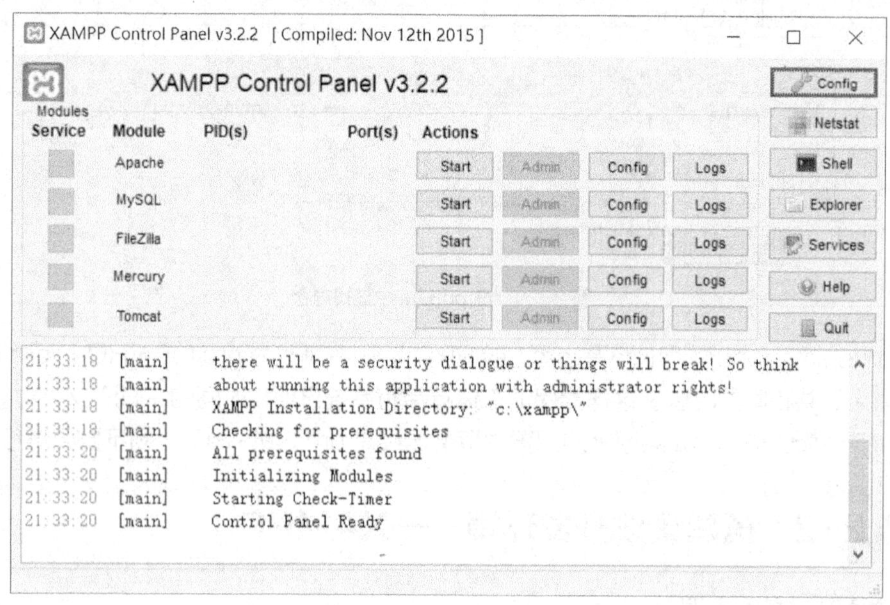

图 2-22　XAMPP 主界面

XAMPP 主界面中的每一个服务都可以单击其所属的 Start 按钮启用，启用之后会显示该服务在系统中占用的端口号，同时 Start 按钮变为 Stop 按钮。启用 Apache 和 MySQL 服务后的 XAMPP 主界面如图 2-23 所示。

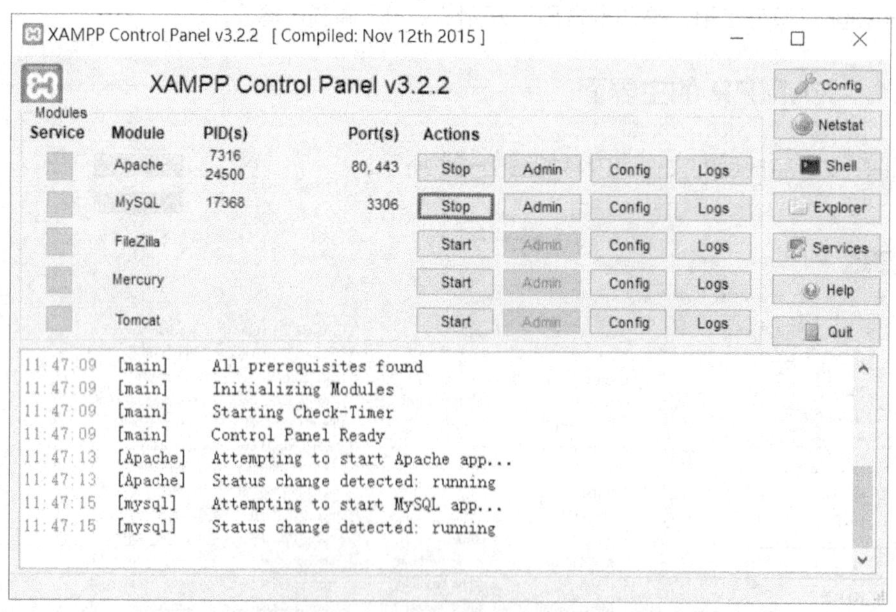

图 2-23　启用 Apache 和 MySQL 服务后的 XAMPP 主界面

单击图 2-23 中 Apache 行的 Admin 按钮，进入 XAMPP 的欢迎界面，如图 2-24 所示。

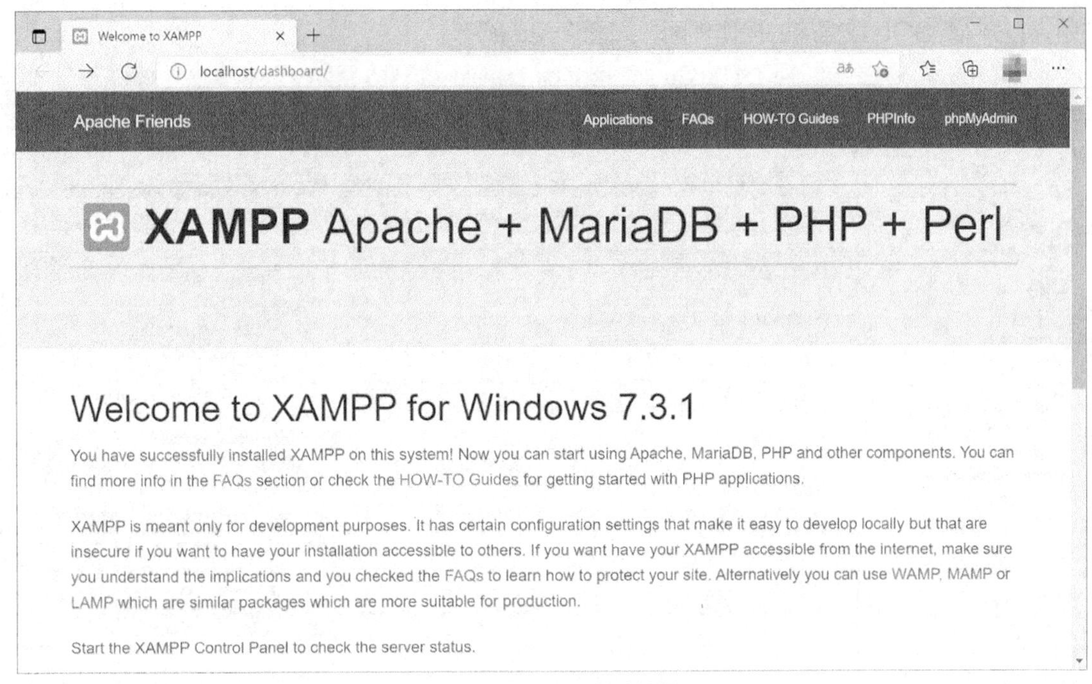

图 2-24　XAMPP 的欢迎界面

单击图 2-24 所示界面菜单栏中的 PHPInfo，可以查看集成环境的 PHP 版本信息。如图 2-25 所示，系统提供的集成环境 XAMPP 使用的 PHP 版本是 7.3.1。

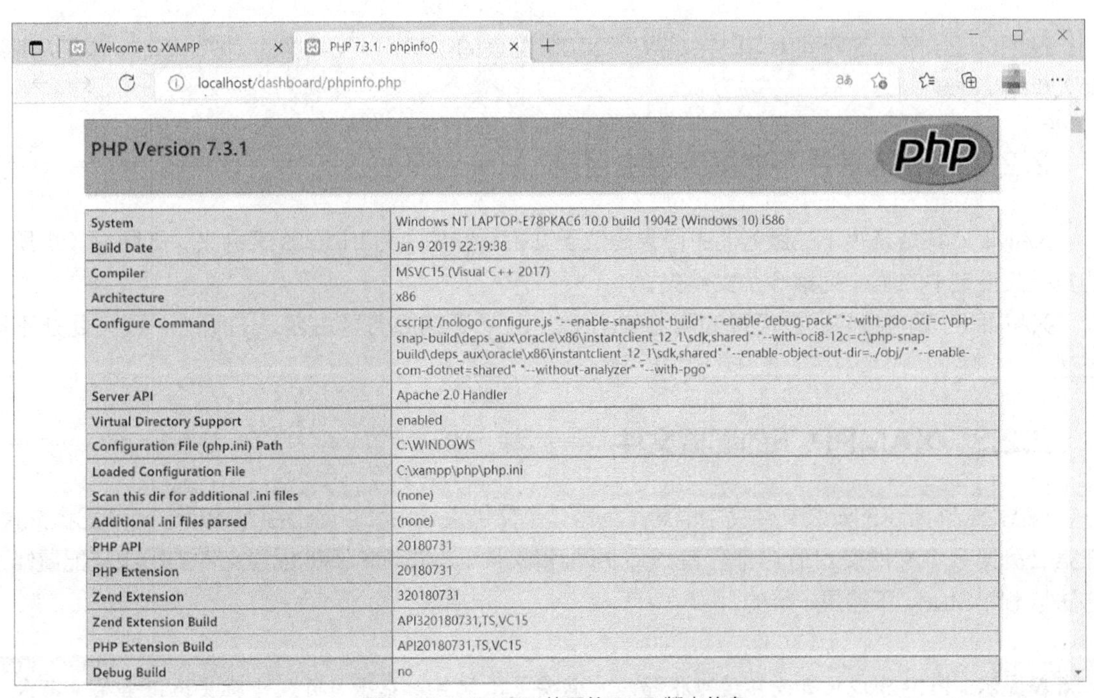

图 2-25　XAMPP 使用的 PHP 版本信息

单击图 2-24 所示界面菜单栏中的 phpMyAdmin，或者单击图 2-23 中 MySQL 行中的 Admin

按钮，打开 MySQL 数据库的操作界面，如图 2-26 所示。

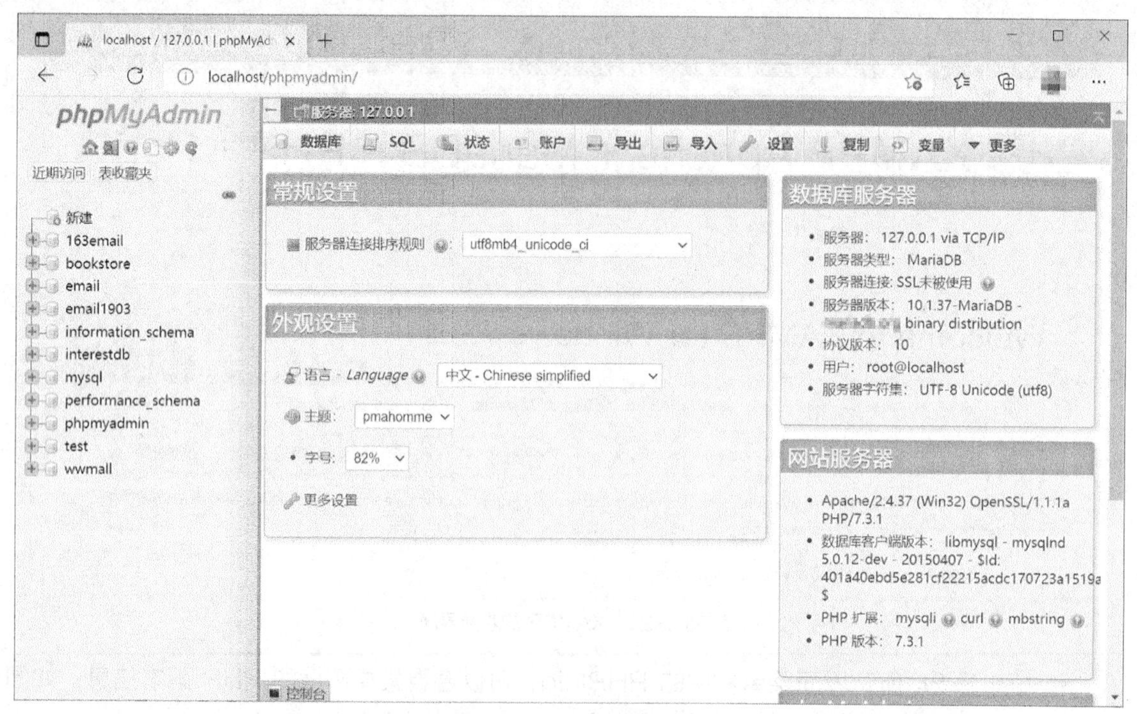

图 2-26 MySQL 数据库的操作界面

在图 2-26 所示的界面中可以完成数据库和数据表的创建，以及数据的浏览、修改、添加/删除、导入/导出等操作。

2.2.2 XAMPP 下的服务器主目录

XAMPP 集成环境下的服务器主目录是位于安装文件夹中的 htdocs 文件夹，即图 2-21 所示的安装文件夹中的第 1 列第 6 个文件夹。

XAMPP 下的服务器主目录的用法与 phpStudy 下的服务器主目录的用法一致，此处不再赘述。

2.2.3 XAMPP 下的配置文件

在图 2-21 所示的安装文件夹中的第 1 列第 2 个文件夹 apache 内部存有 httpd.conf 配置文件，在第 2 列第 3 个文件夹 php 内部存有 php.ini 配置文件。XAMPP 下的配置文件的用法及配置修改方法与 phpStudy 下的是一样的。

素养提示 PHP 集成化开发环境可根据用户需要灵活配置，在项目开发中既要统揽全局，有大局观，又要考虑个性化需求。

任务 2-3 使用 PHP 程序的开发工具

需要解决的核心问题

- 如何在 HBuilder 中安装 PHP 插件，以支持 PHP 代码编辑？
- 如何在 HBuilder 中设置外部 Web 服务器？

编辑 PHP 代码的工具有很多，例如，大家熟悉的 Dreamweaver、Zend Studio、PhpStorm、Sublime Text 等，甚至使用记事本软件也可以。本书介绍的教学项目开发中除了要写 PHP 代码，还要写 HTML、CSS 和 JavaScript 代码等，为方便各类代码的编写，本书选用了综合、实用的 HBuilder 开发环境。

2.3.1 安装及使用 HBuilder

图 2-1 中的压缩包 HBuilder.9.1.29.windows.zip 解压之后的 HBuilder 文件夹内容如图 2-27 所示。

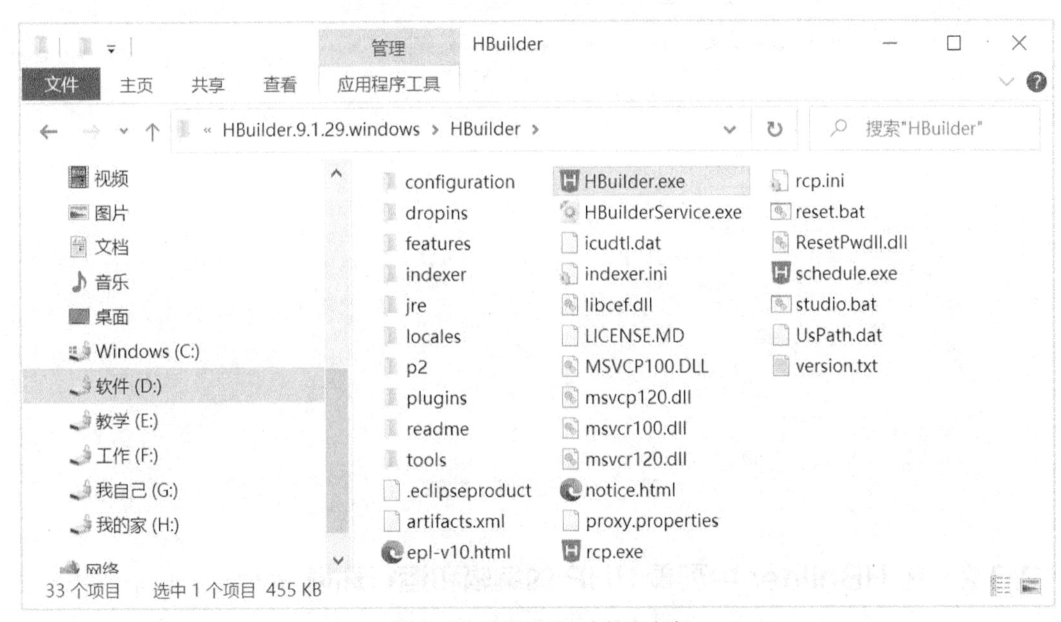

图 2-27 HBuilder 文件夹内容

运行图 2-27 中文件夹内第 1 行第 2 列的 HBuilder.exe 文件，即可启用 HBuilder，由文件图标的颜色可知，这是红色版本的 HBuilder，其比绿色版本的功能更强大。

启用 HBuilder 后得到的初始界面如图 2-28 所示。

选择“暂不登录”，进入 HBuilder 主窗口，如图 2-29 所示。

HBuilder 的主窗口左侧是项目管理器，右侧是代码编辑区，大家可以将需要的任意级别的文件夹直接从“文件资源管理器”窗口拖到“项目管理器”中，图 2-29 中已经将集成环境 XAMPP 中的主目录文件夹 htdocs 和 phpStudy 的主目录文件夹 WWW 都拖到了“项目管理器”中，为创建、编辑 PHP 文件做好准备。

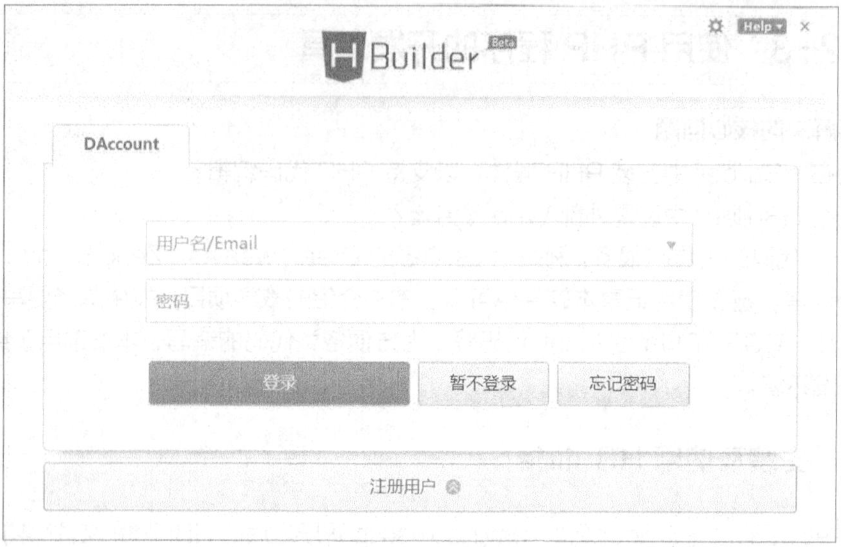

图 2-28　HBuilder 的初始界面

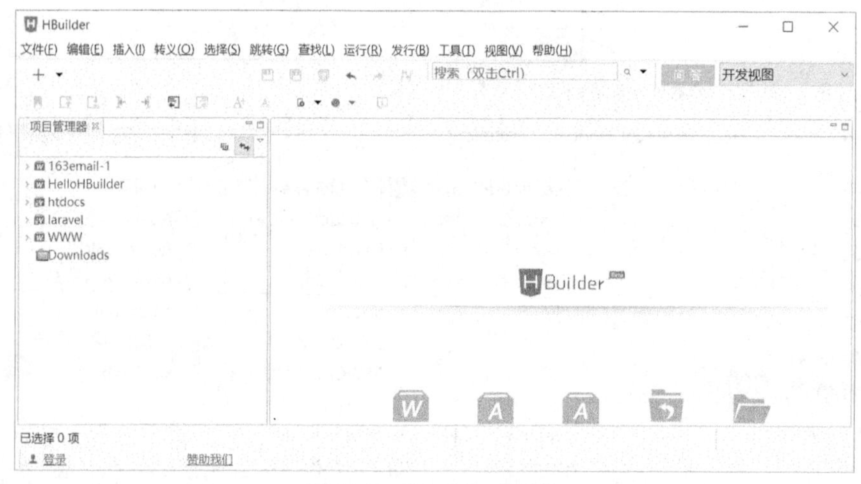

图 2-29　HBuilder 主窗口

2.3.2　在 HBuilder 中配置 PHP 的编辑和运行环境

1. 安装 PHP 插件

当前的 HBuilder 环境对 PHP 的代码编辑支持程度很低，基本不提供代码提示等功能。需要为其安装 PHP 插件才能更好地使用它。

选择图 2-29 所示窗口中的“工具”→“插件安装”命令，弹出图 2-30 所示的“插件安装”对话框。

选中图 2-30 中的第一个选项 Aptana php 插件右侧的“选择”复选框，单击“安装”按钮，安装完成之后需要重新启动 HBuilder，如此就可以方便、快捷地编辑 PHP 程序了。

2. 设置外部 Web 服务器

设置外部 Web 服务器是为了能够在 HBuilder 主窗口中观察 PHP 程序的运行效果。

图 2-30 “插件安装”对话框

选择图 2-29 中所示窗口的“运行”→“浏览器运行”→“设置 web 服务器”命令，如图 2-31 所示，打开图 2-32 所示的“Web 服务器设置”界面。

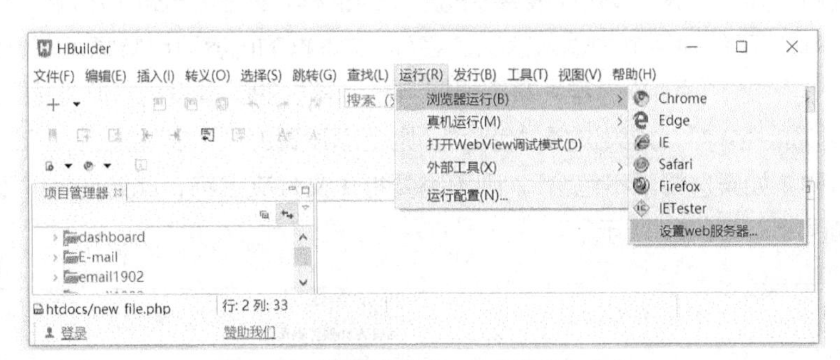

图 2-31 选择“设置 web 服务器”命令

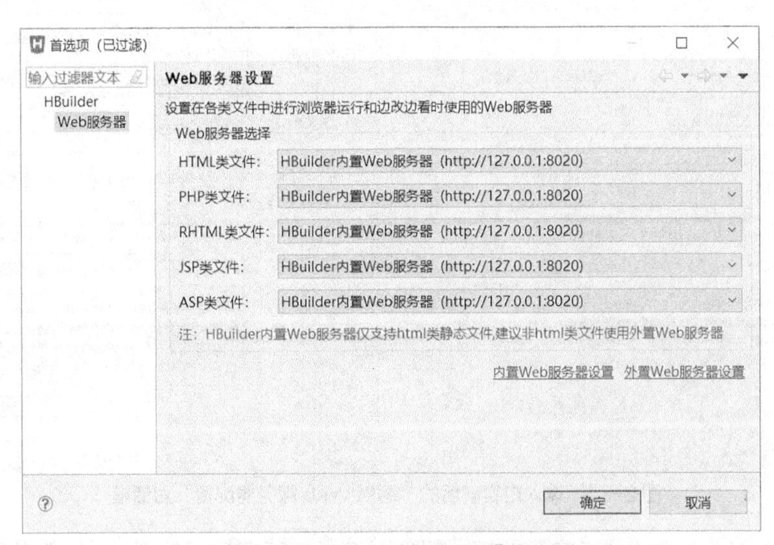

图 2-32 “Web 服务器设置”界面

单击图 2-32 所示界面的“外置 Web 服务器设置”，弹出图 2-33 所示的“外置 Web 服务器”界面。

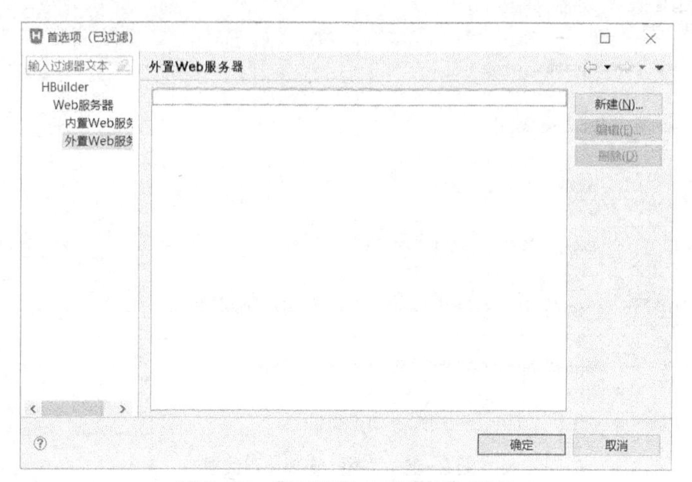

图 2-33 “外置 Web 服务器”界面

因为此时不存在外置的 Web 服务器，所以界面中间的文本框是空白的。单击图 2-33 所示界面的“新建”按钮，弹出“编辑 Web 服务器配置”对话框，如图 2-34（a）所示。

在图 2-34（a）所示的对话框中输入信息。“名称”文本框的内容可以随意填写，此处输入“php”；“浏览器运行 URL”文本框中的内容大家应根据自己计算机的配置设置，此处输入“localhost”；对于“URL 包含项目名称”，如果选择“包含”，则上面设置的“浏览器运行 URL”需要包含项目所在的文件夹名称，如果选择“不包含”，则不需要提供文件夹名称，此处选择“不包含”，输入信息之后的效果如图 2-34（b）所示。

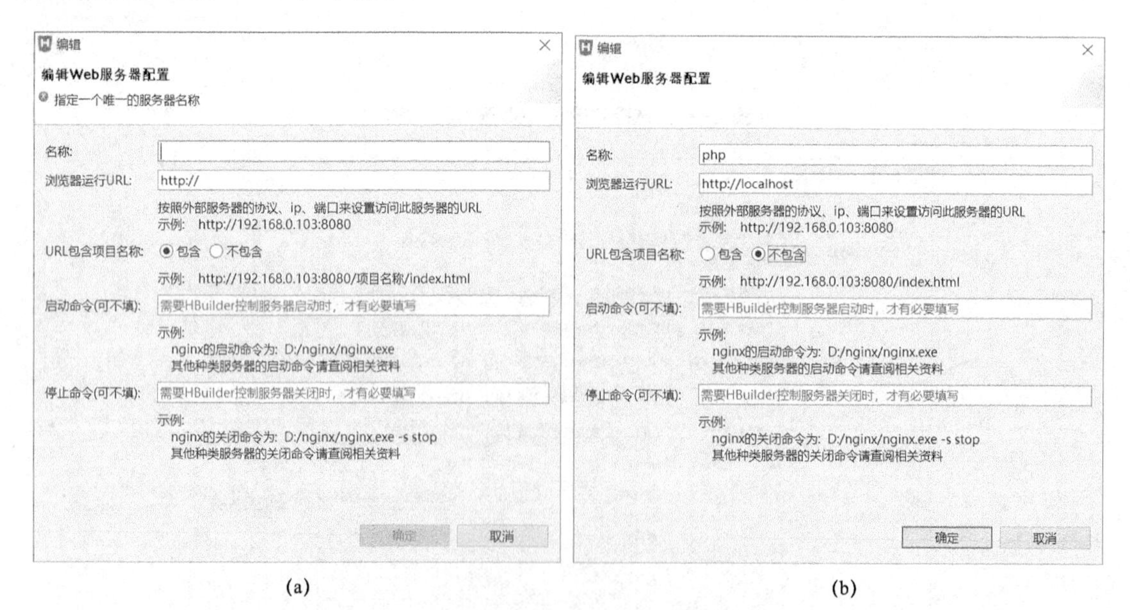

图 2-34 输入内容前后的“编辑 Web 服务器配置”对话框

单击图 2-34（b）中的“确定”按钮，得到图 2-35 所示的“外置 Web 服务器”界面，此时在界面中已经存在了名称为 php、URL 为 http://localhost 的外置 Web 服务器。

图 2-35 “外置 Web 服务器”界面

单击图 2-35 中的“确定”按钮，重新打开图 2-32 所示的“Web 服务器设置”界面，在“PHP 类文件”下拉列表中选择刚刚创建的外部 Web 服务器“php (http://localhost)”，如图 2-36 所示。

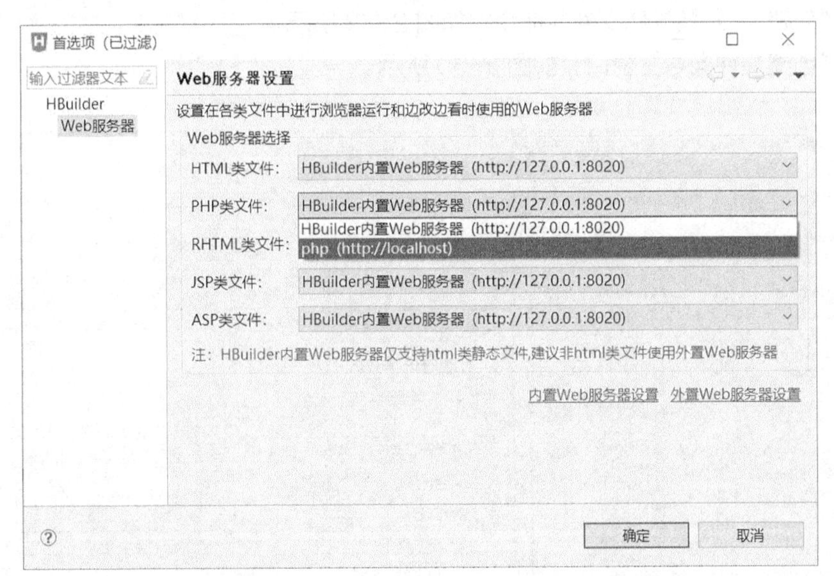

图 2-36 更改 PHP 类文件的外部 Web 服务器

单击图 2-36 中的“确定”按钮，即可完成配置。

接下来需要将视图模式改为“边改边看模式”。

在 HBuilder 主窗口右上角的视图下拉列表中选择“边改边看模式”即可完成设置，如此，在编辑简单的页面文件时，可以直接从 Web 浏览器中观察 PHP 页面的运行效果，如图 2-37 所示。

这种模式比较适用于观察简单的页面效果，复杂的效果还是需要直接在浏览器中运行并观察。

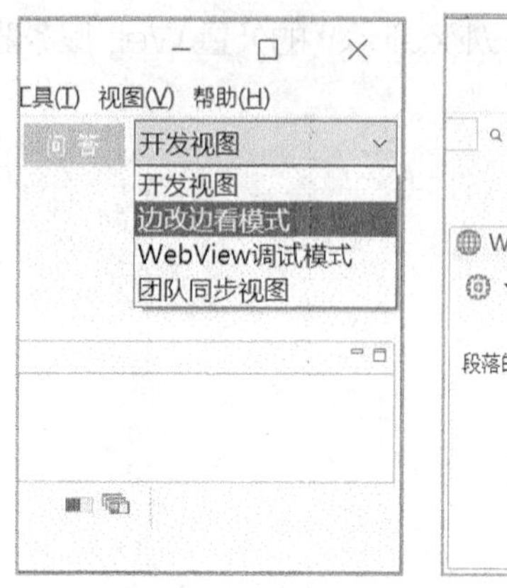

图 2-37　使用“边改边看模式”观察 PHP 页面的运行效果

2.3.3　创建并编辑 PHP 文件

在做好各种初始化工作之后，需要在图 2-29 所示的 HBuilder 主窗口的“项目管理器”中找到服务器主目录，这里选择使用 XAMPP 集成环境的 htdocs，选中后单击鼠标右键，在弹出的快捷菜单中选择“新建”→“PHP 文件”命令，如图 2-38 所示。

弹出的“创建文件向导”窗口，如图 2-39 所示。

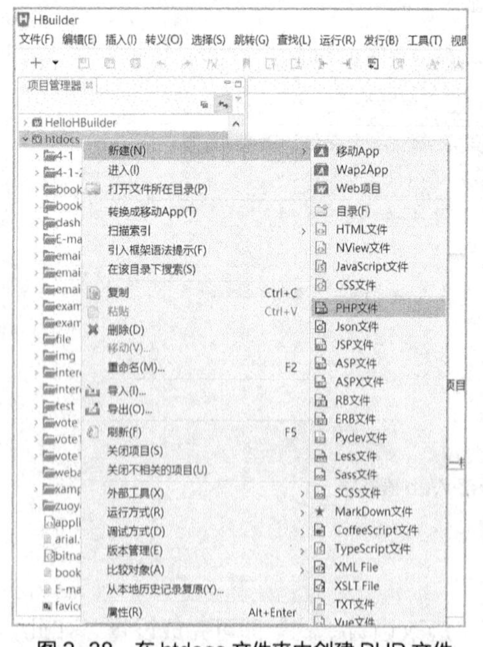

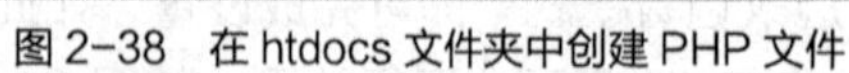
图 2-38　在 htdocs 文件夹中创建 PHP 文件

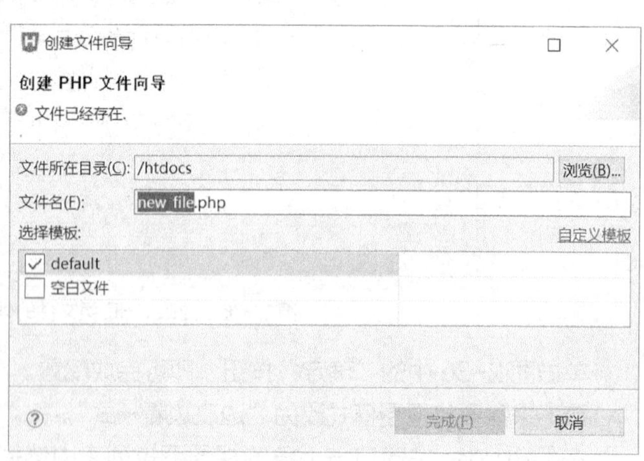

图 2-39　“创建文件向导”窗口

在图 2-39 中的“文件名”文本框中修改默认的文件名称“new_file.php”，例如，改为“shili2-1.php”，然后按【Enter】键或者单击“完成”按钮，创建完成之后会直接打开文件进入编辑状态。

如果需要将文件进行分类管理，则也可在图 2-38 所示的快捷菜单中选择“新建”-“目录”命令，之后在新目录/下创建 PHP 文件。

小结

本任务介绍了 PHP 开发环境的两种集成环境 phpStudy 和 XAMPP 的安装和应用，本任务中介绍的配置方法简单、易用，比较适合初学者使用。另外考虑综合的项目开发需求，本任务还简单介绍了开发环境软件 HBuilder 的安装及应用。

习题

一、选择题

1. 若系统中已经存在 IIS，且占用了 80 端口，则下面说法正确的是________。
   A. Apache 能够成功安装，但是无法启用，需要修改端口才可启用
   B. Apache 无法完成安装
   C. Apache 能够成功安装，且能正常启用
   D. 以上说法都不正确
2. 下面关于 Apache 主目录的说法错误的是________。
   A. 安装 Apache 之后，必须将页面文件放在其主目录下才能正常运行
   B. 安装 Apache 之后，系统会为其指定默认的主目录
   C. Apache 的主目录不能随意修改
   D. 用户可以根据需要在配置文件 httpd.conf 中修改 Apache 主目录
3. 下面说法中错误的是________。
   A. Apache 的配置文件是 httpd.conf，PHP 的配置文件是 php.ini
   B. 若修改了 Apache 配置文件，则必须重新启动 Apache 服务，修改才能生效
   C. 在 Apache 配置文件中，#是注释符号，而在 PHP 配置文件中，;是注释符号
   D. 修改 PHP 配置文件之后不需要重新启动 Apache 服务，修改能自动生效
4. 修改 Apache 服务器根目录，需要查找 httpd.conf 文件中的关键字________。
   A. ServerRoot　B. ServerName　C. DocumentRoot　D. Listen
5. 在 PHP 的配置文件中，设置时区的参数是________。
   A. date_timezone　　B. date.timezone
   C. date_timezones　　D. date.timezones

二、填空题

1. 安装集成环境 XAMPP 之后，默认的主目录是安装文件夹下的______文件夹。

2. PHP 中默认的格林尼治时间与北京时间相差________小时，在时区参数的取值中，表示北京标准时区的取值是________。

3. phpStudy 默认的主目录是________________。

任务3 掌握PHP 7的基本语法

PHP 是一种服务器端脚本语言，编程时需要使用各种语法基础知识。本任务通过多个例题，讲解 PHP 7 的基本语法，包括程序结构、代码注释格式、变量的应用、运算符的应用、输出语句、流程控制语句、数组及日期时间函数的应用等内容。

素养要点

遵守规则 约束行为 崇尚文明、和谐

任务 3-1 掌握 PHP 语法基础

需要解决的核心问题

- PHP 代码的定界标签是什么？可以使用哪些注释格式？
- 自定义变量时，需要注意的事项有哪些？
- 如何区分字符串内部的变量与其他字符？
- 常用的运算符有哪些？
- 如何使用 PHP 中的输出语句 echo 输出各种不同的数据？

3.1.1 第一个 PHP 程序

【例 3-1】创建文件夹 exam，创建页面文件 3-1.php，完成如下两个功能。

（1）在页面主体中增加一个段落元素，段落内容为“这是 HTML 元素段落中的文本”。

（2）使用 PHP 的 echo 语句输出字符串“Hello world!”。

要求：在浏览器窗口中运行该页面文件，查看源代码并观察源代码的内容。

操作步骤如下。

第 1 步，打开 HBuilder，在“项目管理器”下找到当前 Web 服务器的主目录（此处使用 XAMPP 下面的 htdocs 文件夹），选中后单击鼠标右键，在弹出的快捷菜单中选中“新建”→“目录”，创建文件夹 exam，弹出“新建文件夹”窗口，如图 3-1 所示。

单击图 3-1 中的“完成”按钮，在文件夹 exam 下单击鼠标右键创建 3-1.php 文件，操作步骤参照图 2-38 和图 2-39。

第 2 步，按照图 3-2 所示的代码编辑文件。添加 HTML 代码并创建一个段落来指定段落内容，编写 PHP 代码以输出“Hello world!”。

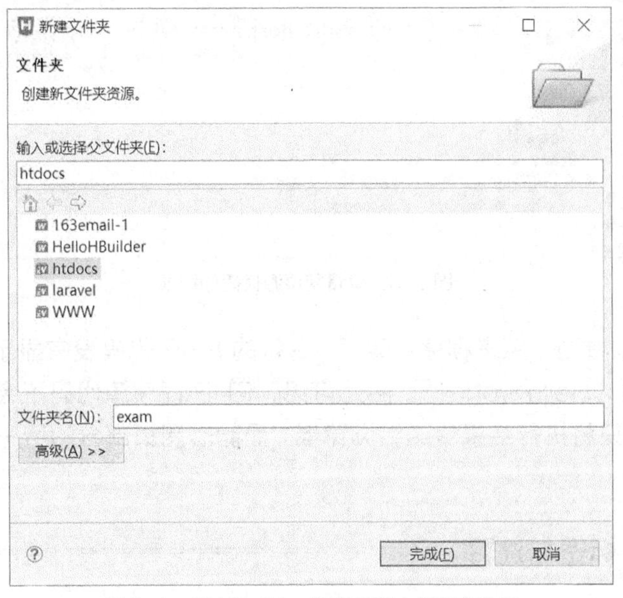

图 3-1　在 HBuilder 指定位置中创建文件夹

```
1 <html>
2     <head>
3         <title>first php program</title>
4     </head>
5     <body>
6         <p>这是HTML元素段落中的文本</p>
7         <?php
8             echo "Hello world!"
9         ?>
10    </body>
11 </html>
```

图 3-2　例 3-1.php 中的代码

打开浏览器，在地址栏中输入 http://localhost/exam/3-1.php 并按【Enter】键即可看到图 3-3 所示的运行结果。

3-1.php 中只有第 7~9 行代码是 PHP 代码。在运行界面空白处单击鼠标右键，在弹出的快捷菜单中选择“查看网页源代码”命令，如图 3-4 所示，得到图 3-5 所示的代码。

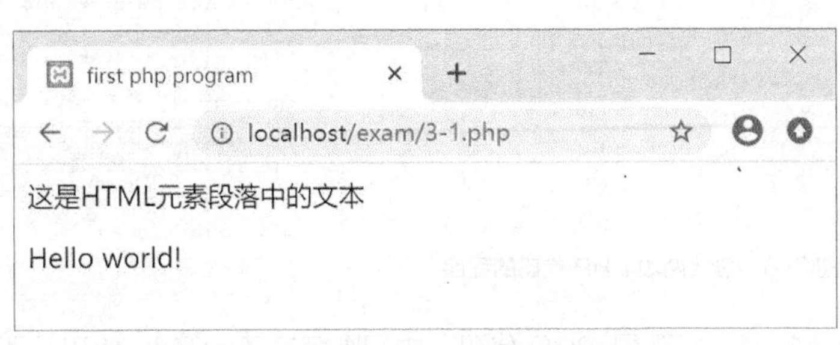

图 3-3　程序 3-1.php 的运行结果

图 3-4　浏览器内部的快捷菜单

```
1 <html>
2     <head>
3         <title>first php program</title>
4     </head>
5     <body>
6         <p>这是HTML元素段落中的文本</p>
7         Hello world!    </body>
8 </html>
9
```

图 3-5　查看网页源代码的结果

从图 3-5 中可以看到，原来程序中第 7～9 行的 PHP 代码没有显示出来，只显示了这 3 行代码执行后的结果“Hello world!”。由此可见，PHP 程序源代码不会传送到浏览器端，它们在服务器端执行，只将执行结果传送给浏览器，而静态网页部分的所有代码都会传送到浏览器端。

3.1.2　PHP 标签与注释

在 3-1.php 中已经使用过“<?php”和“?>”这对符号，这就是 PHP 标签。PHP 标签可告诉 Web 服务器 PHP 代码何时开始、何时结束。这对符号之间的代码都将被解释为 PHP 代码，PHP 标签用来隔开 PHP 代码和 HTML 代码。

1. PHP 标签

在早期的 PHP 版本中，PHP 标签一共有 4 种可用的形式，分别是标准用法<?php...?>、短标签<?...?>、脚本型标签<script language="php">...</script>和 ASP 型标签<%...%>。但是在 PHP 7 中，除了标准用法，其余 3 种用法都已经被禁用，读者在编写代码时需要注意。

根据需要，PHP 标签在一个程序文件中可以出现多次，因此可以把 PHP 代码块放置在页面文档的任何位置，如图 3-6 所示。

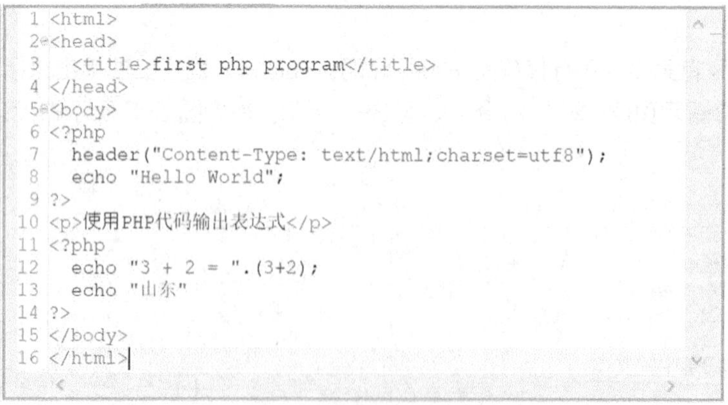

```
1 <html>
2 <head>
3   <title>first php program</title>
4 </head>
5 <body>
6 <?php
7   header("Content-Type: text/html;charset=utf8");
8   echo "Hello World";
9 ?>
10 <p>使用PHP代码输出表达式</p>
11 <?php
12   echo "3 + 2 = ".(3+2);
13   echo "山东"
14 ?>
15 </body>
16 </html>
```

图 3-6　包含两段 PHP 代码的程序

图 3-6 中包含第 6～8 行和第 11～14 行两段 PHP 代码，中间则穿插了 HTML 代码，即在

PHP 文件中，PHP 代码与 HTML 代码可以根据需要随意穿插而不受限制。

> **注意** 使用 PHP 标签时需要注意以下两个事项。
>
> （1）PHP 标签不可以嵌套使用，即不能出现<?php…<?php…?>…?>这种形式，这是一种语法错误。
>
> （2）起始标签的角括号<、问号?和 php 三部分内容之间以及结束标签的问号?和角括号>两部分内容之间不允许出现空格。

2. PHP 代码注释格式

PHP 代码可以使用 3 种注释格式，分别是//、/*…*/、#。

- //：用于写一行注释，注释可以独立成行，也可以放在语句后面。
- /*…*/：用于写多行大段注释，这种注释格式通常会应用于程序排错过程中，作用是将部分代码屏蔽，执行另一部分代码以方便用户观察运行结果中是否存在错误，从而确定错误的范围。
- #：用于写一行注释，与//相同。

3.1.3 PHP 中常量的定义

在程序开发过程中，通常会把不经常改变的值定义成常量，常量一般以全部大写来表示，前面不加$符号。在 PHP 5.3 及以后版本中，常量可以使用函数 define()和关键字 CONST/const 两种形式定义。

1. 使用函数 define()定义常量

语法格式：define (name, value, case_insensitive)

参数 name，必需，表示常量名称。

参数 value，必需，表示常量取值。

参数 case_insensitive，可选，规定常量的名称是否对大小写敏感。若将其值设置为 true，则表示对大小写不敏感。默认值是 false，表示对大小写敏感。

例如，要定义大小写不敏感的常量 PI，取值为 3.1415926，代码如下。

```
define("PI", 3.1415926, true);
```

访问定义好的常量时，可以直接使用常量名称，也可以使用 constant("常量名称")。例如，要输出常量 PI，可以用 echo PI;或者 echo constant("PI");。

2. 使用关键字 CONST 定义常量

语法格式：CONST 常量名称 = 常量值;

例如，CONST PI = 3.1415926;。

> **注意** 关键字 CONST 可以写为小写的 const。

使用 CONST 定义的常量，大小写敏感，定义之后无法改变；另外，使用 CONST 定义的常量，其访问方式与使用函数 define() 定义的常量一致，可以直接使用常量名访问，也可以使用

constant("常量名称")访问。

3. 函数 define()与关键字 CONST 的区别

（1）版本差异。

两种定义常量的方式之间存在版本差异，函数 define()在 PHP 4、PHP 5 和 PHP 7 中均可使用，关键字 CONST 只能在 PHP 5.3.0 及以后的版本中使用。

（2）定义位置的区别。

由于函数 define()定义的常量是在执行 define()函数时定义的，因此，只要是可以调用函数的地方，都可以使用 define()定义常量。例如，可以在函数体内部、循环体内部、if...else 语句内部等位置使用 define()定义常量。与 define()不同的是，由于 CONST 关键字定义的常量是在编译时定义的，因此使用 CONST 关键字定义常量的位置必须处于最顶端的作用区域，即不能在函数体内部、循环体内部、if...else 语句内部等位置用 CONST 来定义常量。例如，代码 if($a > 0){ define("PI", 3.14); }是正确的，代码 if($a > 0){ CONST PI = 3.14; }是错误的。

（3）对值的表达式支持的差异。

虽然关键字 CONST 和函数 define()定义的常量的值都只能为 null 或标量数据（布尔型、整型、浮点型和字符串型），但是，由于关键字 CONST 定义常量是在编译时定义的，因此 CONST 关键字定义的常量的值的表达式中不支持算术运算符、位运算符、比较运算符等多种运算符，而这些运算符在通过 define()函数定义常量时都是可以直接使用的。

例如，代码 define("PI", 2.1415926+1);没有错误，但是代码 CONST AI=(3+3);会报错。

注意 第（3）点差异在 PHP 7 中不再存在，即 PHP 7 允许在通过 CONST 定义常量的值时使用运算符。

3.1.4 PHP 中的变量

PHP 变量是指在程序运行过程中，内容需要根据条件发生变化的量。PHP 中的变量包括自定义变量和系统预定义变量两种。

1. 自定义变量

自定义变量就是由开发人员根据需要自行定义的变量，PHP 中的数据类型为弱类型，因此在定义变量时，不需要考虑变量的数据类型。

PHP 中有效的变量名由字母或者下画线开头，后面跟任意数量的字母、数字或下画线，PHP 变量属于松散的数据类型，使用时需要注意如下几点。

- 变量名前必须以$符号开始，需区分大小写。
- 不必事先定义或声明，可直接使用。
- 使用时，可根据变量所存放常量的值确定类型，并可随意更换值的类型。
- 如果未赋值而直接使用，则变量值为空。

【例 3-2】修改 3-1.php 文件，定义变量$string，用于存放“Hello world!”，最后输出变量的值，将修改后的文件命名为 3-2.php，程序中的 PHP 代码如下。

```
<?php
  $string="Hello world!";
  echo $string;
?>
```

程序的运行结果与图 3-3 所示的结果完全相同。

若在变量名前面只有一个$符号，则该变量是一个普通变量，如$str。若在变量名前面有两个$符号，则该变量是一个可变变量，如$$str。

观察下面的代码。

```
$str="name";
$$str="zhanghongjian";
echo $name;                //输出 zhanghongjian
```

即可变变量$$str 表示的变量是$name，若$str="age"，则可变变量$$str 表示的变量是$age。

2. 系统预定义变量

这里只简单介绍预定义变量中的几个超全局变量。所谓超全局变量，是指变量在一个程序的全部作用域中都可以直接使用，以下这些超全局变量经常被称为系统数组。

- $GLOBALS：用于在 PHP 脚本中的任意位置访问全局变量。
- $_SERVER：用于保存关于报头、路径和脚本位置的信息。
- $_REQUEST：用于收集 HTML 表单提交的数据，该组的可信度较低，较少使用。
- $_POST：广泛用于接收 method="post" 的 HTML 表单提交的数据，也常用于传递变量。
- $_GET：可用于接收 method="get"的 HTML 表单提交的数据或者超链接提交的数据。
- $_COOKIE：经由 HTTP Cookie 方法提交至脚本的变量。
- $_FILES：经由 HTTP POST 文件上传而提交至脚本的变量。
- $_SESSION：当前注册给脚本会话的变量。

后面将详细介绍其中的$_POST、$_GET、$_COOKIE、$_FILES 和$_SESSION 等几个系统数组。

3.1.5 PHP 中的运算符

运算符是一种符号，指明要在一个或多个表达式中执行的操作，是构造表达式的工具。PHP 的运算符主要包括算术运算符、赋值运算符、比较运算符、逻辑运算符和字符串连接运算符等。

1. 算术运算符

算术运算符用于对数值型的常量或变量执行基础的加、减、乘、除等运算。

算术运算符包括：加法运算符 +、减法运算符 –、乘法运算符 *、除法运算符 /、模运算符 %、自增运算符 ++和自减运算符 ––。

> **说明** 除法运算符 / 完成的是非整除运算，例如，17 / 5 的结果为 3.4。
> 模运算符 % 用于求整除运算的余数，例如，17 % 5 的结果为 2。

自增运算符 ++ 完成的是变量值增 1 的操作，有预递增和后递增之分。例如，x 的初值为 5，执行 y = x++ 之后，y 的结果为 5，而 x 的结果为 6，这是后递增，即先将 x 的值赋给 y，之后 x 再增值；若是换作 y = ++x，则执行之后，y 的结果和 x 的结果都是 6，这是预递增，即先将 x 增值，然后将值赋给 y。

自减运算符 -- 完成的是变量值减 1 的操作，有预递减和后递减之分。例如，x 的初值为 5，执行 y = x— 之后，y 的结果为 5，而 x 的结果为 4，这是后递减，即先将 x 的值赋给 y，之后 x 再减值；若是换作 y = —x，则执行之后，y 的结果和 x 的结果都是 4，这是预递减，即先将 x 减值，然后将值赋给 y。

通过算术运算符运算的结果是数值。

2. 赋值运算符

在 PHP 中，基本的赋值运算符是 = ，其作用是将右侧表达式的值赋给左侧变量。常用的赋值运算符包括如下几个。

- =：直接赋值，如 x = y。
- +=：完成加法操作后赋值，如 x += y 相当于 x = x + y。
- –=：完成减法操作后赋值，如 x –= y 相当于 x = x – y。
- *=：完成乘法操作后赋值，如 x *= y 相当于 x = x * y。
- /=：完成除法操作后赋值，如 x /= y 相当于 x = x / y。
- %=：完成求余操作后赋值，如 x %= y 相当于 x = x % y。
- .=：完成字符串连接操作后赋值，如 x .= y 相当于 x = x . y。

3. 比较运算符

比较运算符用于比较两个值，如果比较的结果为真，则返回 true，否则返回 false。

比较运算符包括：大于 > 、小于 < 、大于等于 >= 、小于等于 <= 、相等 == 、不等 != 、全等 === 和不全等 !==。

下面对==、===、!=和!==几个运算符的应用进行详细说明。

- ==：相等，若运算符左右两侧给定内容的值相等，则返回 true，否则返回 false。例如，'5' == 5 的结果为 true，5 == 5 的结果为 true，5 == 3 的结果为 false。
- ===：全等，若运算符左右两侧给定内容的值和类型都相同，则返回 true，否则返回 false。例如，5 ===5 的结果为 true；'5' === 5 的结果则为 false，因为 '5' 是字符型，而 5 是数值型。
- !=：不等，若运算符左右两侧给定内容的值不同，则返回 true，否则返回 false。例如，5 != 3 的结果为 true，而 5 != '5'的结果为 false。
- !==：不全等，若运算符左右两侧给定内容的值不同，或者是值相同但类型不同，则返回 true，否则返回 false。例如，5 !== 3 的结果为 true，5 !== '5'的结果为 true，5 !== 5 的结果为 false。

4. 逻辑运算符

逻辑运算符用于对布尔型数据进行操作，包括逻辑与运算符&&、逻辑或运算符 || 、逻辑非运

算符 ！。也可以使用 and 表示与操作，or 表示或操作。

通过逻辑运算符的运算结果是逻辑值 true 或 false。

对于两个布尔型变量$a 和$b，与、或、非运算的结果说明如下。

- 若执行$a && $b，则只有当$a 和$b 的值都为 true 时，结果才为 true，否则结果为 false。
- 若执行$a || $b，则只要两者中有一个的值为 true，结果就为 true。
- 若执行!$a，则$a 的值为 true 时，$a 的值为 false，$a 的值为 false 时，!$a 的值为 true。

5. 字符串连接运算符

PHP 程序中的字符串连接运算符有圆点.和逗号,两种，用于将两个或两个以上的字符串连接在一起，也可以用于将字符串与其他类型的数据连接在一起。

例如，'abc' . 123 的结果为'abc123' 。

完成两个字符串的连接时，,运算符比.运算符的运算速度快。

3.1.6 PHP 程序的输出语句 echo

PHP 程序的输出语句有 echo、print()、printf()、print_r()、var_dump()等，其中经常使用的是 echo，使用该语句可以输出 PHP 程序中的常量、变量、表达式运算结果、HTML 标签、CSS 样式代码以及 JavaScript 脚本代码等任意内容。

【例 3-3】创建 3-3.php 文件，使用 echo 语句输出变量、表达式、CSS 样式代码等内容，代码如下。

```
1: <?php
2:  $name="lihong";
3:  echo $name;
4:  echo "<p>my name is {$name}</p>";
5:  echo "<p style='color:#f00; font-size:20pt;'>my name is {$name}</p>";
6:  echo "<p>23+45=" . (23 + 45) . "</p>";
7: ?>
```

代码解释：

第 1 行和第 7 行，PHP 标签。

第 2 行，定义变量$name，指定取值为 lihong。

第 3 行，使用 echo 语句输出变量$name 的值。

第 4 行，使用 echo 语句输出 HTML 标签<p>、字符串及变量的值，其中<p>起到分段的作用，变量$name 外部花括号的作用是将变量与字符串内部其他内容区分开。

第 5 行，使用 echo 语句输出增加了样式定义的<p>标签及相关内容，该行内容输出时颜色为红色，字号是 20pt。

第 6 行，使用 echo 语句输出表达式的运算结果，其中引号中的“23+45=”代码的作用是在浏览器中输出该内容，然后在等号=之后再输出 23+45 的和。

思考问题：

第 4 行和第 5 行代码中，把要输出值的变量$name 也放在整个字符串双引号中，此处双引号是否可以换成单引号？

解答：

虽然单引号与双引号都具备对字符串进行定界的功能，但是，要将需要转换值的变量或其他元素与其他文本内容一起放在引号中，不可以使用单引号进行定界。

原因：

运行程序时，PHP 不会对单引号中的内容进行检查、替换，即无论单引号中放了什么，都一定会原样输出，PHP 则会检查双引号中的内容，发现需要替换的内容会直接替换掉。

例如，放在单引号中的$name 被当成字符串处理，放在双引号中的$name 则被解析为变量名。

注意 放在双引号中的变量后面不能紧跟着数字、下画线、汉字等字符，否则系统会将这些字符与原变量名一起解析为变量名，从而出现未定义的变量名错误。

例如，echo "$name 是个女孩儿的名字"，系统解析时会将双引号中的全部内容作为变量名，在 PHP 中可以使用花括号将变量名与字符串中的其他内容区分开，代码可改为 echo "{$name}是个女孩儿的名字"。需要说明的是，{}内部的$变量之前不能出现任何符号，否则输出结果中会带有花括号。

程序运行结果如图 3-7（a）所示。

如果将第 4 行代码中的“{$name}”改为“{ $name}”，即花括号内变量$name 前面有一个空格，则运行结果如图 3-7（b）所示，原来的“lihong”变为“{ lihong}”。

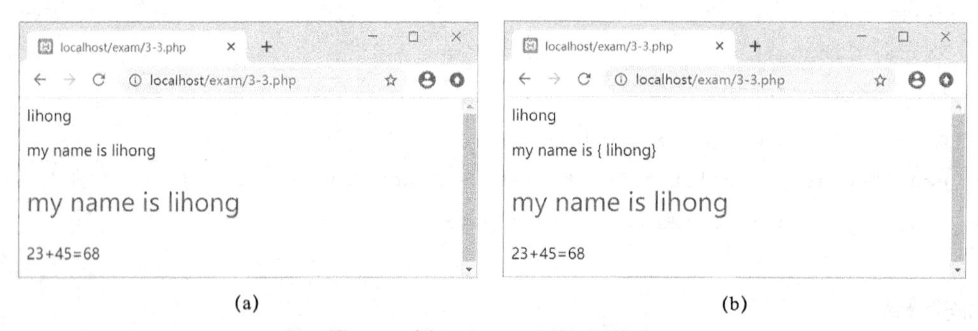

(a) (b)

图 3-7 例 3-3.php 文件运行结果

素养提示 在项目开发中必须遵循语言的语法，同样，我们也应遵守各种规则，约束自身行为，崇尚文明、和谐，积极践行社会主义核心价值观。

任务 3-2 认识 PHP 中的日期和时间

需要解决的核心问题

- 函数 date()中可以使用的格式字母有哪些？各自的作用是什么？
- 什么是时间戳？在 date()函数中如何获取指定时间戳对应的日期？
- 函数 strtotime()的作用是什么？如何使用该函数获取昨天、明天或者下星期一这种时间的时间戳?

在 PHP 中使用系统日期或时间等信息时，需要使用函数来获取这些信息，相关的函数有 20 多个，其中比较常用的有 date()和 strtotime()。本书只讲解这两个函数，对于其余函数，读者可以查阅相关资料进行学习。

3.2.1 日期时间函数 date()

PHP 中的 date()函数用于格式化时间或日期。

使用格式：date(格式[, 时间戳])

说明：第一个参数是必选的，规定时间戳的格式；第二个参数是可选的，规定时间戳，默认值是当前的日期和时间。若指定了时间戳，则可以使用 date()函数获取该时间戳对应的日期。

关于时间戳：时间戳是自 1970 年 1 月 1 日（00:00:00 GMT）以来的秒数，它也被称为 UNIX 时间戳（UNIX Timestamp）。

date()函数的第一个参数用于规定时间戳的格式，也就是如何格式化日期或时间。它使用字母来表示日期和时间的格式。常用的字母如下。

- Y：返回 4 位数字的年份值。
- y：返回 2 位数字的年份值。
- m：返回带有前导 0 的月份值，01～12。
- n：返回没有前导 0 的月份值，1～12。
- d：返回带有前导 0 的日期值，01～31。
- j：返回没有前导 0 的日期值，1～31。
- D：返回一星期中的第几天，英文单词的前 3 个字母（Sun～Sat）。
- w：返回一星期中的第几天，0～6（其中 0 表示星期天）。
- M：返回月份值英文单词的前 3 个字母。
- H：返回 24 小时制的时值，00～23。
- h：返回 12 小时制的时值，01～12。
- i：返回分钟值，00～59。
- s：返回秒数值，00～59。

可以在格式字母前后插入其他字符，如/、.和-等，这样可以增加附加格式。

例如，date("Y 年 m 月 d 日")、date("Y-m-d")或者 date("H:i:s")。

假设现在的系统日期是 2021 年 9 月 12 日，我们期望得到“2021-09-12”这种日期格式，则需要使用 date("Y-m-d")来实现。

【例 3-4】创建 3-4.php 文件，使用 echo 语句输出“今天是 xxxx 年 xx 月 xx 日”，代码如下。

```
1: <?php
2:  header("Content-Type: text/html;charset=utf8") ;
3:  $date = date("Y年m月d日");
4:  echo "今天是" . $date;
5: ?>
```

代码解释：

第 3 行，在 date()函数内部使用时间戳格式的字母 Y、m 和 d 分别获取 4 位数字的年份值、2 位数字的月份值和 2 位数字的日期值，同时在格式字母之间穿插汉字“年、月、日”。

第 4 行，可以将变量$date 放在字符串内部，写为 echo "今天是{$date}";。

程序运行结果如图 3-8 所示。

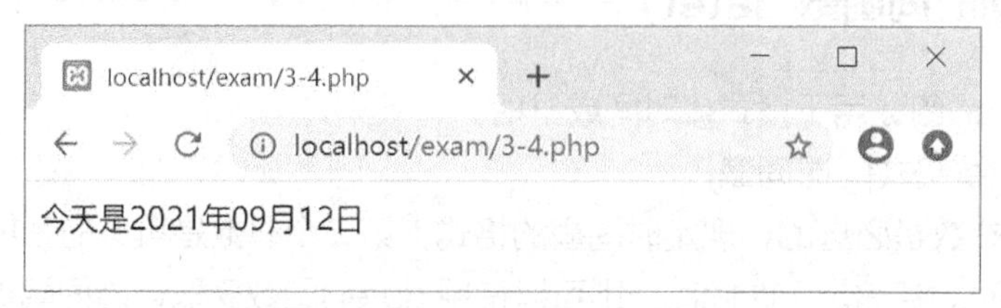

图 3-8　例 3-4.php 文件运行结果

3.2.2　获取当前时间戳函数 strtotime()

微课 3-1　获取当前时间戳函数 strtotime()

函数 strtotime()用于将任何字符串形式的日期和时间描述、解析为 UNIX 时间戳，即获取 1970 年 1 月 1 日零时零分零秒以来的秒数。

函数格式：strtotime (string)

参数 string 可以是日期和时间格式的字符串，如 strtotime('2019-1-1')；也可以是表示日期和时间的英文单词，例如，strtotime("today")表示 1970 年 1 月 1 日零时零分零秒到系统当前日期的秒数。

PHP 在将字符串转换为日期这方面非常“聪明”，除了 today 之外，还可以使用 tomorrow、next Monday、+3 Days、+6 Months 等。

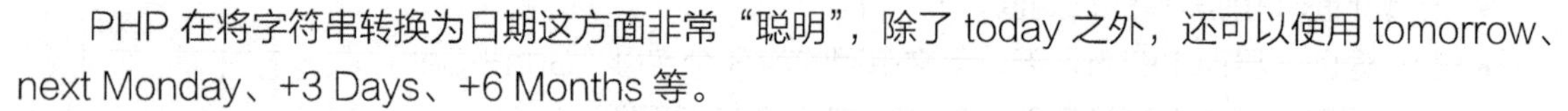

【例 3-5】创建 3-5.php 文件，应用 strtotime()函数进行处理，分别获取今天的日期、明天的日期、下个星期一的日期和 3 天后的日期，代码如下。

```
1: <?php
2:  header("Content-Type: text/html;charset=utf8") ;
3:  $d = strtotime("today");
4:  echo "今天是" . date("Y-m-d", $d) . "<br />";
5:  $d = strtotime("tomorrow");
6:  echo "明天是" . date("Y-m-d", $d) . "<br />";
7:  $d = strtotime("next Monday");
8:  echo "下个星期一是" . date("Y-m-d", $d) . "<br />";
9:  $d = strtotime("+3 Days");
10: echo "3 天后是" . date("Y-m-d", $d) . "<br />";
11: ?>
```

代码解释：

第 3 行，使用 today 字符串来获取今天的日期对应的时间戳，并将其保存在变量$d 中。

第 4 行，使用 date()函数获取$d 指定时间戳中的年月日信息，并将其显示出来。

程序运行结果如图 3-9 所示。

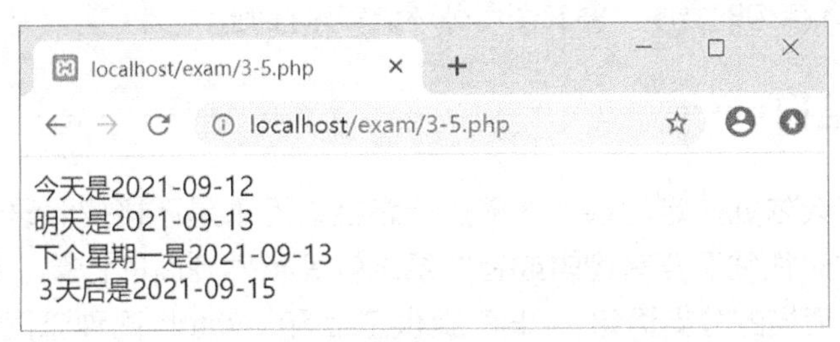

图 3-9 例 3-5.php 文件运行结果

【例 3-6】创建 3-6.php 文件，求当前日期（2021-09-12）距离 2022 年元旦的天数，代码如下。

```
1: <?php
2:  header("Content-Type: text/html;charset=utf8") ;
3:  $today = strtotime("today");
4:  $firstDay2022 = strtotime('2022-1-1');
5:  $seconds = $firstDay2022 - $today;
6:  $days = $seconds/(3600*24);
7:  echo "距离 2022 年元旦还有{$days}天";
8: ?>
```

代码解释：

第 4 行，获取 2022 年 1 月 1 日的时间戳。

第 5 行，获取当前日期和 2022 年 1 月 1 日之间相差的秒数。

第 6 行，使用秒数之差除以一天的秒数（1 小时 3 600 秒，乘 24 小时）得到天数。

程序运行结果如图 3-10 所示。

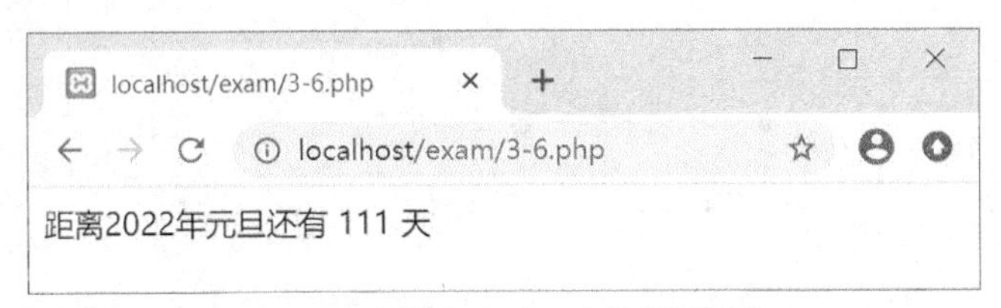

图 3-10 例 3-6.php 文件运行结果

任务 3-3 了解流程控制结构

需要解决的核心问题

- 分支语句 if 包含哪几种结构？各自的特点是什么？
- 两种多分支结构语句 if...else if...else 和 switch 的区别是什么？
- for 循环结构如何？如何使用 for 循环结构结合日期时间函数输出当前月的月历？
- while 和 do...while 的区别是什么？

程序结构包括顺序结构、分支结构和循环结构。对于实现顺序结构的程序，不需要任何流程控制语句，只需要按照顺序编写代码、执行代码即可；对于实现分支结构的程序，需要使用分支语句来控制；对于实现循环结构的程序，需要使用循环语句来控制。

3.3.1 分支结构

分支结构的执行会依据一定的条件选择执行路径，而不是严格按照语句出现的物理顺序来执行。设计分支结构时往往需要有逻辑或者关系比较等条件判断的计算，程序执行时需要根据不同的程序流程选择适当的分支语句。PHP 提供了 if 和 switch 两种流程控制语句来实现分支结构。

1. if 语句

使用 if 语句可以设计 3 种基本的分支结构，分别是单分支结构、双分支结构和多分支结构。

（1）单分支结构。

单分支结构就是只有一个分支的程序结构，若指定的条件成立，则执行该分支；若指定的条件不成立，则该分支语句被跳过。

格式：if（ 条件 ）{ 语句序列 }

解释：当条件成立时，执行花括号中的语句，否则什么也不做。

【例 3-7】创建 3-7.php 文件，判断给定变量$x 的值是否小于$y 的值，若是，则交换两者的值，否则什么也不做，最后输出两者比较的结果，代码如下。

```
1: <?php
2:   $x = 10 ;
3:   $y = 20 ;
4:   if ( $x < $y ) {
5:     $t = $x ;
6:     $x = $y ;
7:     $y = $t ;
8:   }
9:   var_dump( $x > $y ) ;
10: ?>
```

代码解释：

第 5～7 行，通过一个中间变量 $t 完成变量 $x 和 $y 的值的交换。

第 9 行，使用函数 var_dump()输出变量 $x 和 $y 的比较结果，输出结果为“bool(true)”。

（2）双分支结构。

双分支结构就是根据条件成立与否给出两个分支的程序结构，若指定的条件成立，则执行其中的一个分支；若指定的条件不成立，则执行另一个分支。双分支结构中的两个分支在程序的一次执行过程中有且只有一个分支能被执行。

格式：if（ 条件 ）{ 语句序列 1 }
　　　else { 语句序列 2 }

解释：当条件成立时，执行语句序列 1，否则执行语句序列 2。

【例 3-8】创建 3-8.php 文件，获取系统日期中的星期几信息，判断是否是星期六、星期日，若是则输出“愉快的周末!”，否则输出“忙碌的工作日!”，代码如下。

```
1: <?php
2:   header("Content-Type: text/html;charset=utf8") ;
3:   $date = date("Y年m月d日");
4:   echo "今天是{$date}<br />" ;
5:   $w = date( 'w' ) ;
6:   if ( $w ==0 || $w == 6 ) {
7:       echo "愉快的周末! " ;
8:   }
9:   else {
10:    echo "忙碌的工作日! " ;
11:  }
12: ?>
```

代码解释：

第 3 行，以年月日的格式获取系统的日期，并将其保存在变量$date 中。

第 5 行，获取星期几对应的数值，并将其保存在变量$w 中。

第 6～8 行，判断是否是星期六、星期日，若是则显示相应信息。

程序运行结果如图 3-11 所示。

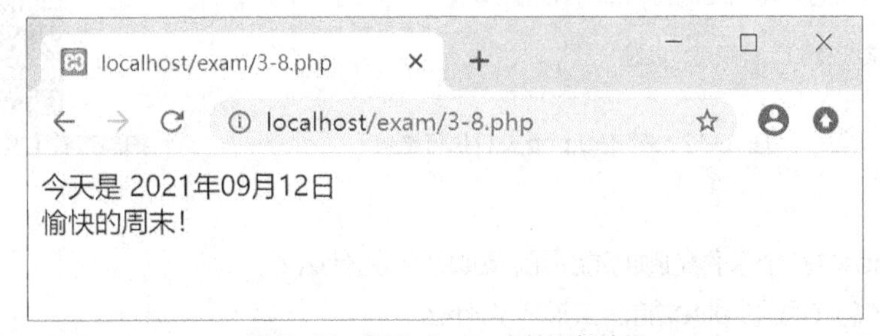

图 3-11　例 3-8.php 文件运行结果

（3）多分支结构。

使用 if 语句生成的多分支结构，是指程序中有多个前后关联的条件，每个条件成立时都对应一个分支，最后一个条件不成立时也要对应一个分支。也就是说，若有 n 个条件，则对应 n+1 个分支。若其中一个条件成立，则执行其对应的分支语句，然后结束分支结构的执行过程；否则要进一步判断下一个条件是否成立，以此类推；若最后一个条件也不成立，则执行第 n+1 个分支。

多分支结构中的多个分支在程序的一次执行过程中有且只有一个分支能被执行。

格式：if (条件 1) { 语句序列 1 }
　　　else　if (条件 2) { 语句序列 2 }
　　　.......
　　　else　if (条件 n) { 语句序列 n }
　　　else { 语句序列 n+1 }

解释：若条件 1 成立，则执行语句序列 1，结束程序；若条件 2 成立，则执行语句序列 2，结束程序……若上面的所有条件都不成立，则执行语句序列 n+1。

【例 3-9】创建文件 3-9.php，根据某个学生的考试成绩确定等级，若成绩为[90,100]，则等级为优秀；若成绩为[80,90)，则等级为良好；若成绩为[70,80)，则等级为一般；若成绩为[60,70)，则等级为及格；若成绩为[0,60)，则等级为不及格。

代码如下。

```
1: <?php
2:   header("Content-Type: text/html;charset=utf8") ;
3:   $score = 89 ;
4:   if ( $score >= 90 ) { $grade = "优秀" ; }
5:   else if ( $score >= 80 ) { $grade = "良好" ; }
6:   else if ( $score >= 70 ) { $grade = "一般" ; }
7:   else if ( $score >=60 ) { $grade = "及格" ; }
8:   else  { $grade = "不及格" ; }
9:   echo "你的成绩是{$score}，等级是：{$grade}<br />";
10: ?>
```

程序执行结果如图 3-12 所示。

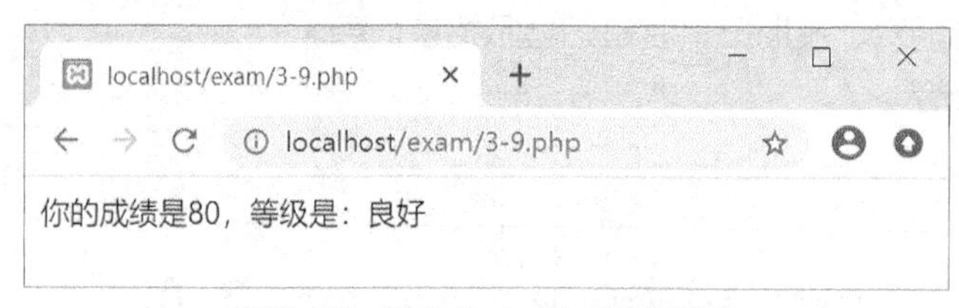

图 3-12　例 3-9.php 文件执行结果

扫码查看【例 3-9】问题解答

思考问题：

（1）3-9.php 中各个条件的顺序能否随意颠倒？为什么？

（2）第 5～7 行前面的 else 能否去掉？为什么？

请大家思考，扫二维码可查阅解答。

2. switch 语句

使用 switch 语句生成的多分支结构，是指给定的表达式在不同情况下会有多种不同的取值，每一种取值对应一个分支，语法格式如下。

```
switch(表达式){
    case 值1: { 语句序列1 ; break ; }
    case 值2: { 语句序列2 ; break ; }
    case 值3: { 语句序列3 ; break ; }
    ......
     [default: { 语句序列n ; }]
}
```

解释：在程序执行过程中，要先确定表达式的值，然后根据该值找到相应的 case 入口。若表达式的取值是值 1，则执行语句序列 1，之后必须使用 break 语句结束 switch 结构；若表达式的取值是值 2，则执行语句序列 2，之后必须使用 break 语句结束 switch 结构；若所有取值都不符合，则直接执行 default 后面的语句序列 *n*，执行后直接到达 switch 语句结束处，因此，default 分支可以不使用 break 语句。

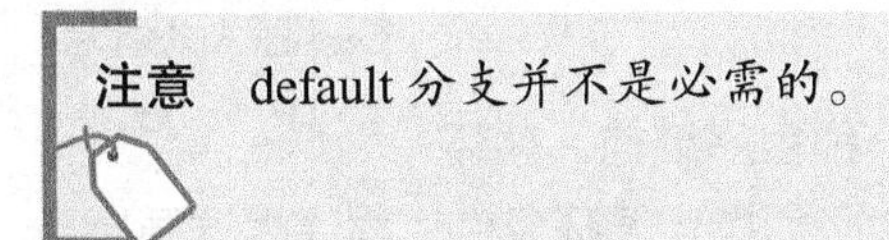

注意 default 分支并不是必需的。

多分支结构的 if 语句和 switch 语句的区别：if 和 else if 语句使用布尔表达式或布尔值作为分支条件来控制分支；而 switch 语句则用于测试表达式的值，该表达式的值必须是一个个离散的值，测试之后将根据测试结果选择执行相应的分支，从而实现分支控制。

选用多分支结构时可以遵循的原则：若要判断的取值范围非常大或者在一个连续的区间范围（如分数范围）内，则最佳方案是使用 if...else if...else 语句，也可以经过一些表达式的运算或转换得到离散值之后使用 switch 语句；若要判断的取值都是离散的，则最佳方案是使用 switch 语句，也可以使用 if...else if...else 语句，只是用起来会比较烦琐。

【例 3-10】创建文件 3-10.php，根据系统日期输出“今天是 ××年××月××日 星期几”，运行结果如图 3-13 所示。

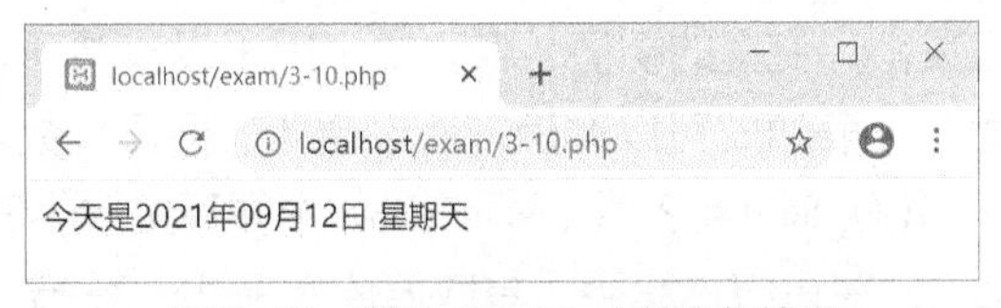

图 3-13　例 3-10.php 文件运行结果

代码如下。

```
1: <?php
2:   header("Content-Type:text/html; charset=utf8");
3:   $date = date('Y年m月d日');
4:   $w = date('w');
5:   switch ($w) {
6:       case 0 : $week = "星期天" ; break ;
7:       case 1 : $week = "星期一" ; break ;
8:       case 2 : $week = "星期二" ; break ;
9:       case 3 : $week = "星期三" ; break ;
10:      case 4 : $week = "星期四" ; break ;
11:      case 5 : $week = "星期五" ; break ;
12:      case 6 : $week = "星期六" ; break ;
13:   }
14:   echo "今天是 {$date} {$week} " ;
15: ?>
```

思考问题：

如何使用 switch 语句解决例 3-9 中的成绩等级判断问题？

请扫二维码查阅问题解答。

扫码查看使用 switch 结构判断成绩等级

3.3.2 循环结构

循环结构是指在程序中需要反复执行某个功能而设置的一种程序结构。循环结构的 3 个要素是循环变量、循环体和循环条件。循环结构中必须指定循环条件，程序根据循环条件成立与否判断是否继续执行循环体。PHP 中的循环语句有 for、while、do...while 和 foreach 4 种，其中 foreach 语句用于遍历数组元素，该语句将在 3.4.3 小节讲解。

1. for 语句

使用 for 语句可以实现指定循环次数的循环结构，有多种格式可以使用。

格式 1：for (表达式 1；表达式 2；表达式 3)

    {   循环体   }

注意　*表达式 3 后面不能出现语句结束的分号。*

解释：表达式 1 用于设置循环变量的初值；表达式 2 用于设置循环条件；表达式 3 用于完成循环变量的增值或减值，根据 3 个表达式可以准确判断该循环的循环次数。

例如，for ($i = 1; $i < 100; $i += 2) {...}，该语句中循环变量为$i，初值是 1，终值为 99，每循环一次，该变量要增值 2。在执行过程中，其取值依次是 1、3、5、7、……、99，一共是 50 个取值，执行 50 次循环。

在 3 个表达式中，最先执行的是表达式 1，该表达式只需要执行一次，因此可以将该表达式放在 for 语句前面，得到格式 2 给定的格式。

格式 2：表达式 1;

    for (; 表达式 2 ; 表达式 3)   //第一个分号不可省略
    {   循环体   }

表达式 1 执行完之后，要执行表达式 2，以判断循环条件是否成立。当循环条件成立时，执行循环体中的所有语句，然后执行表达式 3。表达式 3 的执行次数与循环体的执行次数相同，因此也可以将表达式 3 放在循环体内部最后的位置，得到格式 3 给定的格式。

格式 3：for (表达式 1 ; 表达式 2 ;)

    {   循环体
         表达式 3
    }

在格式 3 的基础上，若是将表达式 1 移至 for 语句前面，则可得到格式 4 给定的格式。

格式 4：表达式 1;

    for (; 表达式 2 ;)
    {   循环体

表达式 3

}

在实际应用中，为了简化代码，使程序结构更加简洁，一般采用格式 1 来实现 for 循环结构。

【例 3-11】创建文件 3-11.php，使用 for 循环语句输出系统当前月的月历（当前月的每一天对应的是星期几），当前日期使用红色边框突出显示，采用 7 列表格的形式输出。程序运行结果如图 3-14 所示。

localhost/exam/3-11.php

下面是2021 年 9 月的月历

日	一	二	三	四	五	六
			1	2	3	4
5	6	7	8	9	10	11
12	13	14	15	16	17	18
19	20	21	22	23	24	25
26	27	28	29	30		

图 3-14　例 3-11.php 文件运行结果

微课 3-2　for 循环应用

代码如下。

```
1: <style>
2:  .tdBorder{border:1px solid #f00;}
3: </style>
4: <?php
5:   header("Content-Type : html/text; charset=utf8");
6:   $year = date('Y');
7:   $month = date('n');
8:   $date = "$year-$month-1";
9:   $str = strtotime($date); //获取当前月第一天的时间戳
10:  $firstDay = date('w', $str);  //获得指定时间戳对应的星期几的数值
11:   //下面获取当前月的天数
12:  switch ($month){
13:      case 2: $days = ($year % 400 ==0 || ($year % 4 == 0 && $year % 100 != 0))?
29 : 28 ; break ;
14:      case 4:
15:      case 6:
16:      case 9:
17:      case 11: $days = 30 ; break ;
18:      default: $days =31 ;
```

```
19: }
20: echo "<table width='366' border='0' cellpading='0' cellspacing='2'>";
21: echo "<caption>下面是{$year}年{$month}月的月历</caption>";
22: echo "<tr>";
23: echo "<th width='50' height='40'>日</th><th width='50'>一</th>";
24: echo "<th width='50'>二</th><th width='50'>三</th>";
25: echo "<th width='50'>四</th><th width='50'>五</th>";
26: echo "<th width='50'>六</th>";
27: echo "</tr><tr>";
28: for($i = 0 ; $i < $firstDay ; $i++ ){
29:     echo "<td></td>";//输出开始的空单元格
30: }
31: for ($i = 1 ; $i <= $days ; $i++ ){
32:     if (($i + $firstDay -1) % 7 == 0 ){
33:         echo "</tr><tr>";
34:     }
35:     if ($i == date('j')){
36:          echo "<td align='center' height='30' class='tdBorder'>{ $i }</td>";
37:     }
38:     else {
39:         echo "<td align='center' height='30'>{ $i }</td>";
40:     }
41: }
42: echo "</tr></table>";
43: ?>
```

代码解释：

第 2 行，定义红色边框样式，为突出显示当前日期做准备。

第 6～7 行，分别获取系统中的当前年份和月份，月份不带前导 0。

第 8 行，获取当前月第一天的日期格式，如“2021-9-1”。

第 9 行，获取当前月第一天的时间戳。

第 10 行，获取指定时间戳对应的星期几的数值。

第 12～19 行，使用 switch 语句获取当前月的天数，首先根据是否是闰年的情况获取 2 月的天数，然后使用 case 子句获取小月的天数，最后使用 default 子句获取大月的天数。

第 20 行，输出表格，宽度设置为 366（每列宽 50px × 7 列（共 350px）+ 列间距 2px × 8 个间距（共 16px）= 366px）。

第 21 行，以表格标题的形式显示要输出的是哪个月的月历。

第 22 行，输出表格标题行所在的行标签。

第 23～26 行，输出标题行单元格及内容。

第 27 行，输出标题行结束标签和第一个内容行的开始标签。

第 28～30 行，使用循环结构控制当前月第一天前面的空单元格的个数。例如，若当前月第一天是星期二（返回的星期几数值是 2），则要输出对应星期天和星期一的两个空单元格；若当前月第一天是星期四，则要输出对应星期天、星期一、星期二和星期三的 4 个空单元格。可见输出的空单元格个数与返回星期几的数值是一致的，因此循环条件设置为$i < $firstDay。

第 31～41 行，使用循环结构输出当前月的每一天，循环变量取值范围为 1 到当前月最后一天的数值。

第 32～34 行，判断输出过程中当前行是否结束，若当前行的 7 列已经输出完毕，则开始下一行，因此先输出一个行结束标签再输出一个行开始标签。

关于判断条件($i + $firstDay −1) % 7 == 0，若变量$firstDay 的值为 2，则第一行输出两个空单元格之后再输出 1、2、3、4、5，此时变量$i 的取值变为 6，即(6 + 2 – 1) % 7 的结果为 0，要执行的操作是换行。

第 35～40 行，判断变量$i 的值是否对应当天，若是，则输出单元格时使用红色边框突出显示，否则不添加边框。

第 42 行，输出最后一行结束的标签和表格结束的标签。

2. while 语句

当事先无法确定循环次数时，通常会使用 while 语句实现循环结构。

格式：
```
while ( 条件 )
{
  循环体
}
```

解释：只要循环条件成立，就执行循环体；若刚开始运行时循环条件就不成立，则循环体一次也不执行。

3. do...while 语句

当事先无法确定循环次数时，也可以使用 do...while 语句实现循环结构。

格式：
```
do {
    循环体
}
while ( 条件 )
```

解释：do...while 语句至少执行一次循环体，之后只要条件成立，就会重复执行循环体。

任务 3-4 理解数组

需要解决的核心问题

- 使用函数 array()定义数组时，数组元素的类型、个数是否受限？
- 如何获取数组元素的个数？
- 什么是索引数组？如何定义和访问索引数组？
- 什么是关联数组？如何定义和访问关联数组？

- 如何使用 each()函数和 foreach 语句遍历数组？

数组是 PHP 中重要的数据类型之一，在 PHP 中广泛应用。相比只能保存一个数据的普通变量而言，使用复合类型的数组变量能够保存一批数据，如一个班级所有学生的某门课程成绩、一个学期所有课程的成绩、一个公司全部员工的基本信息等，从而可以很方便地对数据进行分类和批量处理。

3.4.1 PHP 数组的基本概念

数组由多个元素组成，元素之间相互独立，识别或者访问元素需要使用“键”（key）。每个元素可以保存一个数据，相当于一个变量，因此可以将数组看作一组内存空间连续的变量。

1. 数组的定义

在 PHP 中定义数组常使用 array()函数。

array()函数的格式为：数组名 = array(…)

用户可以根据需要在括号中给定任意个数、任意类型的数组元素的取值。

例如，代码$arr1= array('a', 'b', 'c', 'd')定义了一个名为$arr1 的数组，其中括号中数组元素的个数可以随意增加或减少。

PHP 中的一个字符串也可以看作一个数组，其中的每个字符都是一个数组元素。

2. 数组长度的获取

对于已经定义好的数组，可以使用 count()函数获取数组元素的个数。

count()函数的格式为：count(数组名称)

例如，代码 count($arr1)的运行结果是 4。

3.4.2 PHP 数组的类型

PHP 中的数组包括索引数组、关联数组、混合数组和多维数组。

1. 索引数组

索引数组是指带有数字索引的数组，使用递增的自然数列 0、1、2……作为数组元素的索引，定义数组时，直接在 array()函数中设置元素值即可。例如，$arr1 = array('a' , 'b' , 'c' , 'd' , 'efg' , 23 , 48) ;表示数组$arr1 中共有 7 个元素，可以分别通过$arr1[0]、$arr1[1]、$arr1[2]、$arr1[3]、$arr1[4]、$arr1[5]、$arr1[6]的方式访问相应的数组元素。

再如，$str = "Hello";可以作为一个索引数组，使用$str[0]可以得到字符 H。

在上述定义方式中，函数 array()的括号中的元素个数可以灵活变化，数组的长度随着数组元素个数的变化而变化。

【例 3-12】创建文件 3-12.php，定义上面介绍的$arr1 数组并使用循环结构在一行中输出数组元素值，值与值之间使用英文逗号间隔，代码如下。

```
1: <?php
2:   $arr1 = array( 'a' , 'b' , 'c' , 'd' , 'efg' , 23 , 48 ) ;
3:   for ( $i = 0 ; $i < count( $arr1 ) ; $i++ ) {
4:        echo "$arr1[$i]," ;
```

```
5:    }
6: ?>
```

程序运行结果如图 3-15 所示。

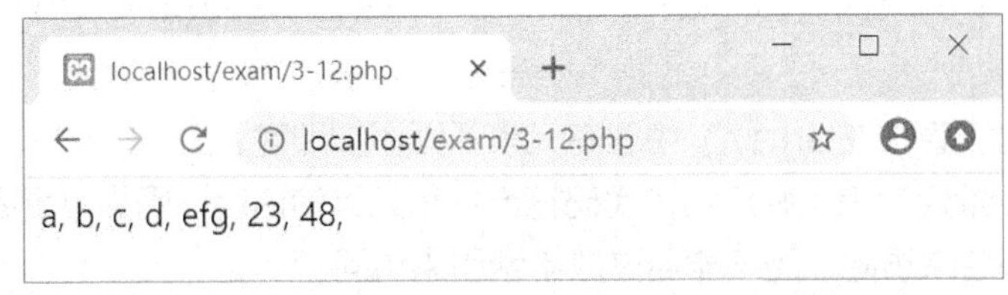

图 3-15　例 3-12.php 文件运行结果

思考问题：

（1）第 3 行代码 count($arr1)的结果是多少？

（2）第 3 行代码中循环条件为什么使用小于号（<）而不是小于等于号（<=）？

（3）若要在输出每个元素值之后换行输出下一个元素值，则应如何修改代码？

（4）若要在第 2 行代码中增加数组元素“China 中国”，那么是否需要修改其他内容才能完成所有元素值的输出？

扫码查看
【例 3-12】
问题解答

2. 关联数组

关联数组是指带有指定键的数组，数组元素的键名是由用户根据数组元素值的意义来定义的。定义数组时，需要使用“key => value”（“键名 => 值”）的方式设置各个数组元素。例如，$arr2 = array("animal" => "panda" , "name" => "Betty" , "appearance" => "pretty");表示数组$arr2 中有 3 个元素，键名分别是 animal、name 和 appearance，可以分别通过$arr2['animal']、$arr2['name']和$arr2['appearance']访问相应的数组元素。

【例3-13】 创建文件3-13.php，定义上面介绍的数组，然后输出内容“panda, name is Betty, is very pretty”，代码如下。

```
1: <?php
2:   $arr2 = array( "animal" => "panda" , "name" => "Betty" , "appearance" => "pretty" ) ;
3:   $show = $arr2['animal'] ;
4:   $show = "{$show}, name is {$arr2['name']}";
5:   $show = "{$show}, is very {$arr2['appearance']}";
6:   echo $show ;
7: ?>
```

程序运行结果如图 3-16 所示。

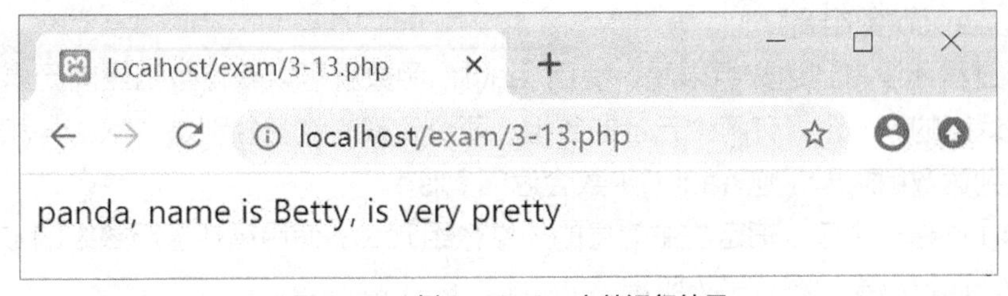

图 3-16　例 3-13.php 文件运行结果

思考问题：

（1）要在数组中增加元素"age" => "1.5"，应如何完成？

（2）能否使用下面的循环结构代码逐个输出数组元素的内容？为什么？

```
for( $i = 0 ; $ i< count($arr2) ; $i++ ) {  echo $arr2[$i] ;  }
```

解答：

（1）增加元素时，直接在 array() 中已有元素后面添加即可。

（2）不可以使用给定的 for 循环结构代码输出数组元素的内容，因为以键名方式定义的关联数组的元素必须通过键名来访问，而不能通过数字索引来访问。

3. 混合数组

除了可以定义单纯使用数字索引的数组和自定义键名的关联数组，还可以定义混合数组，即一个数组的元素中既包含数字索引元素，也包含键名元素。例如：

```
$mixed = array(2 , 'wang' , 'id' => 5, 5 => 'hello' , 'world') ;
```

数组$mixed 中元素 2 的索引是 0，元素'wang'的索引是 1，元素'hello'的键名为 5，其后的未定义键名的元素'world'将使用数字索引 6（5+1）。

4. 多维数组

多维数组是指将原来的数组元素再设置为数组。例如，定义二维数组如下。

```
$stu = array(
     0 => array('No' => '2018087301' , 'name' => 'zhangyu'),
     1 => array('No' => '2018087302' , 'name' => 'liudong'),
     2 => array('No' => '2018087303' , 'name' => 'wangqian')
  ) ;
```

若要获取名称 zhangyu，则访问方式为$stu[0]['name']。

关于定义多维数组，虽然 PHP 没有限制数组的维数，但是在实际应用中，为了便于代码的阅读、调试和维护，建议使用三维及以下的数组保存数据。

3.4.3 遍历数组

微课 3-3 遍历数组

遍历数组是指访问数组中的每个元素，从而完成指定的操作。在 PHP 中遍历数组可以使用 each()函数完成，也可以使用 foreach 循环语句完成。

1. 使用 each()函数遍历数组

使用 each()函数可以返回数组中当前元素的键和值，并将数组指针向前移动，常用在循环中遍历数组。

使用格式：each(数组名)

只要遍历过程还没有到达数组末尾，使用 each()函数就可以获得数组当前元素的键名以及取值，即该函数返回的是一个具有两个元素的数组，两个元素的键名分别是 “key”和“value”；若遍历过程已经到达数组末尾，则 each()函数会返回 false。

【例 3-14】创建一个包含指定学生信息的一维数组$stu，使用循环遍历数组的方式逐个输出元素的键名和值。运行结果如图 3-17 所示。

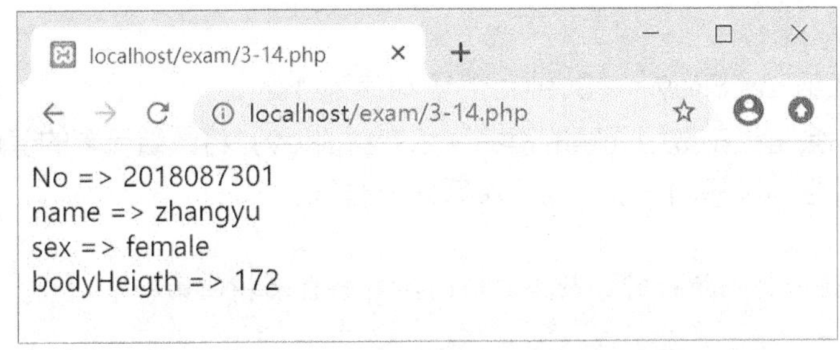

图 3-17　例 3-14.php 文件运行结果

代码如下。

```
1: <?php
2:   header('Content-Type:text/html; charset=utf8');
3:   $stu = array('No' => '2018087301' , 'name' => 'zhangyu' ,
4:                'sex' => 'female' , 'bodyHeigth' => 172);
5:   for ( $i = 0; $i < count($stu); $i++) {
6:       $print = each( $stu );
7:       echo "{$print['key']} => {$print['value']} <br />";
8:   }
9: ?>
```

循环部分代码解释：

当$i 为 0 时，循环执行第一次，获取数组$stu 中第一个元素的键名和键值信息，将其放在数组$print 中，存放形式是$print[key]= "No"、$print[value]= "2018087301"。在第 7 行中使用 echo "{$print['key']} => {$print['value']}
"，输出内容是 No => 2018087301，输出之后换行，其中的“=>”只作为一般的字符输出。

当$i 的取值为 1 和 2 时，循环执行第 2 次和第 3 次，整个执行过程同上。

思考问题：

若遍历过程已经到达数组末尾，则 each() 函数返回 false，根据 each() 函数的这一特性，如何使用 while 语句来修改 3-14.php 文件中的 for 语句？

解答：

```
while ( $print = each( $stu ) ){
    echo "{$print['key']} => {$print['value']} <br />";
}
```

上面代码 while ($print=each($stu))的执行过程分为两个步骤：第 1 步，从数组$stu 中获取元素的信息，返回结果是 false 或者元素的键名和键值信息；第 2 步，将返回结果作为循环条件，若返回值是 false，则循环条件不成立，直接退出循环，否则执行循环体，输出返回的键名和键值信息。

2. 使用 foreach 循环语句遍历数组

foreach 语句提供了遍历数组的简单方式。根据需要获取的内容不同，该语句有两种用法。

（1）foreach（数组 as $value）{ 语句序列 }。

在每次循环中，将当前数组元素的值赋给变量$value，并且数组内部的指针会向前移动一步，为下次循环做准备。

（2）foreach(数组 as $key => $value){ 语句序列 }。

在每次循环中，会将当前数组元素的键名赋给变量$key，将数组元素的值赋给变量 $value，并且数组内部的指针会向前移动一步，为下次循环做准备。

注意 当 foreach 语句开始执行时，数组内部的指针会自动指向第一个元素。

【例 3-15】使用 foreach 语句修改 3-14.php，代码如下。

```
1: <?php
2:   header('Content-Type:text/html; charset=utf8');
3:   $stu = array('No' => '2018087301' , 'name' => 'zhangyu' ,
4:                         'sex' => 'female' , 'bodyHeigth' => 172);
5:   foreach ($stu as $key => $value){
6:       echo "{$key} => {$value} <br />";
7:   }
8: ?>
```

代码解释：

第 5 行，使用 foreach 语句将数组$stu 中当前元素的键名赋给变量$key，将取值赋给变量$value。

第 6 行，直接按“键名 => 值”格式输出数组元素。

程序运行结果与图 3-17 所示的结果完全相同。

3.4.4 数组应用案例

【例 3-16】创建文件 3-15.php，获取服务器当前日期，并按指定格式输出。例如，若获取的日期是 2021 年 9 月 12 日，则输出“今天是 2021 年 9 月 12 日 星期日”。

注意 若需要输出的是星期一，则采用的是汉字“一”，不是阿拉伯数字 1，也不是英文缩写 Mon，其他星期信息同理。代码如下。

```
1: <?php
2:   header('Content-Type:text/html; charset=utf8');
3:   echo "今天是" . date("Y年n月j日") . "  ";
4:   $weekArr = array( "星期日" , "星期一" , "星期二" , "星期三" , "星期四" , "星期五" ,
"星期六" );
5:   $week = date( "w" );
6:   echo $weekArr[$week];
7: ?>
```

代码解释：

第 3 行，在 date()函数中使用字母 n 和 j 是为了使结果中不出现前导数字 0，最后的空格是为了在日期和星期信息之间间隔。

第 4 行，定义数组$weekArr，有 7 个数组元素，从星期日到星期六，对应的索引是数字 0～6。这种定义方式源自 date("w")的返回值为 0～6，且 0 对应的是星期日，1 对应的是星期一，因此可以在第 6 行中直接使用函数 date("w")的返回结果作为数组$weekArr 的索引来输出相应的元素值。

程序运行结果如图 3-18 所示。

图 3-18　例 3-15.php 运行结果

小结

本任务介绍了 PHP 7 的基础知识，包括 PHP 标签、注释、常量、变量、运算符、输出语句、日期时间函数、流程控制结构、数组等相关知识，并通过设计的 16 个例题详细介绍了这些基础知识的用法，使读者能够在项目开发过程中正确运用这些基础知识。

更多的日期时间函数和数组操作函数读者可以扫码查阅。

扫码查阅常用的日期时间函数

扫码查阅常用的数组操作函数

习题

一、选择题

1. PHP 7 中使用的代码定界标签是________。

   A. <? php...?>　B. <%...%>　C. <?...?>　D. <?php...?>

2. 下面哪一组是 PHP 中的注释符号？________

   A. //、'、/*...*/　B. //、#、/*...*/

   C. \\、#、/*...*/　D. //、#、/*

3. 下面哪一组是合法的 PHP 变量？________

   A. str1、_num1　B. $5_str、$num1

   C. $str1、$_num1　D. $str1、$_num1%

4. 假设存在变量$str1="abc"、$str2="ABC"、$num1=23、$num2=45，下面哪一组表达式的运算结果是 false？________

A. $str1<$str2 && $num1<$num2　　B. $str1>$str2 && $num1<$num2
C. $str1<$str2 || $num1<$num2　　D. $str1>$str2 || $num1>$num2

5. 若存在变量$age=25，则下面哪项中的代码不能输出“My age is 25”？________
A. echo "My age is ".$age;　　B. echo "My age is $age";
C. echo 'My age is $age';　　D. echo "My age is "."$age";

6. 下面代码块的执行结果是________。

```
$i=1;
$sum=0;
while($i <= 10){
    $i++;
    $sum += $i;
}
```

A. 65　　B. 55　　C. 54　　D. 66

7. 在 date()函数中，能够得到星期几的数字值的参数是________。
A. W　　B. w　　C. D　　D. 以上都不是

8. 若系统日期和时间是 2021 年 12 月 6 日 9 时 12 分，则函数 date("Y-m-d H:i")的返回值是________。
A. 21-12-6 9:12　　B. 2021-12-6 09:12
C. 2021-12-06 9:12　　D. 2021-12-06 09:12

9. 关于循环结构，下列说法中错误的是________。
A. for 语句通常在循环次数确定且循环变量值的变化有规律的情况下使用
B. while 语句实现的循环至少需要执行一次循环体
C. do...while 语句实现的循环至少需要执行一次循环体
D. for 语句实现的循环的循环变量有可能只是用于控制循环次数，并不参与循环体的执行

10. 关于数组，下面说法中错误的是________。
A. 元素索引可以采用从 0 开始递增的自然数列
B. 采用数字索引的元素和采用键名的元素可以同时出现在一个数组中
C. 使用自定义键名的数组元素不能使用自然数索引的方式访问
D. 在任何情况下，都要将键名放在引号定界符中才能正确访问数组元素

11. 关于函数 each()的说法错误的是________。
A. 可以用于遍历索引数组
B. 可以用于遍历关联数组
C. 其参数是数组元素
D. 只要遍历过程还没有到达数组末尾，就能返回一个包含两个元素的数组

二、填空题

1. 在 switch 语句实现的结构中，每个 case 分支的处理代码需要使用________________语句来结束。

2. PHP 中常用的定义数组的函数是____________，求数组长度的函数是____________。

3. 遍历数组的函数是________________，遍历数组到最后一个元素之后时，函数的返回值是________________。

4. 遍历数组没有到达数组末尾时，返回的新数组中的两个元素的键名分别是________和________。

三、编程题

1. 使用 for 循环完成 1+2+3+…+100 的求和过程，使用变量$sum 表示结果并输出。
2. 使用 while 循环完成上面题目的求和过程，并输出结果。
3. 获取指定日期（如 2021 年 10 月 1 日）对应的星期信息并按下面的格式输出。

2021 年 10 月 1 日是星期一

任务4
提交表单数据

当用户在网站上填写了表单之后，表单中填写的数据需要提交给网站服务器进行处理和保存等操作，本任务将表单数据提交到服务器端之后，只进行简单的输出处理，不保存。数据在服务器端的保存操作将在任务 5 中讲解。

本任务通过设计一个小案例，讲解收集并处理用户信息的功能实现过程，包括表单界面设计、提交数据之前的表单数据验证以及将表单数据提交到服务器端进行处理的操作。

案例说明：创建一个表单界面，收集用户的名字、性别、年龄、密码、兴趣爱好、喜欢的颜色、个人介绍和头像图片等信息，并将这些信息提交到服务器端进行相应的处理。

素养要点

合法合理 不以规矩，不能成方圆

任务 4-1 设计表单界面及验证表单数据

需要解决的核心问题

- 表单界面设计中复选框元素 name 属性的取值格式是怎样的?
- 使用 JavaScript 脚本验证表单数据的目的是什么？调用脚本函数时，函数名称前面的 return 关键字的作用是什么?
- 使用 HTML5 中的 pattern 属性指定的针对姓名和密码验证的正则表达式分别是什么?

4.1.1 表单界面设计

1. 基础知识及要求说明

设计表单界面时，必须使用<form>...</form>标签生成表单容器，还需在该容器中添加各种表单元素或非表单元素。<form>标签中当前需要设置的属性是 method，其取值可以是 post 和 get。

设计表单界面时，经常需要使用表格对表单中的各种元素以及文字标签进行规则的布局设计，表单标签与表格标签的嵌套关系如下。

```
<form…>
  <table…>
    <tr>
```

```
      <td>表单元素</td>
    </tr>
  </table>
</form>
```

即表单<form>与</form>标签必须放在表格<table>…</table>标签的外面，表单各个元素标签必须放在表格单元格标签<td>…</td>内部。

生成表单元素文本框、密码框、单选按钮、复选框、提交和重置按钮都需要使用<input>标签，可在<input>标签中设置 type 属性的值分别为 text、password、radio、checkbox、submit 和 reset 来生成相关的元素。下拉列表需要使用<select>…</select>和<option>…</option>两对标签来生成，其中<select>…</select>用于生成列表框，<option>…</option>用于生成各个选项。文本区域需要使用<textarea>…</textarea>标签来生成。

创建页面文件 4-1.html，在其中设计图 4-1 所示的表单界面。

自我介绍

姓名:		必须为6~20个字母
性别:	○男 ○女	
年龄:		取值为0~100
个人密码:		6~10个字符
确认密码		与个人密码相同
你的爱好:	□看书 □足球 □音乐 □爬山	
你最喜欢的颜色:	红色 ▾	
个人介绍		不能为空
	提交 重置	

图 4-1　表单界面

2. 页面元素的设计要求

表单界面对姓名、年龄、个人密码、确认密码和个人介绍等数据的输入提出了一些要求，为了保证用户输入的内容能够满足这些要求，需要验证表单数据的合法性（在 4.1.2 小节中介绍）；为了能够使用脚本获取各个元素的取值并对这些值进行合法性验证，要求为每个需要提交数据的表单元素设置 id 属性；另外，为了能够在服务器端获取表单元素提交的数据，需要为相应表单元素设置 name 属性。通常，为了避免将两个属性值弄混而造成麻烦，建议直接将各个元素的这两个属性设置为相同的取值。

（1）将“姓名”文本框的 name 和 id 属性取值均设为 uname。

（2）将“性别”单选按钮组的 name 属性取值设为 sex。用户选中“男”之后，提交的数据是“男”，选中“女”之后提交的数据是“女”。

（3）将“年龄”文本框的 name 和 id 属性取值均设为 age。

（4）将“个人密码”输入框的 name 和 id 属性取值均设为 psd1。

（5）将“确认密码”输入框的 name 和 id 属性取值均设为 psd2。

（6）将“你的爱好”复选框组的 name 属性取值设为 like[]（此处采用数组格式设置复选框组

的名称，其具体作用在 4.2 节介绍数据提交时讲解）。用户选中各个复选框之后提交的数据分别是看书、足球、音乐和爬山。

（7）将“你最喜欢的颜色”下拉列表的 name 和 id 属性取值均设为 color。

（8）将“个人介绍”文本区域的 name 和 id 属性取值均设为 jieshao。

表单元素的样式要求为：文本框、密码框、下拉列表的宽度为 280px，高度为 20px；文本区域的宽度为 280px，高度为 60px。

其他内容的样式请读者根据图 4-1 定义。

3. 程序代码

4-1.html 文件代码如下。

```
<!DOCTYPE html>
<html>
<head>
<meta charset=UTF-8" />
<title>无标题文档</title>
<style>
   #uname,#age,#psd1,#psd2,#color{width:280px;heigh:20px;}
   #jieshao{width:280px; height: 60px;}
</style>
</head>
<body>
<form method="post">
  <table width="600" align="center" border="1" cellspacing="0" cellpadding="2">
   <caption>自我介绍</caption>
   <tr>
     <td width="150" height="25">姓名：</td>
     <td width="300" height="25"><input type="text" name="uname" id="uname"  /></td>
     <td width="150" height="25">必须为 6～20 个字母</td>
   </tr>
   <tr>
     <td width="150" height="25">性别：</td>
     <td width="300" height="25">
       <input type="radio" name="sex" value="male" />男
       <input type="radio" name="sex" value="female" />女
     </td>
     <td width="150" height="25"> </td>
   </tr>
   <tr>
     <td width="150" height="25">年龄：</td>
```

```
<td width="300" height="25"><td><input type="text" name="age" id="age" /></td></td>
<td width="150" height="25">取值为 0～100 </td>
</tr>
<tr>
<td width="150" height="25">个人密码：</td>
<td width="300" height="25"><input type="password" name="psd1" id="psd1" /></td>
<td width="150" height="25">6～10 个字符</td>
</tr>
<tr>
<td width="150" height="25">确认密码</td>
<td width="300" height="25"><input type="password" name="psd2" id="psd2" /></td>
<td width="150" height="25">与个人密码相同</td>
</tr>
<tr>
<td width="150" height="25">你的爱好：</td>
<td width="300" height="25">
<input type="checkbox" name="like[]" value="看书" />看书
<input type="checkbox" name="like[]" value="足球" />足球
<input type="checkbox" name="like[]" value="音乐" />音乐
<input type="checkbox" name="like[]" value="爬山" />爬山
</td>
<td width="150" height="25"> </td>
</tr>
<tr>
<td width="150" height="25">你最喜欢的颜色：</td>
<td width="300" height="25">
<select name="color" id="color">
<option>红色</option>
<option>绿色</option>
<option>蓝色</option>
</select>
</td>
<td width="150" height="25"> </td>
</tr>
<tr>
<td width="150" height="65">个人介绍</td>
<td width="300" height="65"><textarea id="jieshao" name="jieshao" ></textarea></td>
```

```
      <td width="150" height="65">不能为空</td>
    </tr>
    <tr>
      <td width="150" height="25"> </td>
      <td width="300" height="25"> 
        <input type="submit" value=" 提 交 " />  
        <input type="reset" value=" 重 置 " />
      </td>
      <td width="150" height="25"> </td>
    </tr>
  </table>
</form>
</body>
</html>
```

4.1.2 表单数据验证

表单数据在提交之前通常需要验证，目的是保证提交的数据在格式和组成上都是符合要求的，该验证过程需要在浏览器端执行脚本代码来完成。

素养提示　表单数据不合法不能提交，我们也要牢记只有合法、合理，才能被他人接纳。不以规矩，不能成方圆。

1. 数据验证要求

对 4-1.html 页面文件中的数据进行验证，要求如下。

（1）姓名必须为 6～20 个字母（此处只判断字符数，不需要判断输入的字符是否是英文字母）。

（2）年龄数据为 0～100。

（3）个人密码为 6～10 个字符。

（4）两次输入的密码必须相同。

（5）个人介绍文本区域内容不能为空。

只要不符合上述的任意一项要求，就直接使用 JavaScript 脚本中的 alert()函数弹出一个消息框显示相应的错误提示信息。

2. 脚本代码

创建脚本文件 4-1.js，将其保存在 4-1.html 文件所在的位置，在其中输入如下代码。

```
1: function validate(){
2:     var uname = document . getElementById('uname') . value;
3:     var len = uname . length;
```

```
4:  if(len < 6 || len > 20){
5:          alert("姓名必须为 6～20 个字符，请重新输入");
6:          return false;
7:  }
8:  var age = document . getElementById("age") . value;
9:  if(age < 0 || age > 100){
10:         alert("年龄数据必须为 0～100");
11:         return false;
12:  }
13:  var psd1 = document . getElementById('psd1') . value;
14:  var len = psd1 . length;
15:  if(len < 6 || len > 10){
16:         alert("密码必须为 6～10 个字符，请重新输入");
17:         return false;
18:  }
19:  var psd2 = document . getElementById('psd2') . value;
20:  if(psd2 != psd1){
21:         alert("两次输入的密码必须相同，请重新输入");
22:         return false;
23:  }
24:  var jieshao = document . getElementById('jieshao') . value;
25:  if(jieshao == ""){
26:         alert("个人介绍不能为空，请重新输入");
27:         return false;
28:  }
29: }
```

代码解释：

第 1 行，使用关键字 function 定义函数，函数名是 validate，函数名后面的圆括号是不可或缺的。

第 2 行，使用 document.getElementById('uname')方法获取 id 属性是 uname 的表单元素，然后使用属性 value 获取文本框中输入的数据，并将其放在变量 uname 中。

第 3 行，使用 uname.length 属性获取文本框中输入字符的个数，并将其放在变量 len 中。

第 4～7 行，判断 len 的取值是否为 6～20 个字符，若不是，则使用 alert()函数弹出消息框显示给定的提示信息，然后使用 return false 语句返回结果 false，同时结束函数的执行过程。

第 8～12 行，判断输入的年龄数据是否为 0～100。

第 13～18 行，判断输入的密码字符是否为 6～10 个字符。

第 19～23 行，判断确认密码与之前输入的密码是否相同。

第 24～28 行，判断个人介绍是否为空。

3. 脚本函数的调用

（1）关联脚本文件。

在页面文件 4-1.html 中的</head>结束标签之前，添加代码<script type="text/JavaScript" src="4-1.js"></script>，即可将脚本文件关联到该页面文件中。

（2）函数 validate()的调用。

此处设计的脚本函数 validate()需要在用户单击“提交”按钮之后调用，用户单击该按钮时，将触发<form>标签中的 submit 事件，因此需要修改<form>标签，在其中增加 onsubmit="return validate()"，使用事件属性 onsubmit 完成对函数的调用。

调用函数时，函数名前面的 return 的作用说明：若是输入的表单数据不符合要求，则在弹出消息框显示相应的提示信息之后，必须将页面运行过程停留在当前界面下，而不要把不符合要求的数据提交到服务器端，此处 return 的作用是当数据不符合要求时，通过返回的 false 值阻止数据提交到服务器端。

注意 onsubmit="return false"的作用是禁用 submit 按钮的提交功能。

例如，输入不符合要求的姓名并提交之后，弹出消息框显示提示信息，效果如图 4-2 所示。

用户单击消息框中的“确定”按钮关闭消息框之后，系统将停留在当前页面等待用户输入符合要求的数据，而不会将不符合要求的数据提交给服务器。

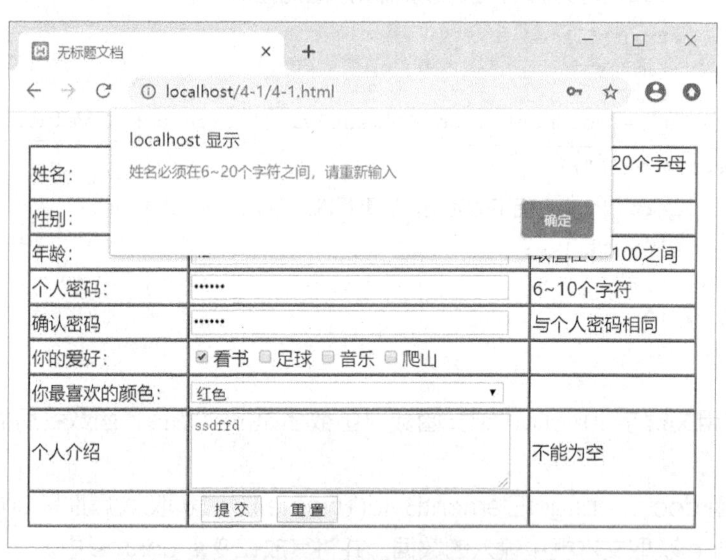

图 4-2 输入不符合要求的姓名并提交后弹出消息框

4.1.3 使用 HTML5 新属性完成数据验证

HTML5 中的表单元素新增了几个属性，这几个属性专门用于验证数据的合法性，包括正则表达式的应用、数字取值范围限制、是否允许为空的判断等。使用 HTML5 表单元素新属性和使用 JavaScript 脚本函数验证数据合法性各有优势，用户根据自己的需要选用即可。

下面使用 HTML5 表单元素新属性验证姓名、年龄和密码的数据。

1. 姓名验证

要求姓名为 6～20 个字母，可以使用 HTML5 中的表单元素新属性 pattern 定义正则表达式来实现。

在姓名文本框对应的代码中添加下面的代码。

```
pattern = "[a-zA-Z]{6, 20}"
```

上面代码中的[a-zA-Z]表示可以出现的字符只有大小写字母，{6, 20}用于限定给定范围的字符数，最小为 6，最大为 20。

用户输入内容并单击“提交”按钮时，浏览器会验证数据的合法性。若数据不符合要求，则系统不允许将数据提交给服务器，效果如图 4-3 所示。

2. 年龄验证

对年龄的要求是不能为空，并且数据取值范围为 0～100，可以使用 HTML5 中的新增表单输入元素 number 结合新属性 required 来实现。

实现方案如下。

将原来年龄对应的 type="text"文本框换为 type="number"数字框，设置最小值 min 为 0，最大值 max 为 100。

另外使用属性 required ="required"设置内容不允许为空。

代码如下。

```
<input type="number" name="age" id="age" min="0" max="100" required= "required" />。
```

当已经输入符合要求的姓名但是未输入年龄数据时，单击“提交”按钮，效果如图 4-4 所示。

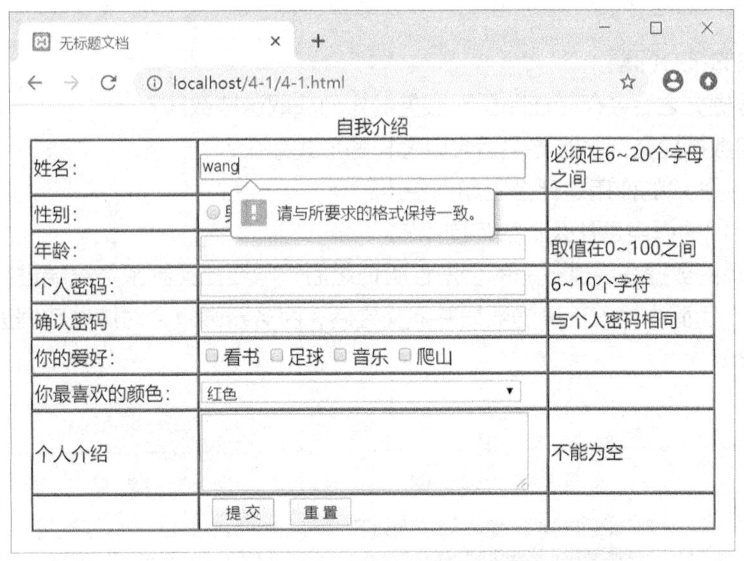

图 4-3　输入不符合要求的姓名并提交后弹出的提示信息

3. 密码验证

要求密码为 6～10 个字符。

可以使用正则表达式属性 pattern 对密码进行合法性验证，在密码框对应的代码中增加代码 pattern = "[a-zA-Z0-9!@#$%^&*]{6, 10}"，得到完整代码 <input type="password" name="psd1"

id="psd1" pattern="[a-zA-Z0-9!@#$%^&*]{6, 10}" />。其中，[a-zA-Z0-9!@#$%^&*]表示密码允许使用的各种字符，开发人员可以根据需要增加其他字符。

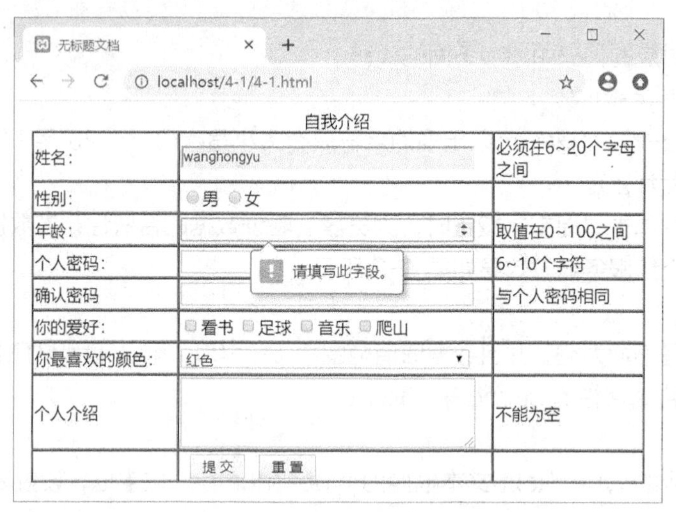

图 4-4 未输入年龄提交表单时弹出的提示信息

验证确认密码，因为需要比较表单中的两个元素数据，所以无法使用 HTML5 中的表单元素新属性来完成，仍旧需要使用 4.1.2 小节中定义的脚本函数来完成。

任务 4-2 提交表单数据

需要解决的核心问题

- 表单数据提交之后会存储在哪里？服务器如何获取这些数据？
- 复选框组数据提交到服务器之后会以怎样的形式存在？
- 函数 implode()的作用是什么？如何使用？
- 函数 isset()的作用是什么？如何使用？

表单界面填写的数据在经过数据的合法性验证之后，需要提交到服务器端进行处理。例如，当用户在 4-1.html 页面中输入正确的数据并提交之后，服务器端只会对这些数据进行简单的输出，效果如图 4-5 所示。

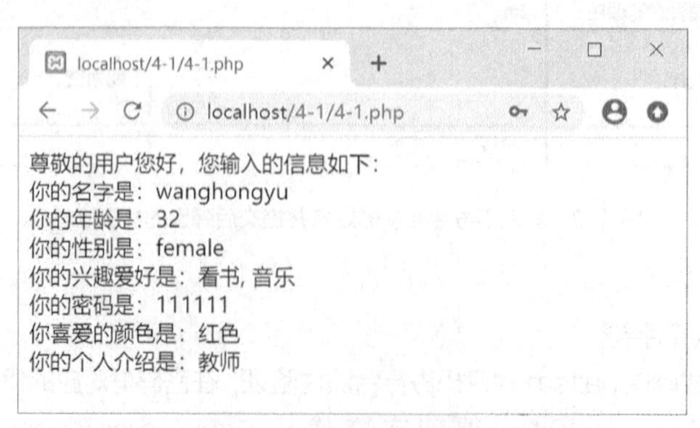

图 4-5 4-1.html 提交数据之后显示的信息界面

下面围绕如何创建 4-1.php 文件，接收并处理表单数据，实现图 4-5 所示的输出效果。

4.2.1 系统数组$_POST 和$_GET

系统数组$_POST 和$_GET 又称为超全局变量，主要用于接收表单提交的数据。

表单标签<form>中的属性 method 有 post 和 get 两种取值，若 method="post"，则表单提交给服务器的数据将存放到系统数组$_POST 中；若 method="get"，则表单提交给服务器的数据将存放到系统数组$_GET 中，即同一个表单提交的所有数据总是以数组的形式保存在服务器中。

$_POST 和$_GET 都是关联数组，都需要通过键名来访问数组元素，在处理表单数据时，它们使用的键名通常是表单元素 name 属性的取值。例如，若文本框对应的代码中 name="uname"，则使用$_POST['uname']可以获取该文本框提交到服务器端的数据。

说明 系统数组$_GET 还可以接收单击超链接时提交给服务器的数据，此处先不讲解，在任务 8 中会详细介绍。

4.2.2 复选框组数据的提交

微课 4-1 复选框组数据的提交

1. 复选框组提交的数据说明

复选框组的数据被提交到服务器端后仍旧是数组的形式。例如，若 method="post"，“你的爱好”复选框组 like[]的数据提交到系统数组$_POST 中，则服务器端将使用$_POST['like']接收并保存该组提交的数据。$_POST['like']以数组的形式存在，数组元素的个数取决于用户选择的复选框的个数，而不是复选框组包含的复选框的个数，该数组是索引数组，索引从 0 开始。使用$_POST['like'][0]可以获取用户选择的第一个复选框所提交的数据，其他以此类推。

例如，若用户选择的是“音乐”和“爬山”两项，则数组$_POST['like']有两个元素，元素$_POST['like'][0]的值是“音乐”，元素$_POST['like'][1]的值是“爬山”。

再如，若用户选择的是“看书”“音乐”“爬山”3 项，则数组$_POST['like']有 3 个元素，元素$_POST['like'][0]的值是“看书”，元素$_POST['like'][1]的值是“音乐”，元素$_POST['like'][2]的值是“爬山”。

2. 函数 implode()的应用

为了方便输出和保存，通常要将复选框组提交的多个数据合并到一个变量中，例如，用户选择了“看书”“音乐”“爬山”，则设置变量$like= "看书 音乐 爬山"。

可使用函数 implode()来完成，函数格式如下。

implode(参数 1，参数 2)

参数 1，指定数组各个元素值之间的间隔符。

参数 2，数组名称。

函数作用：使用指定的间隔符将指定数组的多个元素的值连接在一起。

获取用户在 4-1.html 页面中选择的复选框的值之后，将这些值使用空格间隔连接在一起，并保存在变量$like 中，需要的代码如下。

```
$like = implode(" ", $_POST['like']);
```

上面代码的作用是，使用空格作为间隔符，通过函数 implode()将数组$_POST['like']中的各个元素的值连接起来，并放在变量$like 中保存。

4.2.3 获取并处理表单数据

1. 创建 4-1. php 文件

创建文件 4-1.php，将其保存在 4-1.html 文件所在的位置，代码如下。

```
1: <?php
2:   header("Content-Type: text/html;charset=utf8");
3:   $uname=$_POST['uname'];
4:   $sex=$_POST['sex'];
5:   $age=$_POST['age'];
6:   $psd=$_POST['psd1'];
7:   $like=implode(', ',$_POST['like']);
8:   $color=$_POST['color'];
9:   $jieshao=$_POST['jieshao'];
10:  echo "尊敬的用户您好，您输入的信息如下。<br />";
11:  echo "你的名字是：{$uname}<br />";
12:  echo "你的性别是：{$sex}<br />";
13:  echo "你的年龄是：{$age}<br />";
14:  echo "你的密码是：{$psd}<br />";
15:  echo "你的兴趣爱好是：{$like}<br />";
16:  echo "你喜爱的颜色是：{$color}<br />";
17:  echo "你的个人介绍是：{$jieshao}<br />";
18: ?>
```

代码解释：

第 2 行，设置页面中使用的字符集编码为 UTF-8。

第 3～9 行，获取 7 个表单元素提交的数据，并将它们分别保存在变量$uname、$sex、$age、$psd1、$like、$color、$jieshao 中。

第 10～17 行，使用 echo 语句输出表单提交的数据。

2. 建立 4-1. html 和 4-1. php 文件之间的关联

前面创建的 4-1.html 文件和 4-1.php 文件是相互独立的，必须在两个文件之间建立关联，才能保证在 4-1.html 页面中提交数据之后能够运行 4-1.php 文件，从而处理表单提交的数据。

建立关联的方法是，在 4-1.html 文件的<form>标签中增加 action="4-1.php"。

表单标签中的 action 属性的作用是设置一个服务器端的脚本文件，本书使用的都是 PHP 文件，该文件用于获取并处理当前表单提交的数据，处理的方式是直接在浏览器中输出，也可以将其存储到数据库或其他文件中备用。

4.2.4 使用 isset()函数解决单选按钮和复选框的问题

1. 问题的产生

运行 4-1.html 页面文件时，若是用户没有选择性别，则会出现下面的提示信息。

```
Notice: Undefined index: sex in E:\apache\htdocs\exam4-1\4-1.php on line 4
```

上面提示信息表示：“没有定义的索引 sex”。

若用户没有选择兴趣爱好，则会出现下面的提示信息。

```
Notice: Undefined index: like in E:\apache\htdocs\exam4-1\4-1.php on line 8 Warning:
implode(): Invalid arguments passed in E:\apache\htdocs\exam4-1\4-1.php on line 8
```

上面提示信息表示“没有定义的索引 like”，之后导致在 imPlode()函数中出现无效的参数。

这是因为单选按钮或者复选框都属于组元素，没有选择选项则没有任何数据提交给服务器，相当于该组不存在，所以在从这样的组元素中获取数据之前，需要先判断该组是否存在，实现这一功能的函数是 isset()。

2. isset()函数

PHP 提供了 isset()函数用于检测某个元素是否存在，函数格式如下。

bool isset(参数)

参数可以是普通变量，也可以是数组元素，若变量或数组元素存在，则返回 true，否则返回 false。

3. 解决问题的方案与代码

解决方案是：在输出性别或者兴趣爱好之前，先判断是否设置了数组，即数组是否存在，若存在则输出，否则不输出，修改之后的 4-1.php 代码如下。

```
1:<?php
2:    header("Content-Type: text/html;charset=utf8");
3:    echo "尊敬的用户您好，您输入的信息如下。<br />";
4:    $uname=$_POST['uname'];
5:    echo "你的名字是{$uname}<br />";
6:    if(isset($_POST['sex'])){
7:        $sex=$_POST['sex'];
8:        echo "你的性别是：{$sex}<br />";
9:     }else{
10:        echo "你没有选择性别<br />";
11:     }
12:    $age=$_POST['age'];
13:    echo "你的年龄是：{$age}<br />";
14:    $psd=$_POST['psd1'];
15:    echo "你的密码是：{$psd}<br />";
```

```
16:    if(isset($_POST['like'])){
17:       $like=implode(', ',$_POST['like']);
18:       echo "你的兴趣爱好是：{$like}<br />";
19:    }
20:    else{
21:       echo"你没有选择兴趣爱好<br />";
22:    }
23:    $color=$_POST['color'];
24:    echo "你喜爱的颜色是：{$color}<br />";
25:    $jieshao=$_POST['jieshao'];
26:    echo "你的个人介绍是：{$jieshao}<br />";
27:?>
```

代码解释：

第 4～5 行，获取并输出姓名。

第 6～11 行，先使用 isset($_POST['sex'])判断用户是否选择并提交了性别数据，提交则获取数据并输出，否则输出“你没有选择性别”。

第 12～15 行，获取并输出年龄和密码。

第 16～22 行，先使用 isset($_POST['like'])判断用户是否选择并提交了兴趣爱好数据，提交则获取数据并输出，否则输出“你没有选择兴趣爱好”。

第 23～26 行，获取并输出喜爱的颜色和个人介绍。

4.2.5 使用表单数据验证解决单选按钮和复选框的问题

在 4.2.4 小节中给定的方案是允许用户不选择单选按钮组和复选框组中的选项，在数据提交给服务器之后，由服务器使用 isset()进行判断与处理。

如果要求用户在提交数据时必须选择单选按钮组中的选项，以确保服务器端的$_POST['sex']是存在的，则要使用表单数据验证功能来实现。

修改表单数据验证函数 validate()，在其内部最后增加如下代码。

```
1:     var sexFlag=false;
2:     var sex=document.getElementsByName('sex');
3:     for(i=0;i<sex.length;i++){
4:         if(sex[i].checked){
5:             sexFlag=true;
6:             break;
7:         }
8:     }
9:     if(sexFlag==false){
10:        alert('性别必须要选择');
11:        return false;
12:     }
```

代码解释：

第 1 行，定义标志变量 sexFlag，其最初的取值为 false，只要有选中的选项，就把取值改为 true。

第 2 行，使用元素 name 属性的取值 sex 获取所有的单选按钮元素。

第 3～8 行，使用循环结构判断每个单选按钮元素的 checked 属性的取值是否为 true，若是则表示该单选按钮被选中，将变量 sexFlag 的取值改为 true，之后无须再判断其余单选按钮的选中状态，直接使用 break 语句跳出循环。

第 9～12 行，判断标志变量 sexFlag 的取值，如果取值是 false，则表示没有被选中的单选按钮，弹出消息框提示用户“性别必须要选择”，返回 false，用于阻止向服务器端提交数据。

如果要求用户在提交数据时必须选择复选框组中的选项，实现方法与单选按钮组相同，只需更换变量和表单元素 name 属性取值即可。

任务 4-3 实现文件上传功能

需要解决的核心问题

- 实现文件上传时，表单中需要进行的基本设置有哪些？
- 系统数组$_FILES 是几维数组？使用的键名有哪几个？
- 如何将上传到服务器端的文件按照指定名称存储到指定位置？
- 实现多文件上传时，如何获取上传的所有文件的信息？
- 如何将上传文件名中的汉字的编码由 UTF-8 转换为 GB2312？
- 如何设置 php.ini 文件以实现大文件上传功能？

在很多动态网站中都需要使用上传文件功能，本任务讲解实现单文件和多文件上传时，在浏览器端和服务器端需要完成的相关操作。

说明 在 PHP 中默认上传的文件大小不能超出 2MB，若要上传大文件，则需要进行专门设置。

4.3.1 浏览器端的功能设置

浏览器端必须能够上传文件时，浏览器端需要进行以下几方面的设置。

（1）在表单标签<form>中设置 enctype 属性的值为 multipart/form-data，enctype="multipart/form-data"的作用是设置表单的 MIME（Multipurpose Internet Mail Extensions，多用途互联网邮件扩展）编码。在默认情况下，这个编码格式是 application/x-www- form-urlencoded，不能用于上传文件。只有设置 multipart/form-data 编码格式，才能完成文件数据的传递。另外完成文件上传时，表单中 method 属性的取值需要设置为 post。

（2）对于 action 属性，必须指定能够接收并处理上传文件的 PHP 文件。

（3）必须在表单界面中增加文件域元素，使用<input>标签的 type 属性值 file 来生成文件域元素，对于该元素需要设置 name 属性的取值。

4.3.2 服务器端的功能设置

微课 4-2 文件上传功能实现

1. 系统数组$_FILES

从浏览器端将文件上传到服务器端之后，该文件默认被存放在系统盘符下的存放临时文件的文件夹中，文件的名称也采用了临时名称。需要从系统数组$_FILES 中获取上传文件的名称、类型、大小、临时位置、临时名称等相关信息，从而进一步将上传的文件以指定的存储位置和存储名称存储。

系统数组$_FILES 是一个二维关联数组，第一个维度的键名是表单界面中文件域元素 name 属性的取值，若是存在多个文件域元素，则它们的 name 属性的取值各不相同；第二个维度的键名是由系统提供的固定键名，常用的有 name、type、size、tmp_name 和 error。

假设文件域元素 name 属性的取值为 file1，则系统数组$_FILES 的各个元素的用法和说明如下。

- $_FILES["file1"]["name"]：表示被上传文件的名称。
- $_FILES["file1"]["type"]：表示被上传文件的类型。
- $_FILES["file1"]["size"]：表示被上传文件的大小，以字节计。
- $_FILES["file1"]["tmp_name"]：表示存储在服务器中的临时文件的位置及名称。
- $_FILES["file1"]["error"]：表示由文件上传导致的错误代码。

2. 函数 move_uploaded_file()

文件上传之后会以临时文件名为名保存在临时文件夹中，需要将其移至指定的位置按照指定的名称来保存，实现这一功能要使用函数 move_uploaded_file()。

函数格式：move_uploaded_file(参数 1，参数 2)

参数说明如下。

参数 1 需要使用$_FILES["file1"]["tmp_name"]的内容，表示存储在服务器上的文件的临时副本信息。

参数 2 通常使用“文件夹/文件名”的形式指定文件上传之后的存储位置及存储名称，其中，文件夹最好创建在当前页面文件所在的位置，文件名则可使用$_FILES["file1"]["name"]来获取。

观察下面代码的作用。

```
$ftmpname = $_FILES["file1"]["tmp_name"]; //获取上传文件的临时存储位置和名称信息，并将其保存在变量$ftmpname 中
$fname = $_FILES["file1"]["name"]; //获取上传文件的名称信息，并将其保存在变量$fname 中
move_uploaded_file($tmpname, "upload/{$name}"); //将文件以原名称存储在 upload 文件夹中
```

注意 在 phpStudy 环境下，函数 move_uploaded_file()只支持 GB2312 或者 GBK（Chinese Character GB Extended Code，汉字国标拓展码）编码，并不支持 UTF-8 编码。若页面字符集编码类型是 UTF-8，并且上传的文件的名称包含汉字，则该函数将无法成功执行，因此，在使用该函数之前，需要先使用 iconv()函数转换文件名称中的汉字的编码。

在 XAMPP 环境下，不存在上述问题。

在 phpStudy 环境下应用 iconv()函数之后的代码如下。

```
$fname = iconv("UTF-8", "GB2312", $_FILES["file1"]["name"]);
move_uploaded_file($_FILES["file1"]["tmp_name"], "upload/{$fname}")
```

4.3.3 简单文件上传实例

1. 创建 HTML 文件

编写文件 up.html，设计文件上传界面，界面只需要包含表单的一个文件域元素、一个 submit 类型的按钮和一个 reset 类型的按钮即可。界面效果如图 4-6 所示。

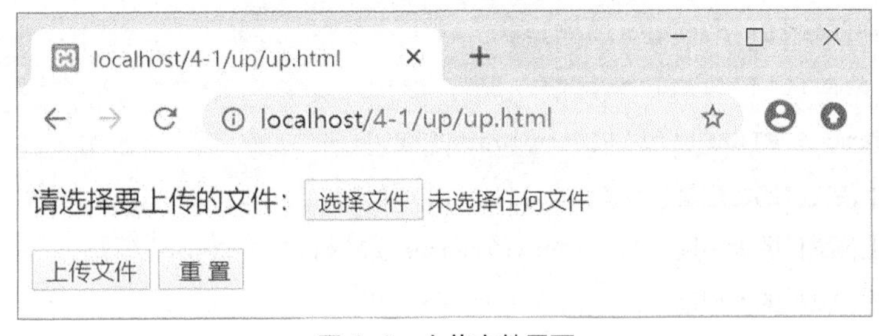

图 4-6　上传文件界面

代码如下。

```
1: <html>
2: <head>
3: <meta http-equiv="Content-Type" content="text/html; charset=UTF-8" />
4: <title>无标题文档</title>
5: </head>
6: <body>
7: <form action="up.php" method="post" enctype="multipart/form-data">
8:   <p>请选择要上传的文件：<input type="file" name='f1' /></p>
9:   <p><input type="submit" value="上传文件" />
10:      <input type="reset" value=" 重 置" /></p>
11: </form>
12: </body>
13: </html>
```

2. 创建 PHP 文件

编写文件 up.php，在页面中显示上传文件的名称、文件的大小（以 KB 表示）、文件的类型、文件的临时存储位置及名称等内容。界面效果如图 4-7 所示。

将被上传的文件保存到文件夹 upload 中，该文件夹必须与文件 up.php 在同一个文件夹内。

图 4-7　显示上传文件信息的界面

代码如下。

```
1: <?php
2:   header("Content-Type: text/html;charset=utf8");
3:   $fname=$_FILES['f1']['name'];
4:   $fsize=$_FILES['f1']['size'];
5:   $ftype=$_FILES['f1']['type'];
6:   $ftmp_name=$_FILES['f1']['tmp_name'];
7:   echo "上传文件的名称是：{$fname}<br />";
8:   echo "上传文件的大小是：". round($fsize/1024,2)."KB<br />";
9:   echo "上传文件的类型是：{$ftype}<br />";
10:  echo "上传文件的临时存储位置及名称是：{$ftmp_name}<br />";
11:  $fname1=iconv("UTF-8","GB2312",$fname);
12:  move_uploaded_file($ftmp_name,"upload/{$fname1}");
13: ?>
```

代码解释：

第 2 行，设置文件中使用的字符集编码是 UTF-8。

第 3 行，获取上传文件的名称，并保存在变量$fname 中。

第 4 行，使用$_FILES['f1']['size']获取上传文件的大小，默认是字节数，第 8 行中使用字节数除以 1024，得到千字节数。使用 round(fsize/1024, 2)函数将计算结果四舍五入之后保留两位小数。

第 5 行，获取上传文件的类型信息，并保存在变量$ftype 中。

第 6 行，获取上传文件的临时存储信息，并保存在变量$ftmp_name 中。

第 11 行，使用 iconv()函数将文件名称中汉字的编码由 UTF-8 转换为 GB2312。

第 12 行，将上传文件保存到指定的文件夹 upload 中。

4.3.4　实现上传并显示头像功能

在 4-1.html 文件中增加上传并显示头像的功能。

1．修改 4-1．html 文件

在页面内容“个人介绍”行下面增加一行，效果如图 4-8 所示。

请上传头像文件:	浏览... 未选择文件	必须上传头像文件

图 4-8　上传头像文件部分的页面内容

修改<form>标签，增加允许上传文件的属性及取值：enctype="multipart/form-data"。

在原页面代码“个人介绍”所在表格行的下方增加新的行，代码如下。

```
......
1: <tr>
2:     <td height="60">请上传头像文件: </td>
3:     <td><input type="file" name="tximg" id="tximg"></td>
4:     <td>必须上传头像文件</td>
5: </tr>
......
```

2. 修改 4-1. php 文件

在输出个人介绍信息之后增加代码来完成如下任务。

（1）获取上传文件的名称。

（2）获取上传文件的副本信息。

（3）将上传的文件存储到当前页面文件同位置的文件夹 upload 中（实际操作时需要先创建该文件夹）。

（4）显示上传的图片文件的名称信息。

（5）显示上传的图片文件的内容。

代码如下。

```
......
1: $tximg = $_FILES['tximg']['name'];
2: $tmpname = $_FILES['tximg']['tmp_name'];
3: $tximg1 = iconv("UTF-8", "GB2312", $tximg);
4: move_uploaded_file($tmpname, "upload/" . $tximg1);
5: echo "你的头像文件名称是: {$tximg} <br />";
6: echo "你的头像图片是: <img src='upload/{$tximg}'>";
......
```

注意　第 3 行将文件名称的编码改为 GB2312 之后并保存在变量$tximg1 中，只将该变量应用在函数 move_uploaded_file()中，而第 5 行显示文件名称和第 6 行显示图片仍要使用转换编码之前的文件名变量$tximg。

运行修改之后的 4-1.html 文件，输入相应内容，单击“提交”按钮之后得到图 4-9 所示的运行效果。

图 4-9　显示上传头像图片之后的运行效果

4.3.5　多文件上传

1．multiple 属性的应用

multiple 属性是 HTML5 为表单元素提供的新属性，该属性为布尔型，添加之后规定输入域中可选择多个值。

修改 4.3.3 小节中创建的 up.html 文件，在文件域元素标签中增加属性 multiple，另外实现多文件上传时，文件域元素 name 属性的值需要带有数组标志[]，即要将文件域元素 name 属性的值由原来的 f1 改为 f1[]。

在运行过程中，选择多个文件的说明如下。

同时选择的多个文件要求位于同一个文件夹中，否则无法实现多选。

选择多个文件时，可以按住【Shift】键连续多选，也可以按住【Ctrl】键任意多选，或者直接拖曳鼠标进行多选。

2．服务器端接收并保存多个文件

多文件上传时，$_FILES["f1"]["name"]获取到的是由上传的所有文件的名称组成的数组，$_FILES["f1"]["type"]获取到的是由上传的所有文件的类型组成的数组，$_FILES["f1"]["tmp_name"]获取到的是由上传的所有文件的临时存储信息组成的数组，$_FILES["f1"] ["size"]获取到的是由上传的所有文件的大小组成的数组。

数组元素的个数，也就是一次性上传文件的个数，可以通过函数 count()获取。

数组元素$_FILES["f1"]["name"][0]保存的是上传的第一个文件的名称。

处理上传文件需要通过循环结构来完成。

修改页面文件 up.php，输出上传的所有文件的名称，并将所有文件保存到与文件 up.php 同级的文件夹 upload 中。

代码如下。

```
1:  <?php
2:    header("Content-Type: text/html;charset=utf8");
```

```
3:    $fnameGrp = $_FILES['f1']['name'];
4:    $tmpnameGrp = $_FILES['f1']['tmp_name'];
5:    $fcount = count($fnameGrp);
6:    echo "上传的文件有：";
7:    for ( $i = 0; $i < $fcount; $i++ ) {
8:        echo "{$fnameGrp[$i]} <br />";
9:        $fname = iconv("UTF-8", "GB2312", $fnameGrp[$i]);
10:       move_uploaded_file($tmpnameGrp[$i], "upload/{$fname}");
11:   }
12: ?>
```

4.3.6 大文件上传

PHP 默认上传文件的大小不超过 2MB，若选择上传文件的大小超过 2MB，则文件上传操作无法成功完成。修改配置文件 php.ini 可以实现大文件的上传，需要修改的配置项有两项，分别是 upload_max_filesize 和 post_max_size。

1. 修改 upload_max_filesize 配置项

upload_max_filesize 配置项设置允许上传文件大小的最大值，默认为 2MB，用户可根据需要将其设置为合适的值，例如，改为 20MB。

在 php.ini 文件中查找该配置项，如图 4-10 所示。

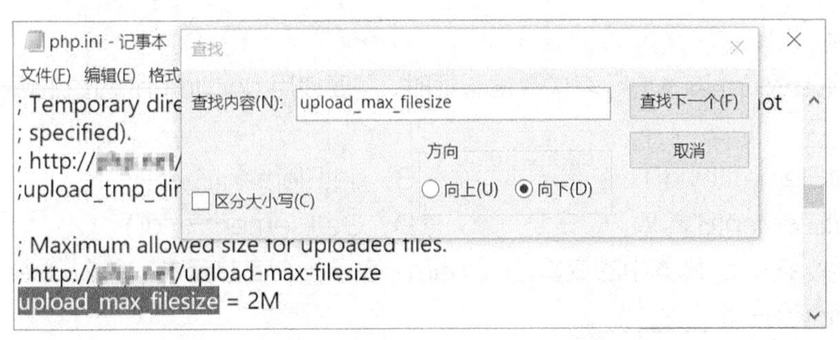

图 4-10 查找 upload_max_filesize 配置项

将图 4-10 中 upload_max_filesize 的取值 2M 改为 20M。

2. 修改 post_max_size 配置项

post_max_size 配置项用于控制在采用 POST 方法提交表单时，PHP 能够接收的最大数据量，默认为 8MB。如果希望使用 PHP 文件上传功能，则该配置项的取值必须大于配置项 upload_max_filesize 的取值，例如，将其改为 50MB。

在 php.ini 文件中查找该配置项，如图 4-11 所示。

将图 4-11 中 post_max_size 配置项的取值 8M 改为 50M。

完成上述修改之后，即可上传大小不超过 20MB 的文件。

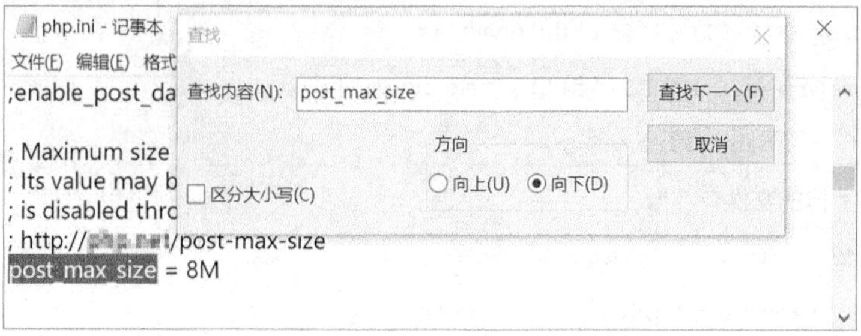

图 4-11　查找 post_max_size 配置项

小结

本任务将动态网页中的表单数据提交和静态网页中的表单设计、表单数据验证有效结合起来，以帮助读者深刻理解先进行表单数据验证，再向服务器提交表单数据的重要性和操作流程。

对于提交表单数据，本任务分别讲解了提交文本框、密码框等表单元素数据的做法，继而讲解了复选框数据的提交与处理，还介绍了单选按钮和复选框未选择而提交数据时存在的问题及处理方法。

最后讲解了文件上传功能的实现过程，包括单文件、多文件及大文件上传的实现方法。

通过本任务的学习，读者可以在项目开发中轻松实现表单设计、表单数据验证和表单数据提交等相关功能。

习题

一、选择题

1. 使用 JavaScript 脚本进行表单数据验证时，需要使用 document 对象的哪个方法来获取表单元素？________

   A. getElementbyid()　　B. getElementById()
   C. getElementBYId()　　D. GetElementById()

2. 假设 JavaScript 脚本中的变量 username 表示一个表单元素，那么 username.value 中的 value 是该元素的一个________。

   A. 属性　　B. 方法　　C. 实例　　D. 以上都不正确

3. 在<form>标签中使用事件属性 onsubmit 调用验证函数时，函数名前面的 return 的作用是________。

   A. 阻止函数继续执行
   B. 没有任何意义，可以去掉
   C. 当用户输入的数据不符合要求时，阻止将非法数据提交给服务器
   D. 以上说法都不正确

4. 关于系统数组$_POST 和$_GET，下面说法中错误的是________。

   A. 表单数据可以提交到系统数组$_POST 或者$_GET 中
   B. 系统数组$_POST 或者$_GET 使用的键名必须是表单元素 name 属性的取值

C．系统数组$_GET 只能接收保存表单元素提交的数据

D．系统数组$_POST 只能接收保存表单元素提交的数据

5．若表单标签<form>中 method 属性的取值为 post，存在一个复选框组，其 name 属性的取值为 intr[]，则下列说法中正确的是________。

A．在服务器端会使用$_POST['intr[]']获取复选框组提交的数据

B．$_POST['intr']是一个数组，该数组中元素的个数与表单复选框组中复选框的个数相同

C．$_POST['intr']是一个数组，该数组中元素的个数与用户选择的复选框的个数相同

D．$_POST['intr']是一个普通数据

6．若表单标签<form>中存在 action="4-1.php"和 onsubmit="return validate();"，则下面说法错误的是________。

A．函数 validate()的调用和文件 4-1.php 的执行都是在单击 submit 按钮之后进行的

B．单击 submit 按钮之后，先执行函数 validate()，当所有数据都符合要求之后再执行文件 4-1.php

C．单击 submit 按钮之后，先执行文件 4-1.php，再执行函数 validate()

D．以上说法中有一项是错误的

7．上传文件时，需要在<form>标签中设置属性 enctype 的取值为________。

A．multipart/form-data

B．text/plain

C．application/x-www-form-urlencoded

D．以上都不对

8．下列关于函数 move_uploaded_file()的说法错误的是________。

A．该函数需要指定两个参数

B．该函数的第二个参数需要同时指定文件存储的位置和要保存文件的名称

C．该函数的第一个参数需要指定文件的临时存储位置和临时名称

D．以上说法都是错误的

9．关于系统数组$_FILES，其第二个维度的键名不包含下面哪一项？________

A．tmpname　　B．size　　C．name　　D．type

10．代码 round($_FILES['file1']['size']/1024, 2)的作用是________。

A．获取以 KB 为单位的文件长度值，并且保留 2 位整数

B．获取以 KB 为单位的文件长度值，并且在四舍五入后保留两位小数

C．获取以 KB 为单位的文件长度值，舍弃所有小数部分的数据

D．以上说法都不正确

11．判断服务器端是否存在某个元素的函数是________。

A．isset()　　B．iset()　　C．iiset()　　D．isett()

二、填空题

1．在 JavaScript 中，获取字符串的长度需要使用的属性是____________。

2．提交表单数据时，若 method 的取值为 post，则数据会保存到系统数组____________中；若 method 的取值为 get，则数据会保存到系统数组____________中。

3. 建立表单页面的 HTML 文件与接收处理表单数据的 PHP 文件之间的关联需要使用标签<________>内部的属性____________。

4. 生成文件域元素时，标签<input>中 type 属性的取值是_____，服务器端接收上传文件时需要使用的系统数组是____________。

5. 实现多文件上传时，文件域元素内部需要使用属性____________指定允许上传多个文件。

第2篇　核心篇

任务5 实现163邮箱注册功能

在实现邮箱注册功能的过程中，需要讲解的相关知识点包括：使用 PHP 的图像处理函数生成图片验证码、图片验证码在页面中的插入与刷新、实现图片验证码的验证及表单数据的回填功能、使用 Session 机制在网站不同页面间传递数据、创建与操作 MySQL 数据库、PHP 中访问 MySQL 数据库的常用方法等。

本任务需要完成以下 6 个任务。

（1）设计注册账号的表单界面。

（2）对用户注册的表单数据进行合法性验证。

（3）创建图片验证码。

（4）将图片验证码应用在页面中并实现其刷新和验证功能。

（5）创建 MySQL 数据库 email 和数据表 usermsg。

（6）使用 AJAX 对用户注册的邮箱地址进行查重，确定无重复后允许注册保存。

素养要点

安全意识 质量至上 以人为本 协同合作 甘于奉献

任务 5-1　实现简单注册功能

需要解决的核心问题

- 如何设计验证码的“看不清楚？换一张”文本的样式？
- 如何定义进行手机号合法性验证时使用的正则表达式？

这里的简单注册功能是指不使用验证码进行验证，也不会把注册数据保存到数据库中，只是设计注册界面，完成界面中的数据验证并将数据提交到服务器端进行简单输出。

5.1.1　邮箱注册界面设计

创建页面文件 zhuce.html，设计图 5-1 所示的 163 邮箱注册界面（本小节案例中不需要增加验证码的应用，验证码的创建和应用将在 5.2.3 小节中介绍）。

完成邮箱注册时，将表单标签<form>中的 method 属性的取值设置为 post，因此获取表单元素数据时使用的系统数组是$_POST。

1．页面布局

整个页面布局使用了上下排列的 3 个 div，分别使用类选择符.divshang、.divzhong 和.divxia 定义样式，3 个 div 的排列关系如图 5-2 所示。

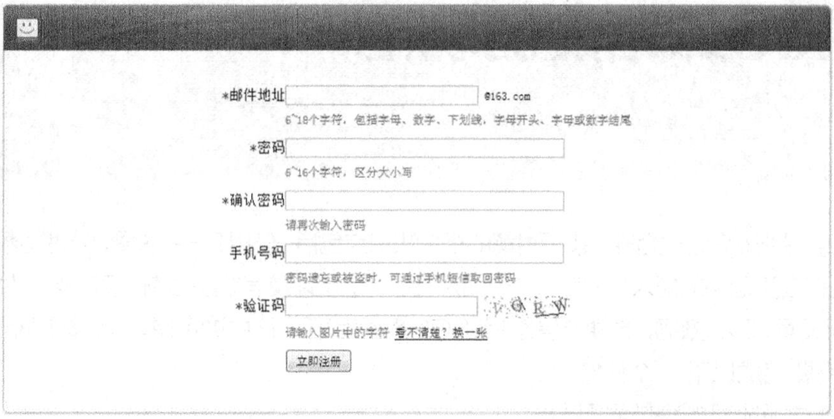

图 5-1　163 邮箱注册界面

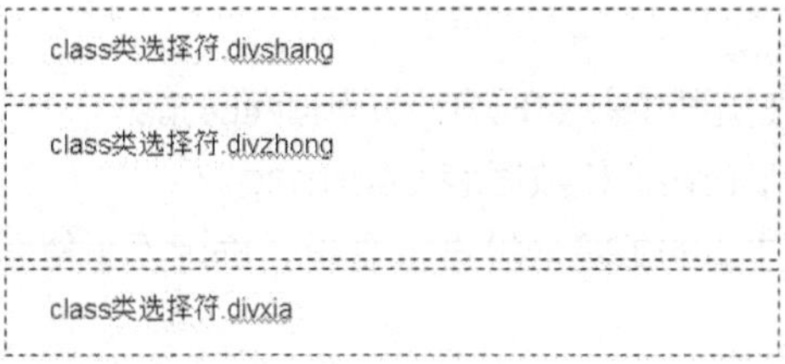

图 5-2　邮箱注册页面布局使用的 div 结构

2．3 个 div 的样式

类选择符.divshang：宽度为 965px，高度为 55px，填充为 0，上下边距为 0，左右边距为 auto，背景图为 wbg_shang.jpg。

类选择符.divzhong：宽度为 965px，高度为 auto，上填充为 30px，其他填充为 0，上下边距为 0，左右边距为 auto，背景图片为 wbg_zhong.jpg。

类选择符.divxia：宽度为 965px，高度为 15px，填充为 0，上下边距为 0，左右边距为 auto，背景图片为 wbg_xia.jpg。

3．表格及文字样式要求

在元素<div class="divzhong">内部，使用 6 行 2 列的表格排列表单元素和各种文字内容，表格要求如下。

（1）表格宽度为 600px，在元素<div class="divzhong">内部居中对齐，单元格边距和单元格间距都是 0。

（2）表格左侧列样式使用类选择符.td1 定义，宽度为 150px，高度为 60px，文本字号为 12pt，文本在水平方向靠右对齐，在垂直方向顶端对齐。

（3）表格右侧列样式使用类选择符.td2 定义，宽度为 450px，文本字号为 10pt，文本在垂直方向顶端对齐。

表格右侧列中用来提示表单数据要求的文字都使用段落来添加，需要使用包含选择符 table .td2 p 来定义样式，具体要求为：上边距为 8px，其他边距为 0，文本颜色为灰色#666。

包含选择符 table .td2 p 定义的样式用于控制表格中单元格<td class="td2">内的段落效果。

思考问题：

在包含选择符 table .td2 p 中设置上边距为 8 px 的意义是什么？

解答：

段落的默认上下边距大约为 10px，而且不同浏览器中的默认取值有所不同，为了保证效果美观，直接将其设置为固定值 8px。

“验证码”文本框下面的文字“看不清楚？换一张”的设置要求：使用标签<span>...</span>定界该文本块，使用包含选择符 table .td2 span 定义样式，具体要求为：文本颜色为蓝色#00f，带下画线，鼠标指针指向文本时显示为手状。

4. 表单元素要求

（1）“邮箱地址”文本框的 name 和 id 属性取值均为 emailaddr，使用 ID 选择符#emailaddr 定义样式。

（2）“密码”输入框的 name 和 id 属性取值均为 psd1，使用 ID 选择符#psd1 定义样式。

（3）“确认密码”输入框的 name 和 id 属性取值均为 psd2，使用 ID 选择符#psd2 定义样式。

（4）“手机号码”文本框的 name 和 id 属性取值均为 phoneno，使用 ID 选择符#phoneno 定义样式。

（5）“验证码”文本框的 name 和 id 属性取值均为 useryzm，使用 ID 选择符#useryzm 定义样式。

（6）所有表单元素的边框都是 1px、实线颜色为#aaf、半径为 2px 的圆角效果；“邮箱地址”文本框、“验证码”文本框的宽度为 220px，“密码”输入框、“确认密码”输入框和“手机号码”文本框的宽度均为 320px。

5. 样式文件代码

创建样式文件 zhuce.css，输入如下代码。

```
1: .divshang{width:965px; height:55px; padding:0px; margin:0 auto;
background:url(images/wbg_shang.jpg);}
2: .divzhong{width:965px; height:auto; padding:40px 0px 0px; margin:0 auto;
background:url(images/wbg_zhong.jpg);}
3: .divxia{width:965px; height:15px; padding:0px; margin:0 auto;
background:url(images/wbg_xia.jpg);}
4: table  .td1{width:150px; height:60px; font-size:12pt; text-align:right;
vertical-align: top;}
5: table  .td2{width:450px; font-size:10pt; vertical-align: top;}
6: table  .td2  p{ margin:8px 0 0 0;color:#666;}
7: table  .td2  span{text-decoration:underline; color:#00f; cursor:pointer;}
8: #psd1, #psd2, #phoneno{width:320px; border:1px solid #aaf;
```

```
border-radius:2px;}
9: #emailaddr, #useryzm{width:220px; border:1px solid #aaf;
border-radius:2px;}
```

6. 页面文件代码

在页面文件 zhuce.html 的<head>…</head>之间使用<link>标签引用样式文件。

```
<link rel="stylesheet" type="text/css" href="zhuce.css" />
```

页面主体代码如下。

```
1:  <body>
2:   <div class="divshang"></div>
3:   <div class="divzhong">
4:    <form id="form1" name="form1" method="post" action="">
5:      <table width="600"  align="center" cellpadding="0" cellspacing="0">
6:        <tr><td class="td1">*邮箱地址</td>
7:            <td class="td2">
8:              <input name="emailaddr" type="text" id="emailaddr" required pattern=
"[a-zA-Z][a-zA-Z0-9_]{4,16}[a-zA-Z0-9]"" />@163.com
9:              <p>6～18 个字符，包括字母、数字、下划线，字母开头、字母或数字结尾</p></td> </tr>
10:       <tr><td class="td1">*密码</td>
11:             <td class="td2">
12:              <input name="psd1" type="password" id="psd1" required pattern="
[a-zA-Z0-9_!@#$%^&*]{6,16}" />
13:              <p>6～16 个字符，区分大小写</p></td></tr>
14:       <tr><td class="td1">*确认密码</td>
15:            <td class="td2">
16:              <input name="psd2" type="password" id="psd2" />
17:              <p>请再次输入密码</p></td></tr>
18:       <tr><td class="td1">手机号码</td>
19:            <td class="td2">
20:              <input name="phoneno" id="phoneno" pattern="1[3|5|7|8][0-9] {9}"/>
21:              <p>密码遗忘或被盗时，可通过手机短信取回密码</p></td>
22:       </tr>
23:       <tr><td class="td1">*验证码</td>
24:            <td class="td2">
25:              <input name="useryzm" type="text" id="useryzm" />
26:              <p>请输入图片中的字符 <span>看不清楚? 换一张</span></p></td></tr>
27:        <tr><td class="td1"> </td>
28:              <td class="td2">
29:              <input type="submit"  value="立即注册" /></td></tr>
30:      </table>
```

```
31:    </form>
32:  </div>
33:  <div class="divxia"></div>
34: </body>
```

代码解释：

第 8 行，使用属性 required 设置邮箱地址必须输入，即不允许为空；使用正则表达式属性 pattern="[a-zA-Z][a-zA-Z0-9_]{4,16}[a-zA-Z0-9]"设置邮箱地址中的第一个字符必须是小写或大写字母，后面 4～16 个字符可以是字母、数字或下画线，最后一个字符只能是字母或数字，符合个数限制和格式要求。

第 12 行，使用属性 pattern="[a-zA-Z0-9_!@#$%^&*]{6,16}"设置密码字符可以包含的字符及字符数范围。

第 20 行，使用属性 pattern="1[3|5|7|8][0-9]{9}"设置手机号码中的第一个字符必须是数字 1，第二个字符可以是数字 3、5、7 或 8，后面 9 个字符可以是任意数字。

5.1.2 使用 JavaScript 验证注册数据

1. 验证要求

在 zhuce.html 文件的表单元素中已经使用 HTML5 自带的数据合法性验证功能对邮箱地址、密码、手机号码等数据进行了合法性验证，因此这里只需要对确认密码数据进行验证，要求两次输入的密码必须相同。

2. 脚本文件代码

创建脚本文件 zhuce.js，在其中定义函数 validate()，实现上述功能要求，代码如下。

```
1: function validate(){
2:   var psd1Val = document . getElementById('psd1') . value;
3:   var psd2 = document . getElementById('psd2');
4:   var psd2Val = psd2 . value;
5:   if ( psd2Val != psd1Val ) {
6:      alert("两次输入的密码必须一致");
7:      psd2 . focus();
8:      return false;
9:  }
10: }
```

代码解释：

第 7 行，使用 focus()方法将光标放入“确认密码”输入框，为重新输入确认密码做准备。

脚本文件引用和函数调用方法如下。

在页面文件 zhuce.html 的<head>…</head>之间使用代码<script type= "text/JavaScript" src="zhuce.js"></script>引用脚本文件，之后在<form>标签内部增加代码 onsubmit="return validate();"即可完成函数的调用，也可以在 submit 按钮内部增加代码 onclick="return validate();"

完成函数的调用。

5.1.3 服务器端获取并输出注册数据

创建文件 zhuce.php，编写代码获取 zhuce.html 页面中 emailaddr 文本框、psd1 密码框、phoneno 文本框提交的数据，分别使用变量$emailaddr、$psd 和$phoneno 保存数据，最后使用 echo 语句按照如下格式输出获取的数据。

尊敬的用户您好，您注册的信息如下。

邮箱地址是：×××

密码是：×××

手机号是：×××

代码如下。

```
1: <?php
2:   $emailaddr = $_POST['emailaddr'];
3:   $psd = $_POST['psd1'];
4:   $phoneno = $_POST['phoneno'];
5:   echo "尊敬的用户您好，您注册的信息如下。<br />";
6:   echo "邮箱地址是：{$emailaddr}<br />";
7:   echo "密码是：{$psd}<br />";
8:   echo "手机号是：{$phoneno}<br />";
9: ?>
```

修改 zhuce.html，在<form>标签中增加 action="zhuce.php"代码，将 zhuce.php 文件关联到 zhuce.html 文件中，以便在单击“立即注册”按钮时运行 zhuce.php 文件。

任务 5-2 使用图片验证码

需要解决的核心问题

- PHP 中完成创建图像、调配颜色、填充图像、设置像素颜色、画线段等操作的图像处理函数分别是什么？它们各自需要几个参数？
- 如何创建并输出包含指定个数的随机字符的图片验证码？
- 如何将图片验证码插入页面指定位置并根据需要进行刷新？
- Session 机制的作用是什么？如何启用 Session？如何使用 Session？
- 判断验证码的正确性需要在浏览器端还是服务器端进行？需要注意什么问题？
- 如何实现表单数据的回填？
- 在一个 PHP 文件中如何引用另一个 PHP 文件或者 HTML 文件？

不少网站为了防止用户利用机器人自动注册、登录等，都采用了验证码技术。所谓验证码，就是生成一幅图片，将一串随机产生的数字或符号添加到图片中，再加上一些干扰像素或者干扰直线。由用户肉眼识别图片中的验证码信息，然后将其输入表单元素中提交给服务器进行验证，验证成功后才能使用某项功能。

> **素养提示** 在网站中使用验证码，在项目开发中既要有信息安全意识，也要考虑到用户体验，以人为本。

PHP 提供了大量的图像处理函数，可以使用这些函数直接创建并输出验证码图片。

5.2.1 PHP 的图像处理函数

PHP 的图像处理函数都封装在一个函数库中，即 GD 库，GD 库默认存放在 PHP 安装目录的 ext 子目录下，名为 php_gd2.dll。在 PHP 7 中，php_gd2.dll 默认已经自动载入，不需要专门配置。

PHP 提供的图像处理函数有 100 多个，此处只介绍其中几个用于生成图片验证码的函数。

1. imagecreatetruecolor()函数

作用：创建一幅真彩色图像。

格式：imagecreatetruecolor (int w_size, int h_size)

说明：imagecreatetruecolor()函数会返回一个图像标识符，代表一幅宽为 w_size，高为 h_size 的黑色图像。

例如，imagecreatetruecolor (100, 50)表示创建一幅宽为 100px，高为 50px 的图像，图像的背景色默认为黑色。

2. imagecreate()函数

作用：新建一幅基于调色板的图像。

格式：imagecreate (int w_size, int h_size)

说明：imagecreate()会返回一个图像标识符，代表一幅宽为 w_size，高为 h_size 的空白图像。

3. imagecolorallocate()函数

作用：为图像分配颜色。

格式：imagecolorallocate (resource image, int red, int green, int blue)

参数 image 表示 imagecreate()函数或者 imagecreatetruecolor()函数返回的图像标识符。

参数 red、green 和 blue 分别代表红、绿、蓝三原色分量值，取值范围为十进制数 0～255，或者十六进制数 0x00～0xFF。

该函数会返回一个标识符，代表由给定的红、绿、蓝颜色分量组成的颜色。

imagecolorallocate()函数用于设置在指定的图像中可以使用的颜色，在创建图像的 PHP 文件中会多次出现。若生成图像时使用的是 imagecreate()函数，则 imagecolorallocate()函数第一次出现时除了创建指定的颜色之外，还会将该颜色设置为图像的背景色，之后可随意设置要用于文本或图形元素的颜色。

例如，$white = imagecolorallocate($img1 , 255 , 255 , 255)表示为图像$img1 创建的颜色为白色，并使用变量$white 表示。

4. imagefill()函数

作用：使用指定的颜色填充指定的区域。

格式：imagefill (resource image, int x, int y, int color)

说明：imagefill()在指定图像的坐标(*x,y*)用 color 颜色填充区域。

例如，imagefill($img1, 0, 0, $white)表示使用白色填充图像$img1 的整个区域。

5. imagesetpixel()函数

作用：设置一个单一像素的颜色。

格式：imagesetpixel (resource image, int x, int y, int color)

说明：imagesetpixel()在 image 图像中用 color 颜色设置(*x,y*)坐标位置指定的像素。

例如，imagesetpixel($img1, 2, 3, $black)把图像$img1 中坐标(2, 3)位置上的像素设置为黑色，$black 是事先使用 imagecolorallocate()函数创建的黑色标识符。

6. imageline()函数

作用：画一条线段。

格式：imageline (resource image, int x1, int y1, int x2, int y2, int color)

说明：imageline()用 color 颜色在图像 image 中从(*x*1, *y*1)坐标到(*x*2, *y*2)坐标画一条线段。

例如，imageline (resource image, 1, 1, 15, 18, $black)在图像 image 中从(1, 1)坐标到(15, 18)坐标画一条黑色线段。

7. imagettftext()函数

作用：在指定的图像中输出任意字符，可以是数字、字母或汉字。

格式：imagettftext (resource image, int fontsize, int angle, int x, int y, int color, string fontfile, string text)

参数 fontsize 定义要显示的字符的字号，在 GD2 库中，默认单位为磅。

参数 angle 定义要显示的字符的角度，值为 0 表示从左向右阅读文本（3 点钟方向），值为 90 则表示从下向上阅读文本。

参数 x 和 y 是字符的坐标（该坐标值表示字符左下角的坐标值）。

参数 color 定义字符的颜色。

参数 fontfile 指定选用的字体。

参数 text 指定即将输出的字符。

8. imagepng()函数

作用：以 PNG 格式将图像输出到浏览器或文件。

格式：imagepng (resource image [, string filename])

说明：imagepng()将指定的图像 image 以 PNG 格式输出到标准输出设备（通常为浏览器），或者如果用 filename 给出了文件名，则将其输出到该文件。

微课 5-1 创建图片验证码——产生字符创建图像

另外，将指定的图像以 GIF 格式输出到标准输出设备，可使用函数 imagegif()；若要以 JPEG 格式输出，则使用函数 imagejpeg()。

9. imagedestroy()函数

作用：销毁图像。

格式：imagedestroy (resource image)

说明：imagedestroy()会释放与 image 关联的内存。

5.2.2 创建图片验证码

1. 创建字符图片验证码

微课 5-2 处理验证码中的字符并输出

创建一幅宽为 100px，高为 25px 的图像，设置图像的背景色为白色，在图像中通过随机产生坐标的方式设置 100 个黑色像素作为干扰像素，通过随机产生起始和结束坐标的方式输出两条黑色线段作为干扰线段。图像中要显示 4 个验证码字符，它们为 26 个大写英文字母和 10 个数字的任意组合。每个字符都以随机产生的角度（这里要求范围是-45°～45°）、随机产生的颜色，以及随机产生的位置输出到图像中。

以不同角度输出字符的效果如图 5-3 所示。

-45°的倾斜效果

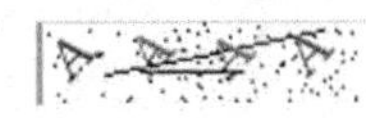

45°的倾斜效果

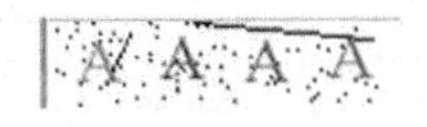

0°的倾斜效果

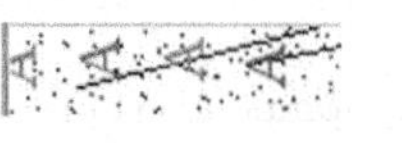

90°的倾斜效果

图 5-3　不同角度输出字符的效果

创建文件 yzm.php，代码如下。

```
1: <?php
2:   header('Content-type:image/png');
3:   $image_w = 100;
4:   $image_h = 25;
5:   $number = range(0,9);
6:   $character = range("Z" , "A");
7:   $result = array_merge($number , $character);
8:   $string = "";
9:   $len = count($result);
10:  for ($i = 0; $i < 4; $i++) {
11:      $index = rand(0, $len - 1);
12:      $string = $string.$result[$index];
13:  }
14:  $img1 = imagecreatetruecolor($image_w, $image_h);
15:  $white = imagecolorallocate($img1, 255, 255, 255);
16:  $black = imagecolorallocate($img1, 0, 0, 0);
17:  imagefill($img1, 0, 0, $white);
18:  $fontfile = realpath('times.ttf');
19:  for ($i = 0; $i < 100; $i++) {
20:      imagesetpixel($img1, rand(0, $image_w-1), rand(0, $image_h-1), $black);
```

```
21: }
22: for ($i = 0; $i < 2; $i++) {
23:       imageline($img1, mt_rand(0, $image_w-1), mt_rand(0, $image_h-1),
           mt_rand(0, $image_w-1), mt_rand(0, $image_h-1), $black);
24: }
25: for ($i = 0; $i < 4; $i++) {
26:       $x = $image_w / 4 * $i + 8;
27:       $y = mt_rand(16, 19);
28:       $color = imagecolorallocate($img1, mt_rand(0, 180), mt_rand(0, 180),
mt_rand(0, 180));
29:       imagettftext($img1, 14, mt_rand(-45, 45), $x, $y, $color, $fontfile,
$string[$i]);
30: }
31: imagepng($img1);
32: imagedestroy($img1);
33: ?>
```

上面的代码编写完成之后，在浏览器地址栏中输入地址 http://localhost/email/yzm.php 并按【Enter】键运行该页面文件，将会看到独立的图片验证码效果。若不断刷新页面，则会发现图片中的验证码字符不断发生变化。

注意 （1）关于 header('Content-type:image/png')，在该页面代码开始处需要使用该函数提示用户即将生成并保存一个 PNG 文件，而且必须在任何实际的输出数据发送之前调用该函数，因此在 yzm.php 文件中，不可以在开头和结尾处增加<html>…</html>一类的标签，否则会出现问题，导致无法输出图像效果。

（2）在该文件中不可以使用 echo 输出任何字符，否则会与 imagepng()函数产生输出冲突。若 echo 语句出现在 imagepng()函数之前，则会导致两者都无法输出；若 echo 语句出现在 imagepng()函数之后，则只能输出图像而无法输出 echo 语句的内容。

代码解释：

第 5～6 行，使用 range()函数创建包含数字 0～9 的数组$number 和包含大写英文字母 A～Z 的数组$character。

range()函数用于创建一个指定范围的数组，需要指定两个参数，分别表示范围中的最小值和最大值。

第 7 行，使用 array_merge()函数将数组$number 和$character 合并，生成包含 36 个字符的数组$result。

array_merge()函数的作用是将一个或多个数组合并成一个大数组，函数的参数是需要合并在一起的各个数组的名称。

第 8 行，定义字符串变量$string，初始值为空串，用于存放验证码图片中的 4 个字符。

第 10～13 行，使用循环结构逐个随机生成验证码字符并连接到$string 变量中，其中第 11 行使用函数 rand(0, $len-1)产生 0～35 的随机整数，并将该数作为$result 数组的数字索引来使用，以获得$result 中的一个字符，即随机产生的是字符的数字索引。例如，在上面定义的数组中，若产生的随机数是 34，则得到的字符是“Y”。

rand()函数用来产生随机数，函数中必须给定两个参数，分别指定随机数所在范围的最小值和最大值。

第 14 行，使用 imagecreatetruecolor()函数创建宽为 100px，高为 25px 的图像，并保存为图像$img1。

第 15～16 行，使用 imagecolorallocate()函数创建在图像中将要使用的白色和黑色两种颜色，分别使用变量$white 和$black 来表示。

第 17 行，使用 imagefill()函数将整个图像区域填充白色（可以看作白色背景）。

第 18 行，设置输出字符时使用的字体，使用前需要打开系统盘符的 windows/fonts 文件夹，找到 Times New Roman 之后，将其复制到 yzm.php 文件所在的文件夹中，复制之后文件名称自动变为 times.ttf。在 XAMPP 环境下，字体文件的路径需要设置为根路径形式，这里使用 realpath('times.ttf')获取文件 times.ttf 的根路径；在 phpStudy 环境下使用 realpath('times.ttf')或者直接使用相对路径'times.ttf'都可以。

第 19～21 行，使用循环语句在图像中将 100 个像素设置为黑色，其中使用 rand(0, $image_w-1)随机产生 0～99 的数字作为像素的横坐标；使用 rand(0, $image_h-1)随机产生 0～24 的数字作为像素的纵坐标，设置横坐标范围和纵坐标范围是为了保证只对图像内部的像素设置颜色。

第 22～24 行，使用循环语句在图像中产生两条用于干扰的黑色线段，其中每条线的起始坐标和终止坐标都是随机产生的，并且要将它们约束在画布内部。

第 25～30 行，使用循环结构逐个输出生成的字符。

第 26 行，使用$image_w / 4 * $i + 8 生成字符的横坐标，$image_w / 4 先将整个画布按照宽度划分为 4 个区域，每个区域宽 25px，使用 25 * $i 得到 4 个区域的起点横坐标分别是 0、25、50、75。一个区域输出一个字符，因为每个字符的输出角度都为-45°～45°，为了保证第一个字符能够完整显示在画布中，而不会被截去一部分，同时也为了保证字符在倾斜时不会与其左右的字符重叠，需要将每个字符的起点横坐标右移，这里需要右移 8px，因此 4 个字符的起点横坐标分别是 8、33、58 和 83。

第 27 行，用 rand()函数随机生成范围为 16～19 的纵坐标，将字符左下角的纵坐标约束在这个范围之后，即便字符倾斜显示，也能保证整个字符在高 25px 的区域内完整显示出来，另外，随机产生的纵坐标能让字符出现上下起伏的效果。

4 个字符左下角可使用的坐标区域如图 5-4 中加粗部分所示。

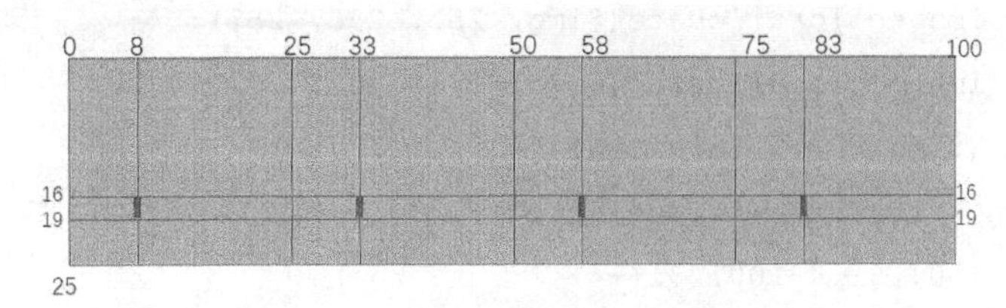

图 5-4　字符左下角可使用的坐标区域

第 28 行，随机生成将要输出的字符的颜色，使用的三原色颜色取值范围都为 0～180，这样设计的目的是保证输出的字符颜色不会太浅，避免在白色背景中看不清。

第 29 行，使用 imagettftext()函数在画布上输出字号为 14 磅（大约 19 像素），角度为-45°～45°的随机数，坐标采用第 26 行和第 27 行中生成的坐标值，颜色采用第 28 行生成的颜色值，字体采用第 18 行设置的字体。

第 31 行，使用 imagepng()函数输出生成的图像。

第 32 行，使用 imagedestroy()函数销毁图像，释放内存。

2. 创建汉字图片验证码

一个汉字在使用 UTF-8 编码的情况下占 3 个字符的宽度，在使用 GB2312 编码的情况下占 2 个字符的宽度，因此创建汉字验证码时，必须考虑页面使用的字符集编码问题，以防出现乱码。

在使用下面的代码前，需要从系统盘符的 windows/fonts 文件夹下复制 simhei.ttf 字体文件。

```
1:  <?php
2:    header("Content-Type: text/html;charset=utf8");
3:    $result = "国灿吉渗瑞惊顿挤秒悬空烂森糖圣留动闪词迟蚕亿矩";
4:    $encode = mb_detect_encoding($result,
array("ASCII", "UTF-8", "GB2312", "GBK", "BIG5") );
5:    if ( $encode != "UTF-8" ) {
6:        $result = iconv($encode, "UTF-8", $result);
7:    }
8:    $string = "";
9:    $len = strlen($result);
10:   for ( $i = 0; $i < 4; $i++) {
11:      $index = rand(0, $len / 3 - 1 ); //随机产生汉字在列表中的序号
12:      $word[$i] = substr($result, $index * 3, 3);
13:      $string = $string . $word[$i];
14:   }
15:   $_SESSION['string'] = $string;
16:   header('Content-type:image/gif;');
17:   $w = 100;
18:   $h = 30;
19:   $img = imagecreatetruecolor($w, $h);
20:   $white = imagecolorallocate($img, 255, 255, 255);
21:   $black = imagecolorallocate($img, 0, 0, 0);
22:   imagefill($img, 0, 0, $white);
23:   $fontfile = realpath("simhei.ttf");
24:   for ( $i = 0; $i < 100; $i++ ) {
25:       imagesetpixel( $img, rand(0, $w), rand(0, $h), $black );
```

```
26:  }
27:  for ( $i = 0; $i < 2; $i++ ) {
28:   imageline($img, mt_rand(0, $w), mt_rand(0, $h), mt_rand(0, $w), mt_rand(0, $h), $black);
29:  }
30: for ( $i = 0; $i < 4; $i++ ) {
31:    $x = $w / 4 * $i + 6;
32:    $y = rand(18, 22);
33:    $color = imagecolorallocate($img, mt_rand(0, 180), mt_rand(0, 180), mt_rand(0, 180));
34:    imagettftext($img, 14, mt_rand(-45,45), $x, $y, $color, $fontfile, $word[$i]);
35:  }
36:  imagegif($img);
37:  imagedestroy($img);
38: ?>
```

代码解释：

第 2 行，使用 header()设置页面使用的字符集编码是 UTF-8。

第 3 行，定义可以在图片验证码中显示的汉字集合，可以随意增加汉字。

第 4 行，获取当前页面文件采用的字符集编码。

第 5～7 行，判断页面使用的字符集编码，若不是 UTF-8，则使用函数将汉字集合转化为 UTF-8 编码的形式。

第 9 行，获取$result 中指定的汉字占用的字符宽度（每个汉字占 3 个字符的宽度）。

第 11 行，随机产生汉字在变量$result 中的序号（从 0 开始），因为在使用 UTF-8 编码的情况下，每个汉字占 3 个字符的宽度，所以其序号范围为变量$len 除以 3 之后减 1。

第 12 行，使用 substr()函数从$result 中获取指定索引的汉字，索引变量$index 代表汉字的序号，乘以 3 之后得到实际的存储位置，从当前位置取 3 个字符，即可得到一个汉字。

5.2.3 图片验证码的插入与刷新

需要解决的问题如下。

（1）生成的图片验证码如何插入注册界面中“验证码”文本框的右侧？

（2）单击“看不清楚？换一张”之后，如何实现验证码的刷新？

微课 5-3 验证码的插入与刷新操作

1. 图片验证码的插入

图片验证码是以文件的形式保存的，创建时使用的文件是 yzm.php，该文件中保存的是已经创建的图片，因此在插入图片验证码时，只需要使用 HTML 中的<img>图像元素即可。具体代码为<img src="yzm.php" name="yzm" id="yzm" align="top" />，将这行代码插入页面文件 zhuce.html 中的代码<input type="text" name="useryzm" id="useryzm" />后面。

因为在刷新验证码时，需要使用脚本获取该图片元素，所以对于元素的 name 和 id，至少要定义其中一个。

元素<img>中设置的 align="top"，是为了保证与验证码图片在同一行中的文本框能够与图片的顶端对齐，使页面比较美观，也可以使用样式代码#yzm{vertical-align:top;}来设置。

2. 图片验证码的刷新

刷新图片验证码必须在重新运行 yzm.php 文件之后才能完成，使用 http://localhost/email/yzm.php 单独运行该文件时，可以不断单击刷新按钮完成刷新。把该文件加载到页面文件 zhuce.html 内部之后，因为页面上可能已经输入了大量其他信息，不能再通过单击刷新按钮刷新 zhuce.html 文件来刷新图片验证码，所以图片验证码的刷新需要借助于 JavaScript 脚本函数来实现。

在脚本文件 zhuce.js 中新增函数 yzmupdate()，代码如下。

```
1: function yzmupdate(){
2:    document . yzm . src = "yzm.php?" + Math . random();
3: }
```

代码解释：

第 2 行，yzm 是图片元素的 name 属性取值，使用 document.yzm 可以获取显示验证码的图片元素，然后设置该元素的 src 属性即可修改所显示的图片内容。此处也可将 document.yzm 更换为 document.getElementById("yzm")，此时引号中的 yzm 是图片元素的 id 属性取值。

代码"yzm.php?" + Math.random()的作用是每次单击“看不清楚？换一张”时都重新加载 yzm.php 文件，通过 Math.random()函数随机产生的数字激活 yzm.php 文件重新运行，从而获得新的验证码字符并输出。这里需强调的是，每次加载 yzm.php 文件时都会重新激活，相当于独立运行 yzm.php 文件时单击刷新按钮一样。

在大部分高版本浏览器中，可以不使用 Math.random()产生随机数来激活 yzm.php 文件，但是在部分浏览器中必须使用 Math.random()。为了保证浏览器的兼容性，通常的做法是使用 Math.random()。

函数调用：

在页面文件 zhuce.html 的代码“<span>看不清楚？换一张</span>”的<span>标签内部增加代码 onclick="yzmupdate();"完成函数调用，当单击该文本时，执行函数。

5.2.4 Session 机制的原理与应用

微课 5-4 应用 Session 机制

1. zhuce.php 文件解决的核心问题

zhuce.php 文件解决的核心问题是判断用户输入的验证码是否正确，并根据判断结果完成相应的操作。

> **注意** 判断用户输入的验证码这个过程需要在服务器端完成，而不是在浏览器端完成。

若用户输入的验证码正确，则在页面文件 zhuce.php 中获取并显示用户提交的注册信息（将注册数据插入数据库的相关知识后文会讲解）。

若输入的验证码错误，则需要在 zhuce.php 文件中实现如下功能。

（1）重新运行页面文件 zhuce.html。

（2）回填“邮箱地址”文本框、“密码”输入框、“确认密码”输入框和“手机号码”文本框的数据。

（3）在“验证码”文本框中用红色文本显示提示信息“验证码输入错误，请重新输入”。

验证码输入错误后的页面效果如图 5-5 所示。

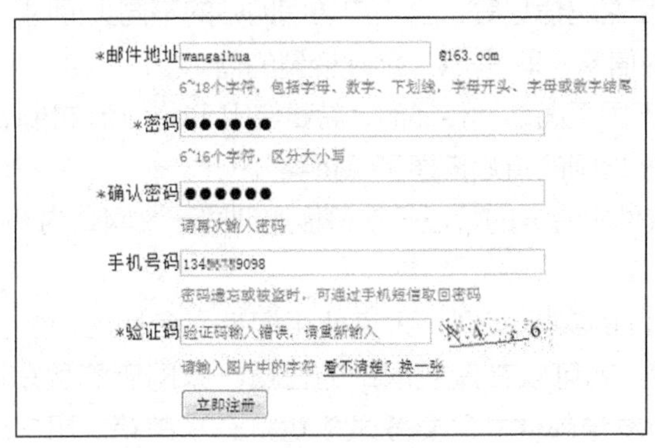

图 5-5　验证码输入错误后的页面效果

思考问题：

在判断验证码时，参与比较的两个数据分别是什么？这两个数据分别从哪里获取？

解答：

参与比较的两个数据分别是系统生成的验证码图片中的字符和用户输入的字符；其中验证码图片中的字符从 yzm.php 文件中获取，用户输入的验证码字符则从系统数组$_POST 中获取。

获取用户输入的验证码字符：修改 zhuce.php 文件，在获取手机号的代码后面增加代码$useryzm=$_POST ['useryzm']，获取用户输入的验证码字符。

获取 yzm.php 中生成的验证码字符：yzm.php 中生成的验证码字符存放在变量$string 中。

思考问题：

能否将 yzm.php 文件中存放验证码字符的变量$string 直接应用到 zhuce.php 文件中？为什么？

解答：

不可以将 yzm.php 文件中的$string 变量直接应用到 zhuce.php 文件中。每个变量都有自己的“生存环境”，它们的生存环境是创建了这个变量的文件，只要脱离了这个文件，变量就不复存在，即变量就失去了自己的“生命”，是毫无意义的。

例如，在 yzm.php 文件中生成的验证码字符是 A4UJ，则变量$string 的取值为 A4UJ，但是当我们在 zhuce.php 文件中试图使用变量$string 中存储的数据时，将被告知该变量不存在。

要想在 zhuce.php 文件中得到生成于 yzm.php 文件中的验证码字符，必须使用动态网站技术中的 Session 机制。

2. Session 机制的原理与应用

Session 可以简单理解为用户访问某个网站的一次会话过程。用户开始访问网站时，会话开始，Session 产生，用户完成访问关闭网站的所有页面时会话结束，Session 也就消失。

Session 机制的原理是：服务器为每个访问者创建一个唯一的 ID，并基于这个 ID 来识别每个用户并存储用户的变量信息，也就是说，任何用户访问任何网站，无论用户是否直接使用，服务器都会为该用户创建一个唯一的 Session。

服务器为所有用户创建的 Session 都存储于服务器端，用户可以使用 Session 保存自己的私密数据，如登录时的账号和密码信息等。当用户访问网站的不同页面时，服务器将根据客户端提供的 Session ID 得到用户的信息，取得 Session 变量的值。

用户的信息在网站的不同页面之间传递时，需要使用 Session 机制，也就是说，Session 为用户数据在同一网站不同页面之间的传递搭建了“桥梁”。

例如，将 yzm.php 文件中生成的验证码字符传递到同一个网站内部的 zhuce.php 文件内就属于这种情况的应用。

网络中应用 Session 的实际案例：大家使用淘宝平台网购时，只要在登录界面中输入账号、密码，登录成功之后，就可以在淘宝网站的任意一家网店购买东西而不需要反复登录；使用邮箱时，经常要接收和发送邮件，只要登录成功打开了邮箱，用户就可以随意完成收发邮件的操作。

> **素养提示** Session 机制在页面之间搭建桥梁传递数据方便了用户。我们也要有创新意识，有俯首甘为孺子牛的奉献精神。

总之，Session 机制在动态网站中是一种不可或缺的机制。

那么，如何在页面中使用 Session 机制完成数据的传递呢?

使用 Session 机制传递数据的功能需要通过系统数组$_SESSION 实现，使用该数组时，数组元素要由开发人员自己确定，使用的键名也由开发人员自己指定，数组元素的取值是需要在不同页面间传递的数据，需要使用的数组元素个数则由需要传递的数据个数确定。通常的做法是，在网站的一个文件中生成一个数组元素，在该网站的其他页面中使用该数组元素。

例如，在 yzm.php 文件中生成验证码字符 UA3E 并将其保存在变量$string 中，使用代码$_SESSION['string'] = $string 生成系统数组$_SESSION 的一个元素，元素的键名是 string，保存的内容是 UA3E。

更形象地说，可以将 Session 看作“管道”，该管道下面挂着对应网站的多个（最少需要两个，无上限）PHP 页面文件，每个页面文件都可以使用$_SESSION 系统数组向管道提供需要传递的数据，其他文件则可以使用$_SESSION 系统数组从管道中取用数据，如图 5-6 所示。

图 5-6 中的 Session 管道下面共挂有 5 个 PHP 文件，其中 yzm.php 文件通过数组元素$_SESSION['string']向管道提供系统生成的验证码字符，之后 zhuce.php 文件通过$_SESSION['string']从管道中取用验证码字符。denglu.php 文件通过数组元素$_SESSION ['emailaddr']向管道提供用户登录时使用的账号信息，之后 writeemail.php 和 receiveemail.php 文件通过数组元素$_SESSION['emailaddr']从管道中取用用户账号信息，其中 denglu.php 文件是输入登录信

息之后运行的文件，writeemail.php 是写邮件的页面文件，receiveemail.php 是收邮件的页面文件。

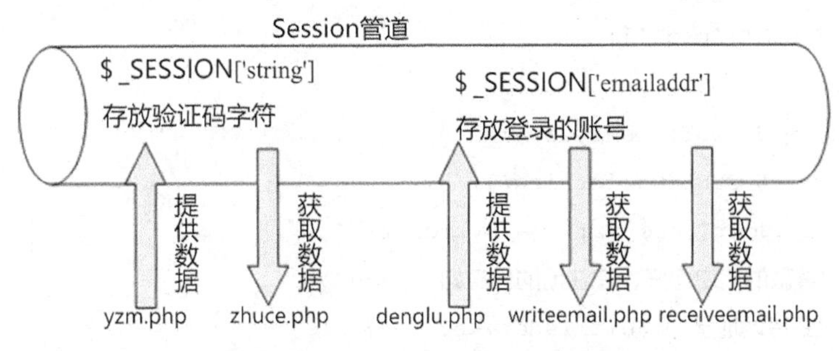

图 5-6　使用 Session 管道传递数据

> **说明**　一旦将数据放入 Session 管道，隶属该网站的所有 PHP 文件都可以在启用 Session 之后取用这些数据。

3. 启用 Session

在页面中使用$_SESSION 系统数组之前，必须使用 session_start()函数启动会话，该函数需要在使用 Session 的每个页面中应用，否则 Session 不起作用。除了这种启用方式之外，还可以直接在 php.ini 文件中设置 session.auto_start=1，这样设置之后不需要在每个文件中使用 session_start()函数来启用 Session。

5.2.5　实现图片验证码的验证功能

微课 5-5　实现验证码的验证功能

1. 修改 yzm.php 文件，为 Session 管道提供数据

需要对 yzm.php 文件进行如下两个方面的修改。

（1）在开始处增加代码 session_start();，启动页面对 Session 机制的应用。

（2）在生成验证码字符之后，增加代码$_SESSION['string'] = $string;，使用系统数组$_SESSION 保存生成的验证码字符，从而为 Session 管道提供数据。

2. 修改 zhuce.php 文件，完成验证码的判断

（1）在文件开始处使用代码 session_start(); 启动页面对 Session 机制的应用。

（2）在获取邮箱地址、密码、手机号等表单元素数据的代码之后增加代码，用变量$useryzm 存放 zhuce.html 页面中输入的验证码信息，即$useryzm = $_POST['useryzm']。

（3）用变量$yzmchar 存放$_SESSION 数组中保存的原始验证码信息，即$yzmchar = $_SESSION['string']。

（4）使用函数 strtoupper()将变量$useryzm 保存的用户输入的验证码字符中的小写字母转换为大写字母，然后将其与变量$yzmchar 中保存的系统生成的验证码字符进行比较，如果输入的验证码正确，则显示用户注册时输入的所有信息。

完成上述修改之后，zhuce.php 文件的代码如下。

```
1: <?php
2:   session_start();
3:   $emailaddr = $_POST['emailaddr'];
4:   $psd = $_POST['psd1'];
5:   $phoneno = $_POST['phoneno'];
6:   $useryzm = $_POST['useryzm'];
7:   $yzmchar = $_SESSION['string'];
8:   if  (strtoupper($useryzm) == $yzmchar) {
9:     echo "尊敬的用户您好，您注册的信息如下。<br />";
10:    echo "邮箱地址是：{$emailaddr}<br />";
11:    echo "密码是：{$psd}<br />";
12:    echo "手机号是：{$phoneno}<br />";
13:  }
14:  else{
15:    echo "验证码输入错误，本次注册没有成功";
16:  }
17: ?>
```

思考问题：

第 8 行中将用户输入的验证码字符与系统生成的验证码字符进行比较之前，为何需要将用户输入的验证码字符中的字母转换为大写？

解答：

系统生成的验证码图片中的字母固定为大写，而用户输入验证码字符时大小写是随意的，为了保证正确比较用户输入的验证码字符与系统生成的验证码字符，需要先将用户输入的验证码字符中的字母转换为大写再进行比较。

3. 大小写字母转换函数

（1）小写字母转换为大写字母。

strtoupper()函数用于将小写字母转换为大写字母。

函数格式：strtoupper(string)

作用说明：将参数 string 中存在的小写字母都转换为大写字母，其余非小写字母保持不变。例如，代码 echo strtoupper("Hello 123!");，输出结果为 HELLO 123!。

（2）大写字母转换为小写字母。

strtolower()函数用于将大写字母转换为小写字母。

函数格式：strtolower(string)

作用说明：将参数 string 中存在的大写字母都转换为小写字母，其余非大写字母保持不变。例如，代码 echo strtolower("Hello 123!");，输出结果为 hello 123!。

微课 5-6 表单数据回填

4. 验证码输入错误之后需要实现的功能

在验证码输入错误之后，系统需要实现如下功能。

（1）重新运行页面文件 zhuce.html。

（2）将用户填写好的数据（邮箱地址、密码、手机号）重新回填到注册界面中。

（3）在“验证码”文本框中使用红色文本显示提示信息“验证码输入错误，请重新输入”。

为了使用红色文本显示提示信息，需要在 zhuce.css 文件中增加如下样式代码。

```
1:   .inp::-webkit-input-placeholder {color:#f00;} /* WebKit browsers */
2:   .inp:-moz-placeholder {color:#f00;} /* Mozilla Firefox 4 to 18 */
3:   .inp::-moz-placeholder {color:#f00;} /* Mozilla Firefox 19+ */
4:   .inp:-ms-input-placeholder {color:#f00;} /* Internet Explorer 10+ */
```

上面的样式代码用于设置表单元素属性 placeholder 设置的提示信息的颜色为红色。

代码解释：

第 1 行，兼容 WebKit 内核浏览器。

第 2 行，兼容火狐 4～18 版本的浏览器。

第 3 行，兼容火狐 19 及以上版本的浏览器。

第 4 行，兼容 IE10 及以上版本的浏览器。

对于要实现的功能（1）～（3），需要将 zhuce.php 文件中的代码 else{ echo "验证码输入错误，本次注册没有成功";}替换为如下代码（此处为描述方便，对增加的代码行仍从 1 开始编号）。

```
1: else {
2:     include 'zhuce.html';
3:     echo "<script>";
4:     echo "document . getElementById('emailaddr') . value = '{$emailaddr}';";
5:     echo "document . getElementById('psd1') . value = '{$psd}';";
6:     echo "document . getElementById('psd2') . value = '{$psd}';";
7:     echo "document . getElementById('phoneno') . value = '{$phoneno}';";
8:     echo " document . getElementById('useryzm') . placeholder = '验证码输入错误，
请重新输入';";
9:     echo "document . getElementById('useryzm') . className = 'inp';";
10:    echo "</script>";
11: }
```

代码解释：

第 2 行，使用 include 'zhuce.html';设置在 zhuce.php 文件中包含 zhuce.html 文件，即重新运行 zhuce.html 文件。

第 3 行，输出<script>标签，用于定界接下来要输出的脚本代码。

第 4 行，输出脚本代码 document.getElementById('emailaddr').value= '{$emailaddr}';，若用户输入的邮箱地址是“liminghua”，则变量$emailaddr 中存放的内容是 liminghua，所以传送到浏览器端的代码是 document.getElementById ('emailaddr'). value='liminghua';。通过该代码设置“邮箱地址”文本框的内容为用户之前输入的邮箱地址信息，即回填邮箱地址。

第 5 行，输出脚本代码 document.getElementById('psd1').value='{$psd}';，若用户之前输入的密码是 123456，则变量$psd 中存放的内容是 123456，所以传递到浏览器端的代码是

document.getElementById('psd1').value='123456';。通过该代码设置“密码”输入框的内容为用户之前输入的密码信息，即回填密码。

第 7 行，输出脚本代码 document.getElementById('phoneno').value='{$phoneno}';，若用户输入的手机号是 134********，则变量$phoneno 中存放的内容是 134********，所以传递到浏览器端的代码是 document.getElementById ('phoneno').value='134********';。通过该代码设置“手机号码”文本框的内容为用户之前输入的手机号信息，即回填手机号。

说明：此处为了避免引起不必要的误会，以星号代替手机号，实际注册时必须符合手机号的格式要求，否则注册不成功。

第 8 行，输出脚本代码 document.getElementById('useryzm').placeholder='验证码输入错误，请重新输入';。通过该代码设置“验证码”文本框属性 placeholder 的提示信息。

第 9 行，输出脚本代码 document.getElementById('useryzm').className='inp';。通过该代码设置“验证码”文本框应用类名 inp，设置提示信息文本颜色为红色。

第 10 行，输出</script>，用于结束第 3 行输出的<script>标签。

素养提示 表单数据实现了回填功能，节省了用户的时间。在项目开发中要注重用户体验，有匠心精神。

5.2.6 在 PHP 中引用外部文件

PHP 程序的特色之一是它的文件引用功能，通过文件引用可以将常用的功能或代码写成一个文件，也可以将一个内容非常多的页面文件分割成几个页面文件，在需要的地方直接引用即可。这种方法既可以简化程序流程，又可以实现代码复用。

引用文件的方法有两种：使用 include()和使用 require()。

这两种方法除了处理引用失败的方式不同之外，其余功能完全相同。使用 include()引用文件，在引用失败时将产生警告信息，然后页面代码会继续执行下去；而使用 require()在引用失败时会导致一个致命错误，将停止处理页面内容。

假设要引用的文件是 zhuce.html，则使用 include()引用时可以采用以下 4 种形式。

（1）include("zhuce.html")。

（2）include "zhuce.html"。

（3）include('zhuce.html')。

（4）include 'zhuce.html'。

使用 require()引用时类似。

任务 5-3 PHP 操作 MySQL 数据库

需要解决的核心问题

- mysqli_connect()函数的作用是什么？参数有哪几个？返回值是什么？

- mysqli_select_db()函数的作用是什么？参数是什么？返回值是什么？
- mysqli_query()函数的作用是什么？参数是什么？返回值是什么？
- mysqli_num_rows()函数的作用是什么？参数是什么？返回值是什么？
- mysqli_real_escape_string()函数的作用是什么？参数是什么？返回值是什么？
- mysqli_close()函数的作用是什么？参数是什么？

在邮箱项目中需要创建数据库 email，然后在数据库中创建数据表 usermsg 来保存注册信息，以及创建数据表 emailmsg 来保存邮件信息。本节将介绍数据库 email 的创建、数据表 usermsg 的创建等操作，数据表 emailmsg 的创建将在任务 7 中介绍。

PHP 提供了优异的 MySQL 数据库支持，用于操作 MySQL 的函数都是 PHP 的标准内置函数。

PHP 提供的访问 MySQL 数据库的函数很多，本节只介绍几个常用的函数。

5.3.1 mysqli_connect()及相关函数

在 PHP 程序中操作 MySQL 数据库中的数据，首要操作就是连接数据库服务器，也就是建立一条 PHP 程序到 MySQL 数据库之间的“通道”，实现该功能需要使用 mysqli_connect()函数。

微课 5-7 mysqli_connect() 及相关函数

函数格式：mysqli_connect(host, username, password, dbname, port, socket)

参数 host，可选，规定主机名或 IP 地址。

参数 username，可选，规定 MySQL 用户名。

参数 password，可选，规定 MySQL 密码。

参数 dbname，可选，规定默认使用的数据库。

参数 port，可选，规定尝试连接到 MySQL 服务器的端口号。

参数 socket，可选，规定 socket 或要使用的已命名 pipe。

该函数在应用之后会返回一个到 MySQL 服务器的连接对象。

连接成功之后，可以使用函数 mysqli_get_server_info(connection)获取 MySQL 服务器的版本信息，可以使用函数 mysqli_get_host_info(connection)返回 MySQL 服务器的主机名和连接类型。若连接失败，则可以使用函数 mysqli_connect_errno()获取错误编号，还可以使用函数 mysqli_connect_error()获取错误信息。

【例 5-1】创建 mysql.php 文件，编写代码连接 MySQL 数据库，同时打开集成环境中 MySQL 系统自带的数据库 mysql。若操作成功，则输出“数据库连接成功”，同时输出服务器主机名称、连接类型和 MySQL 服务器的版本信息，否则输出“数据库连接失败”，同时输出错误编号和错误信息。

代码如下。

```
1: <?php
2:   $conn = mysqli_connect('localhost', 'root', '', 'mysql');//数据库存在
3:   if ( !$conn ) {
4:       die("数据库连接失败，错误编号是：" . mysqli_connect_errno() . "<br />错误信息是：
```

```
" . mysqli_connect_error());
5:   }
6:   else {
7:       echo "数据库连接成功，主机信息是：" . mysqli_get_host_info($conn);
8:       echo "<br />MySQL 服务器版本是：" . mysqli_get_server_info($conn);
9:   }
10: ?>
```

数据库连接成功时，运行效果如图 5-7 所示。

图 5-7　mysql.php 数据库连接成功的运行效果

若将第 1 个参数 localhost 改成错误的写法，如改为 localhst，则运行效果如图 5-8 所示（是在 phpStudy 环境下的运行效果）。

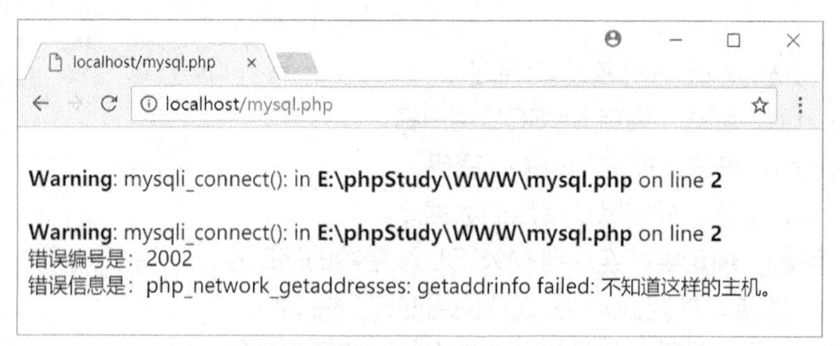

图 5-8　mysql.php 主机名称错误时的运行效果

若将第 2 个参数 root 改成错误的写法，如改为 rot，则运行效果如图 5-9 所示。

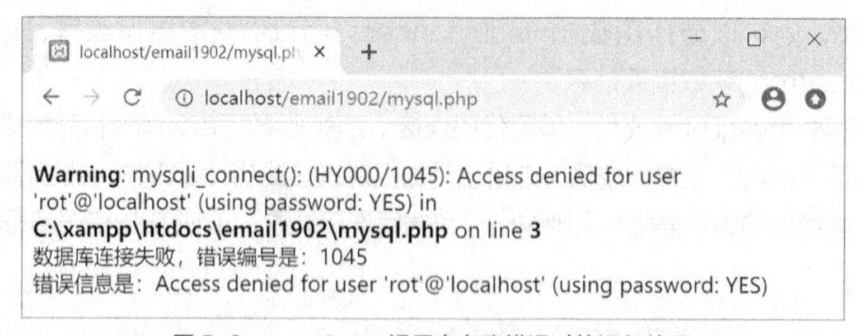

图 5-9　mysql.php 根用户名称错误时的运行效果

错误信息“Access denied for user 'rot'@'localhost'”的含义是用户 rot 访问 localhost 的操作被拒绝。

若将第 3 个参数密码由原本没有密码的状态改成错误的密码，如改为“rot”，则运行效果如图 5-10 所示。

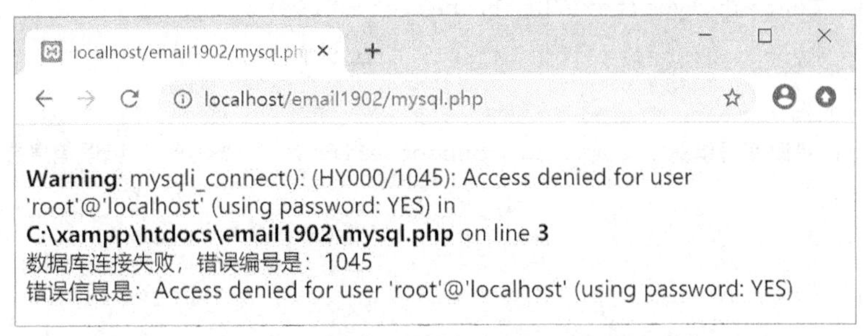

图 5-10　mysql.php 根用户密码错误时的运行效果

密码错误和用户名错误的提示信息基本相同。

若将第 4 个参数数据库名称改成不存在的数据库名，如改成“test1”，则会提示“Unknown database 'test1'”，即“不知道的数据库 test1”，运行效果如图 5-11 所示。

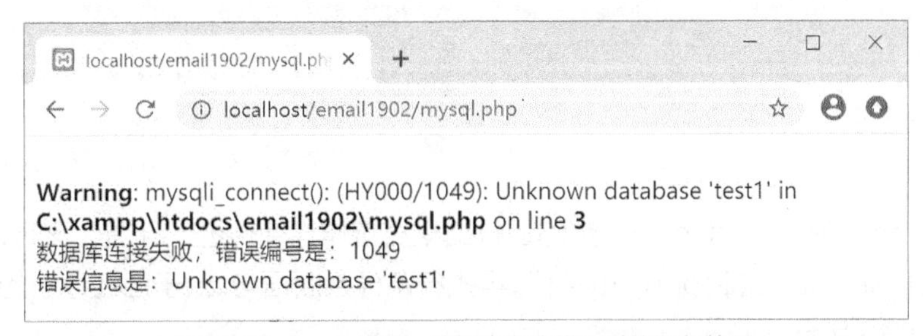

图 5-11　mysql.php 数据库名称错误时的运行效果

5.3.2　mysqli_select_db()函数

mysqli_select_db()函数的功能可以理解为两方面：选择打开指定的数据库和更改已经选择的数据库。在建立 MySQL 数据库连接时，若 mysqli_connect()函数中没有指定要访问的数据库名称，则在连接成功之后，需要使用 mysqli_select_db()函数选择并打开要操作的数据库，之后才能对这个数据库中的数据表进行增删查改等各种操作。若在建立 MySQL 数据连接时指定了要访问的数据库，则可以使用函数 mysqli_select_db()更改指定的数据库。

该函数需要使用两个参数，格式如下。

mysqli_select_db(connection, dbname)

参数 connection，必需，规定要使用的 MySQL 连接。

参数 dbname，必需，表示要打开的数据库。

使用该函数之后，会返回一个布尔值，若成功打开数据库则返回 true，否则返回 false。

【例 5-2】修改 mysql.php 文件，在连接 MySQL 时不指定要访问的数据库，连接成功之后，打开指定的数据库 mysql。若打开成功，则输出“打开数据库 mysql 成功”，否则输出“打开数据库 mysql 失败”。

修改后的 mysql.php 文件代码如下。

```
1: <?php
2:   header("Content-Type:text/html;charset=utf8");
3:   $conn = mysqli_connect('localhost', 'root', '');
4:   if( !$conn ) {
5:       die("错误编号是: " . mysqli_connect_errno() . "<br />错误信息是: " . mysqli_
connect_error());
6:   }
7:   else {
8:       if (mysqli_select_db($conn,'mysql')) {
9:           echo "打开数据库 mysql 成功<br />";
10:      }
11:      else {
12:          echo "打开数据库 mysql 失败<br />";
13:      }
14:   }
15: ?>
```

代码解释：

第 8 行，将 mysqli_select_db()函数的运行结果直接作为条件进行判断，该行代码的执行过程是先执行 mysqli_select_db($conn,'mysql')，再执行条件判断语句。对于已经存在的数据库 mysql，运行效果如图 5-12 所示。

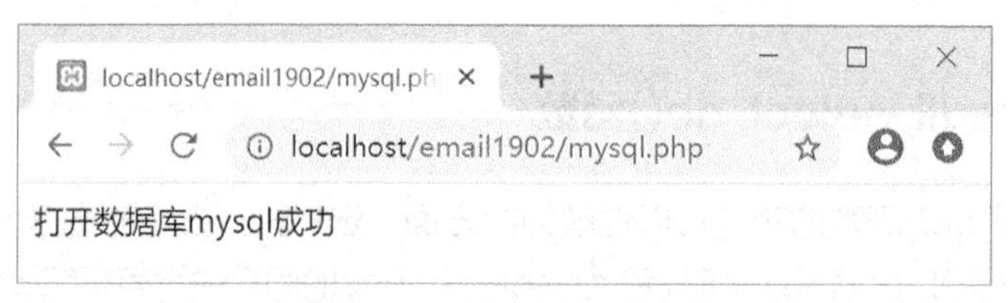

图 5-12　mysql.php 运行效果

5.3.3　mysqli_query()函数

连接 MySQL 成功之后，需要完成的操作通常包含如下几项。

（1）创建一个 MySQL 数据库。

（2）创建一个 MySQL 数据表。

（3）定义对数据表进行增删查改的操作语句，并执行语句。

完成其中任何一种操作，都需要定义并执行 SQL 语句，执行这些 SQL 语句需要使用 mysqli_query()函数，该函数通常会使用两个参数，格式如下。

mysqli_query(connection, SQL)

参数 connection，必需，规定要使用的 MySQL 连接。

参数 SQL，必需，表示定义的 SQL 语句。

该函数的返回结果说明如下。

若操作失败，则返回 false；若成功执行 SELECT、SHOW、DESCRIBE 或 EXPLAIN 查询，则返回 mysqli_result 对象，即查询结果记录集；若成功执行其他操作，则返回 true。

下面分别从创建数据库 email、在数据库 email 中创建数据表 usermsg、向数据表 usermsg 中插入记录 3 个方面介绍应用函数 mysqli_query()，注意观察该函数的执行效果。

1. 创建数据库 email

【例 5-3】创建 create_DB_email.php 文件，在连接 MySQL 成功之后，定义 SQL 语句，创建数据库 email，若创建成功，则输出“成功创建数据库 email”，否则输出“创建数据库 email 失败”。

代码如下。

```
1: <?php
2:   header("Content-Type:text/html;charset=utf8");
3:   $conn = mysqli_connect('localhost', 'root', '');
4:   if ( !$conn ) {
5:   die("错误编号是: ".mysqli_connect_errno() . "<br />错误信息是: " . mysqli_
connect_error());
6:   }
7:   else {
8:   $sql = "CREATE DATABASE email default charset = utf8";
9:   if ( mysqli_query($conn, $sql) ) {
10:        echo "成功创建数据库 email<br />";
11:  }
12:  else {
13:        echo "创建数据库 email 失败<br />";
14:  }
15:  }
16: ?>
```

代码解释：

第 8 行，定义 SQL 语句，创建数据库 email，同时设置在该数据库中使用的字符集编码是 UTF-8，这是为了保证能够在数据库中正确存储中文数据。

第 9 行，将 mysqli_query()函数的运行结果直接作为条件进行判断，该行代码的执行过程是先执行函数 mysqli_query($conn,$sql)，再执行条件判断语句，运行效果如图 5-13 所示。

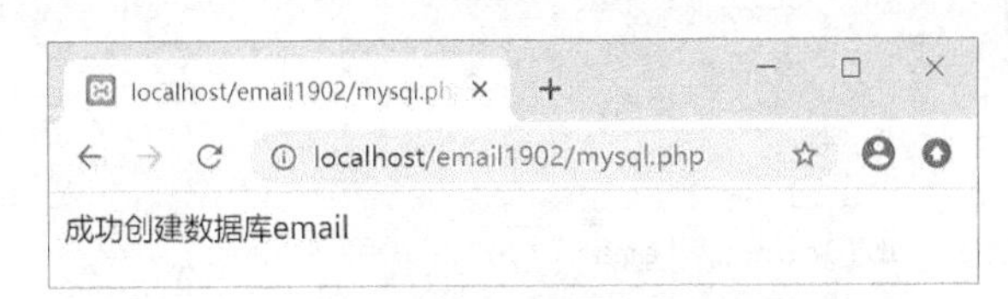

图 5-13　create_DB_email.php 文件运行效果

注意　代码运行成功之后数据库 email 已经存在，不可再运行，否则会显示“创建数据库 email 失败”的信息。

2. 在数据库 email 中创建数据表 usermsg

数据表 usermsg 用于保存用户注册时输入的邮箱地址、密码、手机号和注册日期信息，数据表中对应的列名、类型和长度等信息要求如表 5-1 所示。

表 5-1　数据表 usermsg 的结构

保存的信息	列名	类型和长度	是否允许为空	是否为主键
邮箱地址	emailaddr	varchar(18)	not null	是
密码	psd	varchar(16)	not null	
手机号	phoneno	varchar(11)		
注册日期	zhucedate	datetime	not null	

注意　因为用户注册时可以不输入手机号，所以数据表中的 phoneno 列允许为空。

思考问题：

数据表 usermsg 中的邮箱地址、密码和手机号为什么都使用 varchar 类型，而不使用 char 类型？

解答：

因为不同用户注册时，使用的邮箱地址和密码长度并不固定，若使用 char 类型，则无论实际数据的长度是多少，都要占用固定的空间，会造成存储资源浪费。所以为了节约数据库服务器的存储空间，应选用 varchar 类型。

手机号本身虽然是固定长度的，但是因为允许不输入手机号，所以也将其定义为 varchar 类型。

【例 5-4】创建 create_usermsg.php 文件，在连接 MySQL 成功并打开数据库 email 之后，定义 SQL 语句，创建数据表 usermsg，若创建成功，则输出“数据表 usermsg 创建成功”，否则输出“数据表 usermsg 创建失败”。

代码如下。

```
1: <?php
2:   header("Content-Type:text/html;charset=utf8");
3:   $conn = mysqli_connect('localhost', 'root', '');
4:   if ( !$conn ) {
5:       die("错误编号是：" . mysqli_connect_errno() . "<br />错误信息是：" . mysqli_
connect_error());
6:   }
7:   else {
8:      mysqli_select_db($conn, 'email');
9:      $sql = "CREATE TABLE usermsg(emailaddr VARCHAR(18) NOT NULL PRIMARY KEY, ";
```

```
10:     $sql=$sql . "psd VARCHAR(16) NOT NULL, phoneno VARCHAR(11), ";
11:     $sql=$sql . "zhucedate DATETIME NOT NULL)";
12:     if ( mysqli_query($conn, $sql) ) {
13:         echo "数据表 usermsg 创建成功<br />";
14:     }
15:     else {
16:         echo "数据表 usermsg 创建失败<br />";
17:     }
18:   }
19: ?>
```

代码解释：

可以去掉第 8 行代码，在第 3 行 mysqli_connect()函数最后增加参数 email，指定要访问的数据库。

第 9 行，定义创建数据表 usermsg 的 SQL 语句，指定列 emailaddr 的宽度最多为 18 个字符，不允许为空且为主键。

第 10 行，指定列 psd 的宽度最多为 16 个字符，不允许为空；指定列 phoneno 的宽度最多为 11 个字符。

第 11 行，指定列 zhucedate 为日期和时间型，不允许为空。

第 12 行，执行 SQL 语句，并判断执行是否成功。

创建数据表成功时，运行效果如图 5-14 所示。

图 5-14　create_usermsg.php 文件运行效果

3. 向数据表 usermsg 中插入记录

【例 5-5】创建文件 insert_usermsg.php，在连接 MySQL 数据库成功并打开数据库 email 之后，定义插入语句向数据表 usermsg 中插入一条记录，4 个字段的列值分别为“zhangpeipei”“peipei11”“1357*******”“2018-04-09 10:04”。

代码如下。

```
1: <?php
2:   header("Content-Type:text/html;charset=utf8");
3:   $conn = mysqli_connect('localhost', 'root', '', 'email');
4:   if ( !$conn ) {
5:       die("错误编号是：" . mysqli_connect_errno() . "<br />错误信息是：" . mysqli_
connect_error());
6:   }
7:   else {
```

```
8:      $sql = "insert into usermsg value('zhangpeipei', 'peipei11', '1357*******',
'2018-04-09 10:04')";
9:      if ( mysqli_query($conn, $sql) ) {
10:         echo "向数据表 usermsg 插入记录成功<br />";
11:     }
12:     else {
13:         echo "向数据表 usermsg 插入记录失败<br />";
14:     }
15:  }
16: ?>
```

记录插入成功时的运行效果如图 5-15 所示。

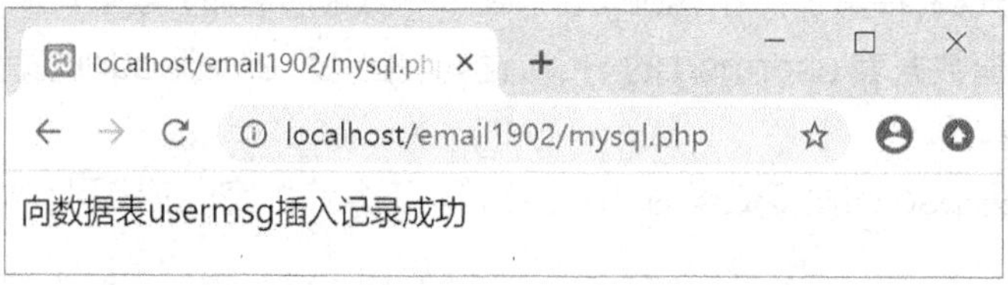

图 5-15　insert_usermsg.php 文件运行效果

5.3.4　mysqli_num_rows()函数

对数据表进行查询操作之后，通常需要获取查询结果记录集中的记录数，用于判断查询结果是否存在，或者用于控制输出查询结果数据的次数。获取查询结果记录集中的记录数需要使用 mysqli_num_rows()函数，该函数只需要一个参数，格式如下。

mysqli_num_rows(resultset)

参数 resultset 表示查询结果记录集。

mysqli_num_rows()函数应用举例如下。

【例 5-6】创建 get_rows_usermsg.php 文件，连接 MySQL 并打开数据库 email 之后，设计查询语句，查询数据表 usermsg 中的全部记录，并输出记录数。

代码如下。

```
1: <?php
2:   header("Content-Type:text/html;charset=utf8");
3:   $conn=mysqli_connect('localhost', 'root', '', 'email');
4:   if ( !$conn ) {
5:       die("错误编号是：" . mysqli_connect_errno() . "<br />错误信息是：" . mysqli_
connect_error());
6:   }
7:   else {
8:       $sql = "select * from usermsg";
```

```
9:      if ( $res = mysqli_query($conn,$sql) ) {
10:          echo "查询数据表 usermsg 成功<br />";
11:          $rows = mysqli_num_rows($res);
12:          echo "数据表 usermsg 中的记录数为{$rows}<br />";
13:       }
14:       else {
15:          echo "查询语句有错误，查询没有成功<br />";
16:       }
17:   }
18: ?>
```

因为在例 5-5 中已经向数据表 usermsg 中插入了一条记录，里面的记录数为 1，所以当查询成功时，代码运行效果如图 5-16 所示。

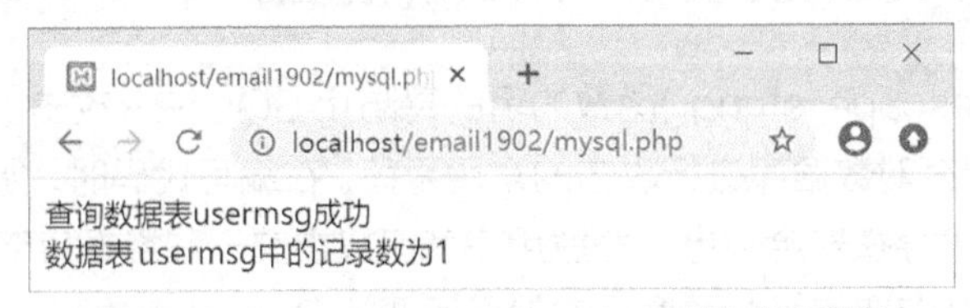

图 5-16　get_rows_usermsg.php 文件的运行效果

若第 8 行代码的 SQL 语句存在问题，如将关键字“from”误写为“form”，则代码运行效果如图 5-17 所示。

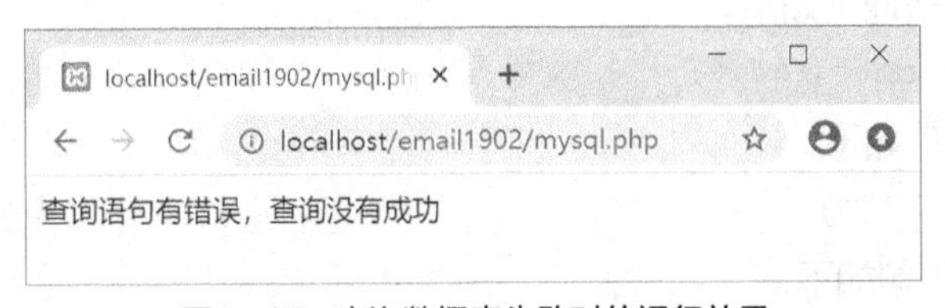

图 5-17　查询数据表失败时的运行效果

如果文件 get_rows_usermsg.php 中代码的第 9～16 行被换成如下形式：

```
$res = mysqli_query($conn, $sql);
$rows = mysqli_num_rows($res);
echo "数据表 usermsg 中的记录数为{$rows}<br />";
```

即不判断 mysqli_query()函数的执行结果，直接获取查询结果记录集中的记录数并输出，此时，若第 8 行代码的 SQL 语句存在问题，则运行效果如图 5-18 所示。

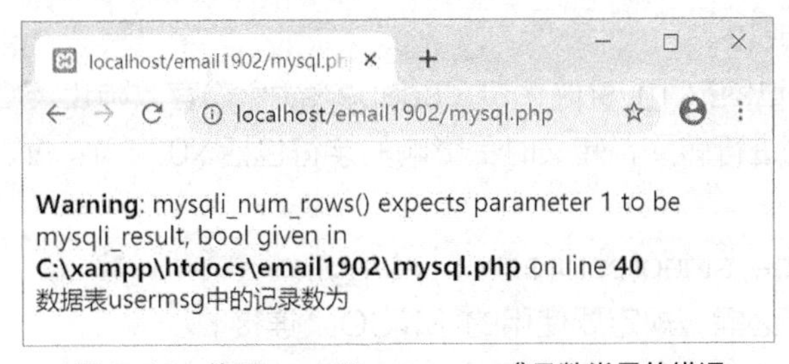

图 5-18　使用 mysqli_num_rows()函数常见的错误

若运行界面中出现图 5-18 所示的错误信息，则通常是因为设计的查询语句有错误。错误的查询语句无法执行得到查询结果记录集的操作，此时 mysqli_query()返回的结果是布尔值 false，这会导致执行函数 mysqli_num_rows()时需要的查询结果记录集参数不存在，所以系统提示该函数需要一个 mysqli_result 记录集参数，但是给定的是布尔值。

> **注意** 在 mysqli 系列函数中还存在一个 mysqli_real_query()函数，该函数也用于执行 SQL 语句，但无论该函数执行的是何种操作对应的 SQL 语句，函数的返回结果都只是 true 或 false。所以要得到查询结果记录集，并在此基础上进行其他操作，必须使用函数 mysqli_query()执行查询操作。

5.3.5 mysqli_real_escape_string()函数

应用 mysqli_real_escape_string()函数的目的是防止 SQL 注入攻击。

SQL 注入攻击是黑客对数据库进行攻击的常用手段。在编写代码时，如果没有判断用户输入数据的合法性，使应用程序存在安全隐患，恶意用户就可以提交一段数据库查询代码，从而根据程序返回的结果获得他想恶意获取的某些数据，这就是所谓的 SQL 注入攻击。

例如，邮箱登录时进行身份验证的 SQL 语句如下。

```
$sql="select * from usermsg where (emailaddr = '$emailaddr') and (psd = '$psd')"
```

用户恶意填写的邮箱地址如下。

```
$emailaddr = " ' OR ' '=' ";
```

恶意填写的密码信息如下。

```
$psd = " ' OR ' '=' ";
```

此时得到的 SQL 语句如下。

```
$sql="select * from usermsg where ( emailaddr = ' ' OR ' '=' ' ) and ( psd =          '
' OR ' '=' ' ) "
```

此时查询条件(emailaddr = ' ' OR ' '=' ')中 OR 后面部分是两个空格进行比较，是相等的，所以这个条件的结果为真，同样，条件(psd = ' ' OR ' '=' ')的结果也为真。所以整个查询条件是成立的，这意味着任何用户都无须输入合法的账号和密码即可登录。

如果恶意填写的邮箱地址和密码信息为“wang' OR 'a'='a”，条件一样会成立，只要输入内容中的单引号和原来 SQL 语句条件中的单引号能够匹配不出现语法错误，OR 后面等号两边的字符又是一致的，就可以匹配成功。

在 PHP 中可以通过函数 mysqli_real_escape_string()有效防止 SQL 注入攻击，方法是将 SQL 语句中的特殊字符进行转义，转义时受影响的字符包括\x00、\n、\r、\、'、"、\x1a。

函数格式如下。

mysqli_real_escape_string(connection, string)

参数 connection，必需，规定要使用的 MySQL 连接。

参数 string，必需，规定要转义的字符串。

使用函数 mysqli_real_escape_string(" ' OR ' '=' ") 转义字符串之后的结果为“\' OR \' \'=\'”，此时得到的查询条件 where (emailaddr = '\' OR \' \'=\'') and (psd = '\' OR \' \'=\'')不成立。对于输入的字符串“wang' OR 'a'='a”来说，得到的查询条件 where (emailaddr = 'wang\' OR \' a\'=\'a') and (psd ='wang\' OR \' a\'=\'a')也是不成立的。

5.3.6 mysqli_close()函数

通过任何 PHP 文件访问数据库完成之后都需要关闭当前的数据库连接，这时需要使用 mysqli_close()函数，该函数只需要一个参数，格式如下。

mysqli_close(connection)

参数 connection：必需，表示规定要使用的 MySQL 连接。

本小节只介绍上述几个函数，其他常用函数会在后文必要时再详细讲解。

任务 5-4 使用数据库保存注册信息

需要解决的核心问题

- 注册邮箱地址时可使用何种技术完成邮箱地址的查重？这种技术的核心是什么？
- 创建 XMLHttpRequest 对象实例时需要考虑什么问题？
- XMLHttpRequest 对象有哪些属性？属性各种取值的含义是什么？
- XMLHttpRequest 对象有哪些事件？这些事件各在什么时候被触发？
- XMLHttpRequest 对象有哪些方法？它们各自的作用是什么？
- 服务器端如何确定某个邮箱地址是否已经被使用？
- md5()加密函数的格式和返回值是什么？

5.4.1 使用 AJAX 检查邮箱地址的唯一性

所有用户注册的邮箱地址在数据库中要求必须是唯一的，对这种唯一性的检测需要访问数据库来完成，因此必须由服务器进行，检测应在用户改变“邮箱地址”文本框内容之后立即完成，而不必在将表单所有元素数据都提交到服务器之后再进行。为了满足这种检测需求，需要使用 AJAX(Asynchronous JavaScript and XML，异步 JavaScript 和 XML) 技术。

邮箱地址重复注册时的效果如图 5-19 所示。

AJAX 技术是一种创建交互式网页应用的网页开发技术，核心是 JavaScript 中的 XMLHttpRequest 对象，该对象用于在后台与服务器交换数据，这意味着可以在不重新加载整个网页的情况下，对网页中某个部分的内容进行更新。

素养提示 AJAX 的异步处理提高了开发的效率。我们也应合理配置资源、协同工作，有团队合作意识。

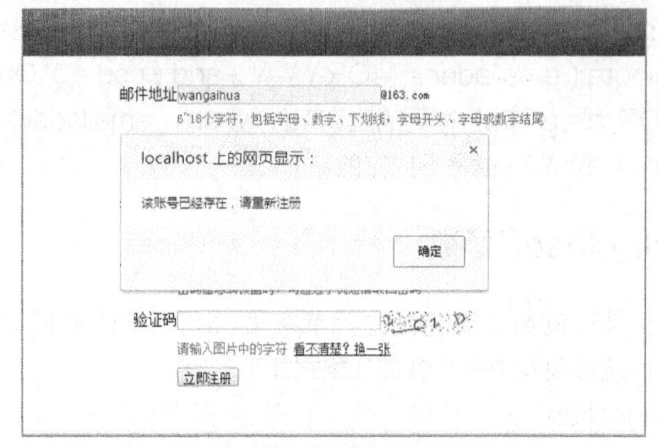

图 5-19　邮箱地址重复注册时的效果

1. 创建 XMLHttpRequest 对象

微课 5-8　Ajax 中 XMLHttpRequest 对象

XMLHttpRequest 对象在不同浏览器中的实现方式分为两种情况：IE 把 XMLHttpRequest 实现为 ActiveX 对象（ActiveXObject）；其他浏览器则把它实现为本地的 JavaScript 对象。因此在创建对象实例时，必须考虑不同浏览器的兼容性问题。

在 zhuce.js 中定义函数 createXML(),用于创建 XMLHttpRequest 对象实例，若创建成功，则直接返回对象实例，否则返回 false，代码如下。

```
1: function createXML() {
2:   var xml = false;
3:   if ( window.ActiveXObject ) {
4:     try {
5:       xml = new ActiveXObject("Msxml2 . XMLHTTP");
6:     }
7:     catch (e) {
8:        try {
9:          xml = new ActiveXObject("Microsoft . XMLHTTP");
10:       }
11:       catch (e) {
12:         xml = false;
13:       }
14:     }
15:   }
16:   else if ( window . XMLHttpRequest) {
17:     xml = new XMLHttpRequest();
18:   }
19:   return xml;
20: }
```

代码解释：

第 2 行，变量 xml 表示要创建的 XMLHttpRequest 对象实例，初始值设置为 false，若函数执行结束时没有成功创建对象实例，则直接返回该 false 取值。

第 3 行，若 window. ActiveXObject 条件成立，则说明当前使用的是 IE，支持 ActiveX 控件。

第 4～14 行，通过嵌套的 try{...}catch(e)结构尝试在 IE 中创建 XMLHttpRequest 对象实例，若创建不成功，则使用 catch(e)捕获错误，并使用后续代码进行错误处理。

第 5 行，xml = new ActiveXObject("Msxml2 . XMLHTTP")表示在较高版本的 IE 中使用该代码创建 XMLHttpRequest 对象实例。

第 7 行，catch(e)表示若第 5 行代码创建 XMLHttpRequest 对象实例没有成功，则使用 catch(e)捕获错误，并使用第 8～13 行代码进行错误处理。

第 9 行，xml = new ActiveXObject("Microsoft . XMLHTTP")表示在 IE7 之前的浏览器中使用该代码创建 XMLHttpRequest 对象实例。

第 16 行，若 window . XMLHttpRequest 条件成立，则说明当前使用的不是 IE。

第 17 行，在非 IE 中创建 XMLHttpRequest 对象实例。

2. XMLHttpRequest 对象的属性和事件

XMLHttpRequest 对象拥有多个属性、方法和事件，以方便进行脚本处理和控制 HTTP 请求与响应。

（1）readyState 属性。

当 XMLHttpRequest 对象把 HTTP 请求发送给服务器时将要经历 5 种状态，之后才能接收响应。每种状态对应的值分别是 0、1、2、3、4，这些状态值要通过属性 readyState 获取，对 AJAX readyState 的 5 种状态值的说明如下。

- 0：未初始化，还没有调用 send()方法。
- 1：载入，已调用 send()方法，正在发送请求。
- 2：载入完成，send()方法执行完成，已经接收到全部响应内容。
- 3：交互，正在解析响应内容。
- 4：完成，响应内容解析完成，可以在客户端调用。

（2）readystatechange 事件。

无论 readyState 值何时变化，XMLHttpRequest 对象都会触发一个 readystatechange 事件，当该事件被激活时，使用代码 xml.onreadystatechange=function(){...}执行匿名回调函数。每次执行都要判断属性 readyState 的值是否为 4，属性 status 的值是否为 200，若这两个条件同时成立，则表示此次“交易”成功，浏览器端将获取并处理服务器端的应答信息。

（3）responseText 属性。

该属性包含客户端接收到的 HTTP 响应的文本内容。

当 readyState 的值为 0、1 或 2 时，responseText 会包含一个空字符串。当 readyState 的值为 3（正在接收）时，响应中包含客户端还未完成的响应信息。当 readyState 的值为 4（已加载）时，该 responseText 包含完整的响应信息。

（4）status 属性。

该属性描述了 HTTP 状态码（一共有 41 个状态码，本书不详细介绍），而且其类型为短整型。

仅当 readyState 的值为 3（正在接收）或 4（已加载）时，该属性才可用。当 readyState 的值小于 3 时，存取 status 的值将会引发异常。

3. XMLHttpRequest 对象的方法

XMLHttpRequest 对象提供了各种方法用于初始化和处理 HTTP 请求。

（1）open()方法。

功能说明：该方法用于初始化请求参数，供 send()方法使用。

格式：open(method, url, boolean)

参数 method 的常用取值是 POST 或者 GET，两者传递数据的方式不同（具体格式后面结合 send()方法进行说明）。

参数 url 指定请求服务器端要执行的文件。

参数 boolean 指定此请求是否为异步方式，默认为 true，表示请求是异步的，说明脚本执行 send()方法后不等待服务器的执行结果，而是继续执行脚本代码。若将参数设置为 false，则服务器请求是同步进行的，也就是脚本执行 send()方法后会等待服务器返回执行结果，若等待超时，则不再等待，继续执行后面的脚本代码。

调用 open()方法后，XMLHttpRequest 对象会把它的 readyState 属性设置为 1，并且把其他属性恢复到它们的初始值。

（2）send()方法。

功能说明：在通过调用 open()方法准备好一个请求之后，需要使用 send()方法把该请求发送到服务器。

格式：send(null || data)

参数是使用 null 还是 data，取决于 open()方法中的 method 参数的取值是 GET 还是 POST。

- method 参数的取值为 GET 时，要提交检测的数据需要写到 open()方法的 url 参数中，此时 send()方法的参数设置为 null，例如，下面的代码片段。

```
var url = "check.php? emailaddr = " + emailAddr;
xml = createXML();
xml . open("GET", url, true);
xml . send (null );
```

在 url 指定的文件 check.php 之后以问号?开始，后面跟随要提交检测的数据，格式为“?键名 = 键值”，键名为 emailaddr，键值是 JavaScript 脚本变量 emailAddr 的取值；在设定 open()方法 method 参数的取值为 GET 之后，使用 send()方法时参数为 null。

- method 参数的取值为 POST 时，要提交的数据将作为 send()方法的参数传递给服务器，此时需要设定 Content-Type 头信息，这样服务器才知道如何处理上传的内容，设置头信息前必须先调用 open()方法，例如，下面的代码片段。

```
var url = "check.php";
var postStr = "emailaddr = " + emailAddr;
var xml = createXML();
xml . open("POST", url, true);
```

```
    xml.setRequestHeader("Content-Type","application/x-www-form-urlencoded;
charset=utf8");
    xml.send(postStr);
```

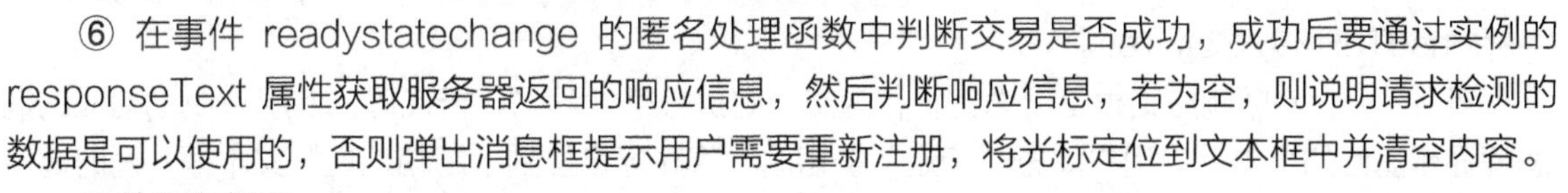

注意　仅当 readyState 值为 1 时，才可以调用 send()方法，否则 XMLHttpRequest 对象将引发异常。

4. 发送请求获取响应

（1）定义函数 check()。

在 zhuce.js 中定义函数 check()，为要与之通信的服务器资源创建 URL，执行回调函数，取得返回数据，并在指定位置显示该数据。具体功能描述如下。

微课 5-9　使用 Ajax 检查邮件地址的唯一性

① 获取浏览器端要上传的数据。

② 调用函数 createXML()得到 XMLHttpRequest 对象的实例。

③ 通过实例应用方法 open()，这里 method 参数设置为 POST。

④ 通过实例应用 setRequestHeader()方法，设置请求的头信息。

⑤ 通过实例应用 send()方法，将请求发送给服务器。

⑥ 在事件 readystatechange 的匿名处理函数中判断交易是否成功，成功后要通过实例的 responseText 属性获取服务器返回的响应信息，然后判断响应信息，若为空，则说明请求检测的数据是可以使用的，否则弹出消息框提示用户需要重新注册，将光标定位到文本框中并清空内容。

函数代码如下。

```
1: function check() {
2:   var emailTxt = document . getElementById('emailaddr');
3:   var emailAddr = emailTxt . value;
4:   var url = "check.php";
5:   var postStr = "emailaddr = " + emailAddr;
6:   var xml = createXML();
7:   xml.open("POST", url, true);
8:   xml.setRequestHeader("Content-Type","application/x-www-form-urlencoded;
charset=utf8");
9:   xml.send(postStr);
10:  xml.onreadystatechange = function() {
11:      if ( xml.readyState == 4 && xml.status == 200 ) {
12:          var res = xml . responseText;
13:          if ( res != "" ) {
14:              alert(res);
15:              emailTxt . focus();
16:              emailTxt . value='';
17:          }
```

```
18:     }
19:   }
20: }
```

代码解释：

第 2 行，获取输入邮箱地址的文本框元素，并将其保存在变量 emailTxt 中。

第 3 行，获取用户输入的邮箱地址，并将其保存在变量 emailAddr 中。

第 4 行，指定服务器端将要执行的 PHP 文件，并将其保存在变量 url 中。

第 5 行，定义要发送给服务器的请求信息，将用户输入的邮箱地址发送给服务器，在服务器端通过键名 emailaddr 获取用户输入的邮箱地址。

第 6 行，执行函数 createXML()，创建 XMLHttpRequest 对象，并保存在变量 xml 中。

第 7 行，使用 xml 的 open()方法初始化 XMLHttpRequest 对象，为发送请求做好准备。

第 8 行，设置 xml 请求的头部信息。

第 9 行，使用 send()方法将请求信息发送到服务器端。

第 10～19 行，触发 readystatechange 事件时，执行匿名回调函数。每次执行都要判断属性 readyState 是否为 4，属性 status 是否为 200，满足条件时，执行第 12～18 行代码。

第 12 行，将 check.php 文件的响应结果使用代码 var res = xml.responseText;从属性 responseText 传入变量 res。

第 13 行，判断响应结果是否为空，若为空，则执行第 14～16 行代码，使用 alert()对应的消息框显示返回的文本，当用户单击“确定”按钮后，将光标定位到“邮箱地址”文本框，同时清空文本框内容。

（2）调用函数 check()。

函数 check()需要在用户输入邮箱地址之后调用，即改变 id 为 emailaddr 的文本框内容之后调用，因此要在该文本框中使用代码 onchange="check()"; 完成函数的调用。

此时调用函数无法实现相应功能，必须在创建其中指定的服务器端文件 check.php 之后，才能真正实现 AJAX 的功能。

5. 创建服务器端 check. php 文件

文件 check.php 用于检查数据库中是否存在已经注册的账号，若存在，则返回文本“该账号已经存在，请重新注册”。

> **注意** 因为 AJAX 中默认的返回字符的编码是 UTF-8，如果后台处理时编码为 GB2312，那么返回的数据为中文时会显示为乱码。

解决方案有两种，第一种直接将 check.php 文件的编码设置为 UTF-8，即后台处理字符集时直接使用 UTF-8，此时直接使用下面的代码即可。

```
1: <?php
2:   $emailaddr = $_POST['emailaddr'];
3:   $conn = mysqli_connect('localhost', 'root', '');
4:   mysqli_select_db($conn , 'email');
```

```
5:  $sql = "select * from usermsg where emailaddr = '{$emailaddr}'";
6:  $res = mysqli_query($conn , $sql);
7:  $rownum = mysqli_num_rows($res);
8:  if( $rownum == 1 ) {
9:      echo "该账号已经存在，请重新注册";
10:  }
11:  mysqli_close($conn);
12: ?>
```

代码解释：

第 2 行，获取用户通过 XMLHttpRequest 对象的 send()方法发送的请求，并保存在变量$emailaddr 中。

第 3 行，连接数据库，生成标识符变量$conn。

第 4 行，打开数据库 email。

第 5 行，设计查询语句，使用变量$sql 保存，查询 usermsg 表中 emailaddr 列值为用户注册的邮箱地址$emailaddr 的记录。

第 6 行，执行查询语句，将查询结果保存在变量$res 中。

第 7 行，获取$res 记录集中的记录数，保存在变量$rownum 中。

第 8 行，判断$rownum 中的取值是否为 1，若为 1，则说明$emailaddr 中保存的账号已经注册过，则执行第 9 行代码，输出文本“该账号已经存在，请重新注册”，该文本将作为 XMLHttpRequest 对象的属性 responseText 的取值返回到浏览器端。

解决 AJAX 返回中文字符乱码的第二种方案：在 check.php 文件开始处使用代码 header("content-Type:text/html; charset=utf8");将返回的字符的编码改为 UTF-8。两种解决方案的目的都是将 AJAX 返回字符的编码与后台处理字符的编码设置为一致。

思考问题：

第 7 行中获取的结果记录集中的记录数只可能是哪几个取值？为什么？

解答：

只可能是 0 或者 1，若该账号没有注册过，则记录数一定是 0；若注册过，则因为账号不能重复存在，所以只能使用一次，记录数一定是 1。

5.4.2 保存注册信息

修改 zhuce.php 文件，在判断验证码之前增加代码，获取用户注册时的日期和时间信息，然后在验证码判断正确之后增加代码，实现如下功能。

（1）连接 MySQL 数据库。

（2）打开 email 数据库。

（3）定义插入语句，将用户的注册信息及注册的日期和时间信息保存到 usermsg 表中。

修改之后，完整的 zhuce.php 文件代码如下，其中斜体部分是当前增加的代码。

```
1: <?php
```

```
2:  session_start();
3:  $emailaddr = $_POST['emailaddr'];
4:  $psd = $_POST['psd1'];
5:  $phoneno = $_POST['phoneno'];
6:  $useryzm = $_POST['useryzm'];
7:  $yzmchar = $_SESSION['string'];
8:  $zhucedate = date('Y-m-d H:i');
9:  if (strtoupper($useryzm) == $yzmchar ) {
10:     $conn = mysqli_connect('localhost' ,'root' ,'');
11:     mysqli_select_db($conn, 'email');
12:     $sql="insert into usermsg values('{$emailaddr}', '{$psd}', '{$phoneno}',
'{$zhucedate}')";
13:     mysqli_query($conn, $sql);
14:     mysqli_close($conn);
15:     echo "尊敬的用户您好，您注册的信息如下。<br />";
16:     echo "邮箱地址是：{$emailaddr}<br />";
17:     echo "密码是：{$psd}<br />";
18:     echo "手机号是：{$phoneno}<br />";
19:  }
20:   else {
21:      include 'zhuce.html';
22:      echo "<script>";
23:      echo "document.getElementById('emailaddr').value = '{$emailaddr}';";
24:      echo "document.getElementById('psd1').value = '{$psd}';";
25:      echo "document.getElementById('psd2').value = '{$psd}';";
26:      echo "document.getElementById('phoneno').value = '{$phoneno}';";
27:      echo "document.getElementById('useryzm').placeholder = '验证码输入错误，请重
新输入';";
28:      echo "document.getElementById('useryzm').className = 'inp';";
29:      echo "</script>";
30:   }
31: ?>
```

代码解释：

第 8 行，在 date()函数中使用格式串'Y-m-d H:i'获取当前服务器中的日期和时间信息，例如，获取到的信息是“2018-06-12 09:32”，并使用变量$zhucedate 保存。

第 9 行和第 19 行是判断验证码输入正确时代码块开始与结束的位置。

第 12 行，定义插入语句，使用变量$sql 保存，将用户的注册信息插入数据表 usermsg。

第 13 行，执行插入语句。

第 15～18 行，输出用户的注册信息。

5.4.3 md5()函数——加密

1. md5()函数

当前很多网站提供的一些功能，用户若想使用，都必须先注册，按照 5.4.2 小节中的做法保存用户注册信息时存在这样一个问题：只要有人能够打开数据库 email，就能够很轻松地获取用户邮箱的账号和密码，从而很轻松地登录到用户的邮箱中随意窃取数据，例如，网管就有这个特权。为了避免这种问题发生，在注册之后保存数据时，都需要将密码数据加密之后再保存到数据库中，在 PHP 中可以使用函数 md5()来实现这一功能。

素养提示 将密码加密保护了用户信息。在项目开发中，要有安全第一，客户至上的匠心精神。

函数格式：md5(string, raw)

参数 string，必需，指定要进行转换的字符串。

参数 raw，可选，规定十六进制或二进制输出格式。该参数取值为 true 时，输出格式为原始 16 个字符的二进制数；取值为 false 时，输出格式为 32 个字符的十六进制数，false 为默认取值。

md5()函数是进行单向加密的，有两个特性很重要，第一个特性是任意两段明文数据加密以后的密文不能是相同的；第二个特性是任意一段明文数据经过加密以后，其结果必须是永远不变的。前者的意思是不可能有任意两段明文数据加密以后得到相同的密文，后者的意思是任何时候加密一段特定的数据，得到的密文一定是相同的。

2. 修改 usermsg 表和 zhuce.php 文件

（1）修改 usermsg 表。

在 usermsg 表中，初始定义的密码列 psd 的最大长度为 16 个字符，使用 md5()加密处理之后，得到的结果是 32 个字符的十六进制数，因此需要将该列的最大长度修改为 32 个字符。

【例 5-7】创建文件 update_usermsg.php，修改列 psd 的宽度为 32 个字符，代码如下。

```
1: <?php
2:   header("Content-Type:text/html;charset=utf8");
3:   $conn = mysqli_connect('localhost', 'root', '');
4:   if ( !$conn ) {
5:     die("错误编号是: " . mysqli_connect_errno() . "<br />错误信息是: " . mysqli_
connect_error());
6:   }
7:   else {
8:     mysqli_select_db($conn, 'email');
9:     $sql = "alter table usermsg modify column psd VARCHAR(32)";
```

```
10:    if ( mysqli_query($conn, $sql) ) {
11:       echo "数据表 usermsg 修改成功<br />";
12:    }
13:    else {
14:       echo "数据表 usermsg 修改失败<br />";
15:    }
16:  }
17: ?>
```

代码解释：

第 9 行，在 MySQL 数据库中，更改数据表列的属性，需要使用“alter table 表名 modify column 列名属性”的格式来实现。

程序运行结果如图 5-20 所示。

图 5-20　文件 update_usermsg.php 运行效果

（2）修改 zhuce.php 文件。

在 zhuce.php 文件的第 4 行代码$psd = $_POST['psd1']; 后面增加代码$psd1=md5($psd);，将原来第 12 行代码（插入数据的 SQL 语句）$sql="insert into usermsg values('$emailaddr', '$psd','$phoneno','$zhucedate')"; 中的变量$psd 换为$psd1。

完成上述修改之后，若用户注册时输入的密码是 dong11%，则加密后得到的密码串是 4bf9df247a49fd6f21d224469a2fa2e7。

小结

本任务的内容涉及邮箱注册界面的设计，注册界面中表单数据验证功能的实现，图片验证码的创建、插入、刷新，验证码的验证，数据库的创建，判断和保存用户注册数据等功能的实现。其中创建的文件如下。

（1）用于设计注册界面的样式文件 zhuce.css 和页面文件 zhuce.html。

（2）用于进行表单数据验证的脚本文件 zhuce.js。

（3）用于生成图片验证码的 PHP 文件 yzm.php。

（4）用于服务器端接收、处理注册数据的 PHP 文件 zhuce.php。

（5）用于判断邮箱地址重复性的 PHP 文件 check.php。

整个任务结束后，要注册账号时，只需要使用 http://localhost/email1902/zhuce.html 地址运行 zhuce.html 文件即可，其余 5 个文件除 check.php 之外，都要关联到 zhuce.html 文件中。

本任务除了使用 MySQL 数据库操作函数外，还使用了字符串的大小写转换函数，更多的数据库操作函数和字符串操作函数读者可以扫码查阅。

扫码查阅 MySQL 数据库操作函数

扫码查阅常用的字符串操作函数

习题

一、选择题

1. 用于创建真彩色图像的函数是________。
   A. imagecreatetruecolor()　　B. imagecreate()
   C. imagecolorallocate()　　D. imagefill()
2. 用于为指定图像分配颜色的函数是________。
   A. imagecreatetruecolor()　　B. imagecreate()
   C. imagecolorallocate()　　D. imagefill()
3. 下面哪一个不是函数 imagettftext()的参数？________
   A. 字号　　B. 输出字符的角度
   C. 输出字符的颜色　　D. 加粗输出的字符
4. 函数 imagesetpixel()的作用是________。
   A. 在指定位置画一条线段　　B. 设置指定位置的单一像素
   C. 使用指定的颜色填充指定的区域　　D. 新建一个基于调色板的图像
5. 函数 array_merge()的作用是________。
   A. 定义一个指定内容范围的数组　　B. 定义一个数组
   C. 将指定的多个数组合并为一个大数组　D. 以上说法都不正确
6. 下列各种描述中，说法正确的是________。
   A. PHP 中生成的图片验证码是以 JPG、PNG、GIF 格式保存的
   B. 在生成图片验证码的文件中也可以使用 echo 输出其他字符
   C. 将生成图片验证码的 PHP 文件直接作为<img>标签的 src 属性值使用，即可将图片验证码插入页面
   D. 只能通过刷新整个页面来刷新页面中的图片验证码
7. 下面哪行代码可以完成图片验证码的刷新？________
   A. document.yzm.src = "yzm.php" + Math.random();
   B. document.yzm.src = "yzm.php?" + Math.random();
   C. document.yzm.src = "yzm.php?" + math.random();
   D. document.yzm.src = "yzm.php";
8. 下面哪一项不是系统数组？________
   A. $_FILE　　B. $_POST　　C. $_SESSION　D. $_GET
9. 下面关于系统数组的描述中，错误的是________。

A．我们已经接触过的所有系统数组都是通过键名来访问的

B．系统数组$_SESSION 的键名来自表单元素 name 属性的取值

C．$_SESSION 数组中的元素通常是在一个文件中定义，在另一个文件中访问

D．$_SESSION 数组中元素的键名是由用户在编写代码时根据需要独立定义的，与其他元素无关

10．下面关于 Session 机制的描述中，错误的是________。

A．服务器可以通过 SessionID 来区分各个不同用户

B．一旦某个页面向 Session 管道中提供了数据，当前网站在该页面之后执行的页面文件都可以根据需要从管道中获取该数据

C．不同网站的页面之间可以通过 Session 机制来传递数据

D．要提供数据的页面和要获取数据的页面都要启用 Session

11．使用 include 引用外部文件时，下列哪种做法是错误的？________

A．include("zhuce.html")　　B．include"zhuce.html"

C．include 'zhuce.html'　　D．include zhuce.html

12．PHP 中将小写字母转换为大写字母的函数是________。

A．strtoUpper()　　B．strtoupper()

C．strToUpper()　　D．strToupper()

13．关于 PHP 访问 MySQL 数据库的各种方法，下列说法中正确的是________。

A．在使用 mysqli_connect()连接 MySQL 时，不能同时完成数据库的选择与打开操作

B．mysqli_num_rows()的作用是获取查询结果记录集中的记录数，其参数可以省略

C．mysqli_select_db()的作用是选择打开指定的数据库，必须指定两个参数

D．mysqli_query()函数只能执行查询语句，不能执行插入、删除、更新语句

二、填空题

1．能够在同一网站不同页面之间传递数据的机制是________________，在程序代码开始处启用该机制需要使用的代码是________________。

2. 使用脚本设置“验证码”文本框中的文本为红色，需要的代码是 document.getElementById('useryzm').________.________='#f00'。

3. AJAX 的全称是________________，用于在后台与服务器交换数据的对象是________________，open()方法中的参数 method 取值为 GET 时，send()方法中的参数是________________。

任务6 实现163邮箱登录功能

06

完成邮箱注册拥有账号、密码之后，需要登录进入邮箱系统才能完成邮件的读写操作。本任务需要完成以下两个任务。

- 设计用于登录的表单界面。
- 设计接收并处理登录账号和密码的 PHP 文件，判断用户登录的账号和密码是否存在，若不存在，则给予错误提示，存在则进入邮箱主窗口界面。

素养要点

工匠精神 创新精神

任务 6-1 设计登录界面

需要解决的核心问题

- “账号或者密码错误，请重新输入”提示信息的初始样式效果如何？该信息何时显示？怎样显示？
- 如何设计包含用户名登录和手机号登录两个选项卡的登录界面？
- 如何实现选项卡的显示与隐藏功能？

本任务提供了两种登录界面的设计方案：第一种是只能以用户名和密码登录的普通登录界面；第二种是能够选择以用户名登录或手机号登录的 Tab 选项卡式登录界面。

6.1.1 设计普通登录界面

本任务将创建页面文件 denglu.html，设计图 6-1 所示的普通登录界面。

若输入的用户名或者密码有问题，则无法正常登录，会显示图 6-2 所示的界面。

1. 界面布局及样式要求

登录界面中需要使用的盒子及盒子的排列关系如图 6-3 所示。

各个盒子的内容及样式要求如下。

（1）类选择符.divw 的样式要求。

宽度为 370px，高度为 200px，上填充为 50px，其余填充为 0，上下边距为 0，左右边距为 auto（设置盒子在浏览器窗口中居中），边框为 1px、蓝色实线。

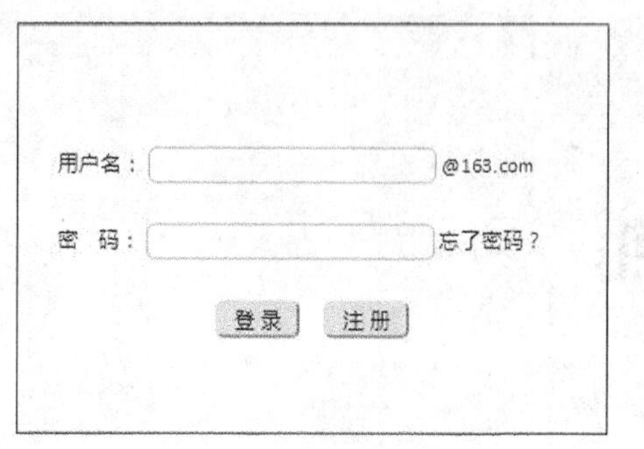

图 6-1　普通登录界面

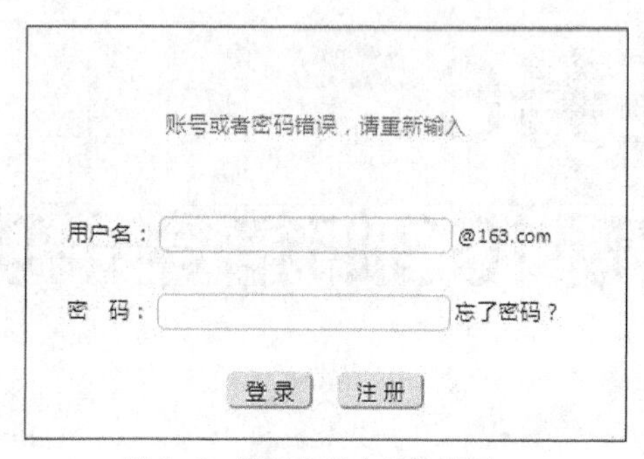

图 6-2　登录失败之后的界面

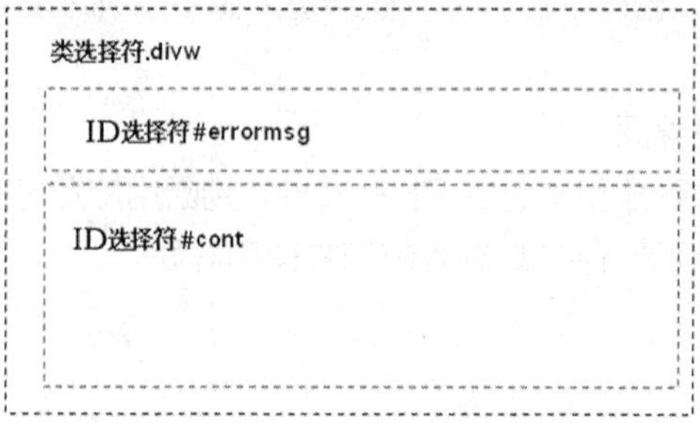

类选择符.divw

ID选择符#errormsg

ID选择符#cont

图 6-3　登录界面中使用的盒子的布局关系

元素<div class="divw">中包含上下两个 div，上面 div 的内容是设置了账号或者密码输入错误时要显示的错误提示信息，使用 ID 选择符#errormsg 定义；下面的 div 用于存放表单元素，使用 ID 选择符#cont 定义。

（2）ID 选择符#errormsg 的样式要求。

宽度为 200px，高度为 40px，填充为 0，上下边距为 0，左右边距为 auto（设置 div 在父元素<div class="divw">中水平居中对齐），div 的初始状态为隐藏，div 中的文本字号为 10pt，文本行高为 40px，文本颜色为红色。

（3）ID 选择符#cont 的样式要求。

宽度为 300px，高度为 160px，填充为 0，上下边距为 0，左右边距为 auto，div 中的文本字体为 Calibri（使用该字体是为了保证在各种不同的浏览器中，4 个空格占用的宽度都能等同于一个汉字占用的宽度），字号为 10pt。

在元素<div id="cont">内部使用段落标签控制表单元素的布局（也可以使用表格单元格控制布局），采用包含选择符#cont　p 定义段落标签的样式为：上下边距为 25px，左右边距为 0。

说明　隐藏元素<div id="errormsg">的初始状态使用 display:none;实现，将元素隐藏之后，被隐藏的元素不占用页面中的空间。

2. 表单元素要求

页面中需要定义的表单元素有 4 个，4 个元素使用 3 对段落标签来控制，各个表单元素的 name、id 及样式要求如下。

"用户名"文本框的 name 和 id 都定义为 emailaddr，样式要求为：宽度为 180px，高度为 16px，上下填充为 2px，左右填充为 0，边框为 1px、#aaf 颜色的实线。

“密码”输入框的 name 和 id 都定义为 psd，样式要求为：宽度为 180px，高度为 16px，上下填充为 2px，左右填充为 0，边框为 1px、#aaf 颜色的实线。

“登录”按钮的类型是 submit，单击“登录”按钮提交数据之后，将执行文件 denglu.php 来获取并处理登录信息。

“注册”按钮的类型是 button，是普通按钮，“注册”按钮被单击之后，将打开 zhuce.html 页面进行用户注册。需要在生成按钮的<input>标签内部使用代码 onclick="window.open('zhuce.html');"实现。

代码 window.open('zhuce.html')的作用是使用 window.open()函数在新窗口中打开并运行页面文件 zhuce.html。

所有表单元素边框都是圆角边框，圆角半径为 5px。

3. 样式代码

创建样式文件 denglu.css，代码如下。

```
.divw{width:370px; height:200px; padding:50px 0 0 0; margin:0 auto;    border:1px solid #00f;}
#cont{width:320px; height:160px; padding:0; margin:0 auto; font-family: Calibri; font-size:10pt;}
#cont p{margin:25px 0;}
#emailaddr, #psd{width:180px; height:16px; padding:2px 0; border:1px solid #aaf;}
#errormsg{width:200px; height:40px; margin:0 auto; display:none; font-size:10pt; color:#f00;}
input{border-radius:5px; }
```

4. 页面代码

创建页面文件 denglu.html，代码如下。

```
<!DOCTYPE html>
<html>
<head>
<meta charset= UTF-8" />
<title>邮箱登录界面</title>
<link type="text/css" rel="stylesheet" href="denglu.css" />
</head>
<body>
  <div class="divw">
    <div id="errormsg">账号或者密码错误，请重新输入</div>
    <div id="cont">
      <form id="form1" name="form1" method="post" action="">
        <p>用户名：<input name="emailaddr" id="emailaddr" />@163.com</p>
        <p>密    码：<input type="password" name="psd" id="psd" />忘了密码？</p>
```

```
            <p align="center">
              <input type="submit" value=" 登 录 " />  
              <input type="button" value=" 注 册 " onclick="window.open('zhuce. html');"/>
            </p>
          </form>
       </div>
    </div>
</body>
</html>
```

6.1.2 设计 Tab 选项卡式登录界面

创建 denglu-tab.html 文件，设计图 6-4 所示的登录界面。

在图 6-4 所示界面中单击“手机号登录”选项卡，显示图 6-5 所示的界面。

图 6-4 Tab 选项卡式用户名登录界面

图 6-5 Tab 选项卡式手机号登录界面

在图 6-5 所示界面中单击“用户名登录”选项卡，回到图 6-4 所示的界面。

在图 6-4 所示界面中，若输入的账号或者密码错误，则弹出图 6-6 所示的界面。

图 6-6 账号或者密码错误提示信息显示界面

1. 关于 Tab 选项卡

Tab 是一个常见的交互元素，用户通过鼠标单击或将鼠标指针指向内容区对应的标签，来请求显示该内容区。

Web 界面的设计趋势是缩短页面长度，降低信息的显示密度，但又不能“牺牲”可视的信息量。

在这种趋势下，应用 Tab 交互元素成了越来越普遍的应用方法。

Tab 选项卡结构包括上下两层：上层为选项卡区，选项卡有选中和未选中两种状态，选中状态通常以亮色显示，当鼠标指针被移动到选项卡上时最好显示手状指针以提示用户；下层为内容区（是重叠区域），内容区中的内容根据选中的选项卡而变化。

选项卡的文字标识必须能准确描述出它对应的内容区的信息特征；选项卡与其对应的内容看上去是一个整体。

选项卡区设计：选项卡区中的多个选项卡使用超链接元素进行设计，超链接元素需要定义为浮动块元素，超链接元素的个数由选项卡的个数来决定，多个超链接元素中只有一个是亮色的。

内容区设计：每个选项卡都对应自己独特的内容，因此重叠的内容区个数由选项卡个数来决定。

2. 界面布局及样式要求

页面使用的所有 div 元素的布局关系如图 6-7 所示。

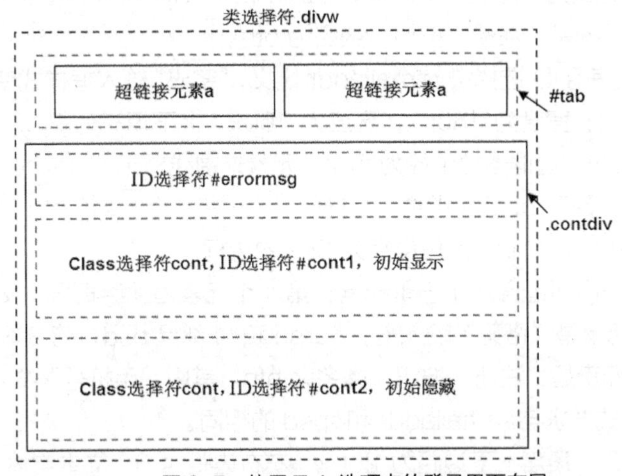

图 6-7　使用 Tab 选项卡的登录界面布局

外围层使用类选择符.divw 定义，样式要求为：宽度为 371px，高度为 270px，填充为 0，上下边距为 0，左右边距为 auto，边框为 1px、蓝色实线。

图 6-7 中的 ID 选择符#tab 表示选项卡区，类选择符.contdiv 表示内容区。

（1）选项卡区的设计要求。

选项卡区使用#tab 定义，样式要求为：宽度为 371px，高度为 40px，填充为 0，边距为 0。

选项卡区内部使用块元素形式的超链接元素，超链接元素的样式要求为：宽度为 185px，高度为 40 px，填充为 0，边距为 0，向左浮动，文本字号为 14pt，文本颜色为黑色，文本居中，文本行高为 40px，无下画线。

两个选项卡中，右侧选项卡需要使用左边框、下边框和#ccf 颜色的背景，使用类选择符.tab2 定义；左侧选项卡需要使用右边框、下边框和#ccf 颜色的背景，使用类选择符.tab1 定义。

若选中左侧选项卡，第一个超链接元素 a 不应用任何样式，第二个超链接元素 a 应用类选择符.tab2 设置的暗色的左边框和下边框效果，如图 6-4 所示；若选中右侧选项卡，则第二个超链接元素 a 不应用任何样式，第一个超链接元素 a 应用类选择符.tab1 设置的暗色的右边框和下边框效果，如图 6-5 所示。

（2）内容区的设计要求。

内容区使用类选择符.contdiv 定义，样式要求为：宽度为 330px，高度为 160px，填充为 0，上边距为 10px，下边距为 0，左右边距为 auto。

内容区包含一个登录账号和密码错误的提示信息层和需要切换的两个内容层。

登录账号和密码错误的提示信息层用 ID 选择符#errormsg 定义，样式要求为：宽度为 200px，高度为 40px，填充为 0，上下边距为 0，左右边距为 auto，初始状态为隐藏，div 中的文本字号为 10pt，文本行高为 40px，文本颜色为红色。

两个内容层分别使用 ID 选择符#cont1 和#cont2 定义，二者共同的样式要求为：宽度为 330px，高度为 160px，填充为 0，上下边距为 0，左右边距为 auto。

#cont1 初始状态显示，#cont2 初始状态隐藏。

元素<div id="cont1">内部包含 4 个表单元素，第 1 个元素是“用户名”文本框，name 和 id 都是 emailaddr；第 2 个元素是“密码”输入框，name 和 id 都是 psd；第 3 个元素是“登录”按钮，类名为 sbt；第 4 个元素是“注册”按钮，类名为 btn。

“用户名”文本框样式使用 ID 选择符#emailaddr 定义，“密码”输入框样式使用 ID 选择符#psd 定义，两者的样式要求相同：宽度为 180px，高度为 16px，上下填充为 2px，左右填充为 0，边框为 1px、#aaf 颜色的实线，边框圆角半径为 5px，元素外围线框无（outline:none）。

“登录”按钮使用类选择符.sbt 定义样式，“注册”按钮使用类选择符.btn 定义样式，两者样式相同：宽度为 100px，高度为 30px，圆角半径为 5px 的边框。

元素<div id="cont2">内部包含 4 个表单元素：第 1 个元素是“手机号”文本框，name 和 id 都是 phoneno；第 2 个元素是“密码”输入框，name 和 id 都是 psd；第 3 个元素是“登录”按钮，类名为 sbt；第 4 个元素是“注册”按钮，类名为 btn。其中“手机号”文本框使用 ID 选择符#phoneno 定义样式，样式要求与#emailaddr 和#psd 的相同。

表单元素使用段落排列，段落上下边距为 25px，左右边距为 0，文本字体为 Calibri，字号为 10pt。

3. 样式代码

创建样式文件 denglu-tab.css，代码如下。

```
1: .divw{width:371px; height:270px; margin:0 auto; border:1px solid #00f; padding:0;}
2: #tab{width:100%; height:41px; margin:0; padding:0;}
3: #tab a{ width:185px; height:40px; padding:0; margin:0; float:left; font-size:14pt;
line-height:40px; text-align:center; text-decoration:none; color:#000;}
4: .tab1{background:#ccf; border-right:1px solid #00f; border-bottom:1px solid #00f;}
5: .tab2{background:#ccf; border-left:1px solid #00f; border-bottom:1px solid #00f;}
6: .contdiv{width:330px; height:160px; margin:0; padding:20px 10px 0;}
7: .cont{width:330px; height:160px; margin:0 auto; padding:0;display:none;}
8: #cont1{display:block;}
9: .divw>div>div p{margin:25px 0; font-size:10pt; font-family:Calibri;}
10: #emailaddr, #psd, #phoneno{width:180px; height:16px; padding:2px 0; border:1px
```

```
solid #aaf; border-radius:5px; outline:none;}
    11: #errormsg{width:200px; height:40px; color:#f00; font-size:10pt; margin:0 auto;
display:none;}
    12: .sbt, .btn{width:100px; height:30px; border-radius:5px;}
```

4. 页面文件代码

denglu-tab.html 页面文件的代码如下。

```
1: <!DOCTYPE html>
2: <html>
3: <head>
4: <meta charset=UTF-8" />
5: <title>无标题文档</title>
6: <link type="text/css" rel="stylesheet" href="denglu-tab.css" />
7: <script type="text/JavaScript" src="denglu-tab.js"></script>
8: </head>
9: <body>
10:  <div class="divw">
11:    <div id="tab">
12:       <a href="JavaScript:void(0)">用户名登录</a>
13:       <a href="JavaScript:void(0)" class="tab2">手机号登录</a>
14:    </div><!--<div id="tab">的结束-->
15:    <div class="contdiv">
16:       <div id="errormsg">账号或者密码错误，请重新输入</div>
17:       <div id="cont1" class="cont">
18:         <form id="form1" name="form1" method="post" action="denglu.php">
19:           <p>用户名: <input name="emailaddr" id="emailaddr" type="text" />
@163.com</p>
20:           <p>密    码: <input name="psd" id="psd"
type="password" />忘了密码? </p>
21:           <p align="center"><input type="submit" class="sbt" value="登录" /> <input
type="button" class="btn" value="注册" onclick="window.open('zhuce. html');"/></p>
22:        </form>
23:        </div><!--<div id="cont1" class="cont">的结束-->
24:        <div id="cont2" class="cont">
25:        <form id="form1" name="form1" method="post" action="">
26:           <p>手机号: <input name="phoneno" id="phoneno" type="text" />
@163.com</p>
27:           <p>密    码: <input name="psd" id="psd"
type="password" />忘了密码? </p>
```

```
28:        <p align="center"><input type="submit" class="sbt" value="登录" /> <input type="button" class="btn" value="注册" onclick="window.open('zhuce. html');"/></p>
29:      </form>
30:    </div><!--<div id="cont2" class="cont">的结束-->
31:   </div><!--<div class="contdiv">的结束-->
32:  </div><!--<div class="divw">的结束-->
33: </body></html>
```

代码解释：

第 12 行和第 13 行，代码<a href="JavaScript:void(0)">表示单击超链接时执行一个 JavaScript 函数，void(0)表示不做任何操作，这样会防止跳转到其他页面，这样设计的目的是保留链接的样式，但不让链接执行实际的链接操作。

5. 脚本部分功能实现

Tab 选项卡中的每个选项卡在需要时都可以通过单击操作来选择，也可以设置为鼠标指针指向时选择，被选中的选项卡要显示为亮色效果，与其关联的内容区要同时显示，而原来为亮色的选项卡要设置为暗色带边框的效果，与其关联的内容区要同时隐藏。

上述功能需要使用脚本代码来实现，创建脚本文件 denglu-tab.js，代码如下。

```
1: window.onload=function(){
2:   var a = document . getElementsByTagName('a');
3:   a[0] . onclick = function() {
4:       this . className = " ";  //设置为空，不应用任何样式
5:       document . getElementById('cont1') . style . display = 'block';
6:       a[1] . className = "tab2";
7:       document . getElementById('cont2') . style . display = 'none';
8:   }
9:   a[1] . onclick = function() {
10:      this . className = " ";
11:      document . getElementById('cont2') . style . display = 'block';
12:      a[0] . className = "tab1";
13:      document . getElementById('cont1') . style . display = 'none';
14:   }
15: }
```

代码解释：

第 1～15 行，定义页面加载后执行的匿名函数。

第 2 行，通过标签名 a 获取页面中的所有超链接元素，使用数组 a 表示，该页面只有两个作为选项卡的超链接，a[0]表示第一个选项卡，a[1]表示第二个选项卡。

第 3～8 行，当用户单击选择第一个选项卡时，执行匿名函数，设置该选项卡不应用任何样式，显示 id 为 cont1 的 div，设置 a[1]选项卡应用 tab2 定义的暗色的左边框和下边框样式，隐藏 id 为 cont2 的 div。

第 9～14 行，当用户单击选择第二个选项卡时，执行匿名函数，设置该选项卡不应用任何样式，显示 id 为 cont2 的 div，设置 a[0]选项卡应用 tab1 定义的暗色的右边框和下边框样式，隐藏 id 为 cont1 的 div。

可以将第 3 行和第 9 行中的 click 事件换作 mouseover 事件，实现鼠标指针指向即切换选项卡的效果。

脚本文件的引用如下。

在 denglu-tab.html 页面代码的首部，使用代码<script type="text/JavaScript" src="denglu-tab.js"></script>将脚本文件引用到页面文件中。

任务 6-2 实现登录功能

需要解决的核心问题

- 服务器端如何判断用户输入的账号和密码是否正确？若错误，如何返回登录界面并显示错误提示信息？若正确，如何进入邮箱主窗口界面？
- 如何使用 sprintf()函数格式化实现登录操作的 SQL 语句？这样做的意义是什么？

登录功能是指系统将用户登录时输入的账号、密码信息提交给服务器，并判断其正确性，然后确定是否能够成功登录，若不能成功登录，则给予用户相应的提示。

本任务将创建文件 denglu.php 实现登录功能。

6.2.1 创建 denglu.php 文件

创建 denglu.php 文件，实现如下功能。

（1）获取 denglu.html 页面中用户提交的账号和密码信息，并将账号信息保存到$_SESSION 系统数组中，这是因为在完成登录之后，打开写邮件页面文件 writeemail.php 或者收邮件页面文件 receiveemail.php 时，都需要在相应页面中使用该账号信息：当用户要发送邮件时，将该账号信息直接作为发件人信息使用；当用户接收邮件时，将该账号信息作为收件人信息使用。因此必须在登录完成时，将账号信息保存到系统数组$_SESSION 中。

（2）连接打开 email 数据库，在 usermsg 表中查询是否存在相应的账号和密码，如果不存在，则使用 include "denglu.html"包含文件的方式重新运行 denglu.html 文件，使用 echo 语句输出脚本代码，显示 id 为 errormsg 的错误提示信息层。

（3）如果存在相应的账号和密码，则使用 include 包含文件 email.php，打开邮箱主窗口界面，准备编辑、发送或者接收、阅读邮件（登录之前，可先创建一个简单的 email.php 文件，以方便观察运行效果）。

说明 这里实现的是只要登录成功，就直接打开邮箱主窗口界面。

代码如下。

```
1: <?php
2:   session_start();
```

```
3:  $emailaddr = $_POST['emailaddr'];
4:  $_SESSION['emailaddr'] = $emailaddr;
5:  $psd = $_POST['psd'];
6:  $conn = mysqli_connect('localhost','root','root');
7:  mysqli_select_db($conn, 'email');
8:  $sql = "select * from usermsg where emailaddr = '{$emailaddr}' and psd = '{$psd}'";
9:  $result = mysqli_query($conn, $sql);
10: $datanum = mysqli_num_rows($result);
11: if ($datanum == 0) {
12:     include 'denglu.html';
13:     echo "<script>";
14:     echo "document . getElementById('errormsg') . style . display = 'block';";
15:     echo "</script>";
16: }
17: else {
18:     include 'email.php';
19: }
20: mysqli_close($conn);
21: ?>
```

代码解释：

第 2 行，在 denglu.php 文件中启用 Session。

第 3 行，获取用户输入的账号信息，使用变量$emailaddr 保存。

第 4 行，使用数组元素$_SESSION['emailaddr']存放变量$emailaddr 的值，将变量$emailaddr 的值保存在 Session 中，为之后的收发邮件等操作做准备。

第 5 行，获取用户输入的密码信息，并将其保存在变量$psd 中，如果任务 5 操作中使用了加密算法，则这里要改为$psd = md5($_POST['psd']);。

第 6 行，连接 MySQL 数据库，返回标识符$conn。

第 7 行，打开数据库 email。

第 8 行，设计查询语句，以用户输入的账号和密码作为查询条件来查询 usermsg 表。

第 9 行，执行查询语句，使用变量$result 保存查询结果。

第 10 行，使用 mysqli_num_rows()函数获取查询结果记录集$result 中的记录数，使用$datanum 变量保存。

第 11 行，判断$datanum 变量的值是否是 0，若是 0，则说明没有查询到用户输入的账号和密码，执行第 13～16 行代码块，否则执行第 18 行代码。

第 12 行，使用 include 语句包含 denglu.html 页面文件，在账号或者密码输入错误时能够重新打开 denglu.html 文件，为重新输入账号和密码做准备。

第 13 行，输出脚本代码的起始定界标签<script>。

第 14 行，输出脚本代码，将 denglu.html 页面中隐藏的 id 为 errormsg 的错误提示信息层显示出来。

第 15 行，输出脚本代码结束标签</script>。

第 18 行，使用 include 语句包含 email.php 页面文件，当用户输入的账号和密码正确时，直接运行 email.php 文件。

denglu.php 文件创建完毕，需要将该文件关联到 denglu.html 文件中。

在 denglu.html 代码的<form>标签中设置 action="denglu.php"，建立两个文件之间的关联。

说明 denglu.php 文件也可以直接关联到 denglu-tab.html 文件中运行，只是本书没有实现接收手机号登录时的手机号和密码信息，有兴趣的读者可自行完成。

6.2.2 解决 SQL 注入的问题

微课 6-1 解决 SQL 注入

运行 denglu.html 文件，输入未经注册的账号和密码字符串“wang' or 'a'='a”可以成功登录，这一问题在 5.3.5 小节中解释过，这就是 SQL 注入成功的现象，SQL 注入成功之后，恶意用户可以使用这样的账号生成大量的垃圾邮件。

如果在注册时已经使用md5()对密码进行加密处理，则在denglu.php文件中也必须使用md5()函数对用户输入的密码进行加密处理，这样才能与数据库中存储的加密后的密码进行正确比较。此时再输入恶意的密码字符串“wang' or 'a'='a”，加密之后条件 psd = '{$psd}'不再成立，但是这并不意味着 SQL 注入问题已经彻底解决。

假设恶意用户输入了账号字符串“wang' or 'a'='a”，经过反复尝试之后，试出一个可用的密码字符串“111111”，此时他仍旧能够成功登录到邮箱系统，因此必须继续解决恶意账号登录的问题。

可以采用如下两种方案解决 SQL 注入中恶意账号登录的问题。

1. 在服务器端解决

在服务器端解决，是指允许用户在登录界面中输入并提交恶意账号。在服务器端获取账号进行查询之前，必须先使用 mysqli_real_escape_string($conn, $emailaddr)对账号字符串进行转义处理，使得在输入恶意账号的情况下，条件 emailaddr = '{$emailaddr}'不会成立，以阻止恶意登录。

2. 在浏览器端解决

在浏览器端解决，是指不允许用户提交恶意账号，需要使用表单数据验证来实现，在“用户名”文本框对应代码中添加 pattern="[a-zA-Z][a-zA-Z0-9_]{5,17}"，该正则表达式的结构与注册界面中账号的正则表达式结构要保持一致，这样可以保证提交给服务器的账号数据一定是符合要求的。

对密码数据也可采用数据验证的形式来保证提交数据的合法性。

素养提示 了解到 SQL 注入的危害，研究出解决 SQL 注入问题的不同方案，在项目开发中应该及时堵住程序漏洞，有精益求精的工匠精神和创新精神。

6.2.3 使用 sprintf()函数格式化 SQL 语句

在 denglu.php 文件中查询账号和密码的正确性时使用的操作语句为$sql = "select * from usermsg where emailaddr = '{$emailaddr}' and psd = '{$psd}'";。该语句将变量$emailaddr 和变量$psd 直接放在相应列的取值位置，这种表现方式在一定程度上会稍显混乱，较为规范的方式是使用格式化函数将变量和 SQL 语句分离开，PHP 中实现这种功能的函数是 sprintf()。

sprintf()函数把格式化的字符串替换成作为参数的变量，函数格式如下。

sprintf(format, arg1, arg2, ...)

参数 format：必需，规定使用的字符串以及如何格式化其中的变量，格式字符以%为前缀。

格式字符及其含义如表 6-1 所示。

表 6-1 格式字符及其含义

格式字符	含义	格式字符	含义
%%	返回百分号%	%G	较短的%E 和%f
%b	二进制数	%o	八进制数
%c	ASCII 值对应的字符	%s	字符串
%d	带符号的十进制数（负数、0、正数）	%u	不带符号的十进制数（大于等于 0）
%E	大写的科学记数法数据（如 1.2E+2）	%e	小写的科学记数法数据（如 1.2e+2）
%f	浮点数（本地设置）	%x	十六进制数（小写字母）
%F	浮点数（非本地设置）	%X	十六进制数（大写字母）
%g	较短的 %e 和 %f		

参数 arg1：必需，规定插到 format 字符串中第一个%符号处的参数。

参数 arg2：可选，规定插到 format 字符串中第二个%符号处的参数。

在验证登录身份的 SQL 语句中，邮箱地址和密码都是字符串的形式，因此，使用 sprintf()函数格式化该 SQL 语句时，需要使用的格式字符是%s，格式化之后的 SQL 语句为：$sql = sprintf("select * from usermsg where emailaddr = '%s' and psd = '%s' ", $emailaddr, $psd);。实际执行时，第一个%s 使用变量$emailaddr 的值替换，第二个%s 使用变量$psd 的值替换。

小结

本任务首先设计了普通登录界面和 Tab 选项卡式登录界面，进而实现了登录功能。本任务涉及的文件一共有 6 个，分别是普通登录界面需要的 denglu.css 和 denglu.html，Tab 选项卡式登录界面需要的 denglu-tab.css、denglu-tab.html 和 denglu-tab.js，服务器端实现登录功能的 denglu.php。

习题

一、选择题

1. 要通过脚本代码设置 id 为 div1 的 div 为显示状态，需要使用的代码是________。

A. document . getElementById('div1') . display = 'block'

B. document . getElementById('div1') . style . display = 'none'

C. document . getElementById('div') . style . display = 'block'

D. document . getElementById('div1') . style . display = 'block'

2. 单击“注册”按钮在新窗口中打开文件 zhuce.html，需要使用代码________实现。

A. onsubmit = "window . open(zhuce.html);"

B. onsubmit = "window . open('zhuce.html');"

C. onclick = "window . open('zhuce.html');"

D. onclick = "window . open(zhuce.html);"

3. 假设用户登录时输入的用户名信息保存在变量$emailaddr 中，密码保存在变量$psd 中，查询数据表 usermsg 中是否存在该用户名和密码信息，需要定义的查询语句是________。

A. select * from usermsg where emailaddr = '{$emailaddr}' or psd = '{$psd}'

B. select * from usermsg where emailaddr = '{$emailaddr}' and psd = '{$psd}'

C. select * from usermsg where emailaddr = $emailaddr and psd = $psd

D. select * from usermsg where emailaddr = $emailaddr or psd = $psd

4. 查询账号和密码信息是否存在时，关于查询结果记录集$result 的说法错误的是________。

A. 该记录集中的记录数只能是 0 或者 1

B. 该记录集中的记录数无法预知

C. 若记录数是 0，则说明用户输入的账号或者密码信息有误

D. 若记录数是 1，则说明用户输入的账号和密码信息正确

5. 要获取查询结果记录集$result 中的记录数，需要使用代码________。

A. count($result)　　　　B. mysqli_num_row($result)

C. mysqli_nums_rows($result)　　　　D. mysqli_num_rows($result)

6. 关于盒子的显示或隐藏的样式定义，下列说法正确的是________。

A. 若使用样式属性 display 定义，则隐藏盒子时，该盒子不占用页面空间

B. 若使用样式属性 display 定义，则隐藏盒子时，该盒子仍占用页面空间

C. 若使用样式属性 visibility 定义，则隐藏盒子时，该盒子不占用页面空间

D. 若使用样式属性 visibility 定义，则隐藏盒子时，取值要使用 none

二、填空题

1. 使用 visibility 设置盒子显示时，使用的取值是________________；使用 display 设置盒子显示时，使用的取值是________________。

2. 在 denglu.php 文件中获取用户输入的用户名信息之后，需要将其保存到系统数组________________中。

3. 格式化带有变量的 SQL 语句时，使用的函数是________________。

任务7 实现163邮箱写邮件功能

写邮件并发送邮件是邮箱项目的核心功能。接下来需要完成的任务如下。

- 设计邮箱的主窗口界面。
- 设计写邮件的表单界面。
- 设计添加附件的界面，实现附件的添加与删除。
- 实现发送邮件和系统退信功能。

素养要点

创新思维 前瞻性 全局观

任务7-1 设计邮箱主窗口界面

需要解决的核心问题

- 如何在主窗口界面或写邮件界面的文本框中显示用户登录时的账号信息？
- 如何使用JavaScript代码获取浏览器窗口的宽度？
- 如何使用JavaScript代码获取浮动框架内部页面文件的高度？
- 浏览器窗口大小变化之后触发的是哪个事件？

用户登录成功之后，打开的是一个包含浮动框架子窗口界面的文件，在该文件内部的浮动框架子窗口中可以运行写邮件页面文件、收邮件页面文件、查阅邮件页面文件及已删除邮件页面文件等。

本任务要设计的主窗口界面文件email.php就是登录完成之后进入的页面，页面的宽度始终与浏览器窗口的宽度保持一致，页面效果如图7-1所示。

图7-1 email.php文件运行界面

注意 图 7-1 中地址栏显示运行的文件是 denglu.php 而不是 email.php，这是因为 email.php 文件是在 denglu.php 文件中采用 include 包含的方式加载进来的。这种方式把 email.php 文件的所有代码作为 denglu.php 文件代码的一部分，因此地址栏中不会显示文件名称 email.php。

图 7-1 是在登录界面中输入正确的账号和密码后得到的页面，该页面的整体布局分为上下两个区域，布局结构如图 7-2 所示。

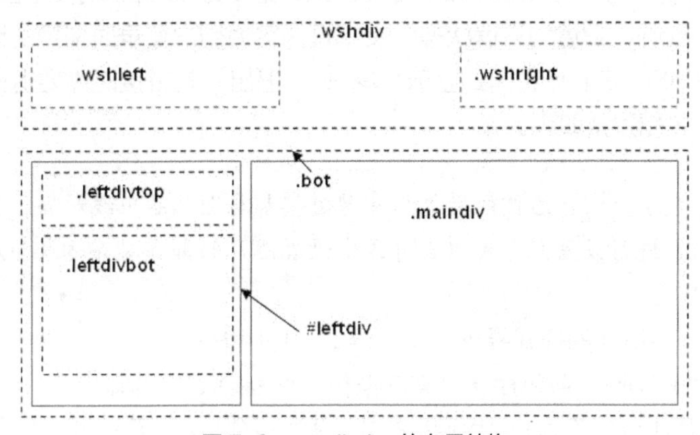

图 7-2 email.php 的布局结构

上面区域中的内容除了用户账号信息会因为登录用户不同而不同外，其他内容都是固定的。

下面区域又分为左右两个部分，左边是几个固定的超链接，右边设计了一个浮动框架，浮动框架的内容将随用户所单击的超链接的变化而变化，写邮件、收邮件、阅读邮件等操作都在浮动框架中完成。

整个页面功能的实现包含样式代码、页面文件代码和脚本代码 3 个部分，分别对应 email.css、email.php 和 email.js 这 3 个文件。

7.1.1 设计顶部区域

1. 整个区域的样式说明

可将整个区域定义为一个盒子，这里采用类选择符.wshdiv 定义样式，样式要求如下。

（1）宽度与边距说明。页面运行之后，页面宽度与浏览器窗口的宽度保持一致，而且需要随着窗口大小的变化而变化，因此顶部区域的宽度需要取用浏览器窗口的宽度，具体做法是设置 width 为 auto，左右边距为 0，上下边距为 0。

注意 若设置某个盒子的 width 为 auto，左右边距为 0，并且设置向左或向右浮动，则该盒子的宽度将根据盒子内部元素的总宽度来确定。

（2）高度说明。高度直接定义为固定高度 50px 即可。

（3）填充说明。考虑到顶部区域中的内容与浏览器窗口上边框和左右边框之间要留有一定的空白，因此设置上填充为 10 px，下填充为 0 px，左右填充为 10px。

（4）边框说明：顶部区域下方的横线直接通过在类选择符.wshdiv 中定义下边框来实现，边框宽度为 6px，线型为实线，边框颜色为#88f。

2. 区域内部的元素说明

元素<div class="wshdiv">内部有靠左和靠右的两部分内容，靠左者使用向左浮动，靠右者使用向右浮动，分别使用类选择符.wshleft 和.wshright 定义样式。

（1）类选择符.wshleft 的样式要求：边距为 0，向左浮动，内部文本字号为 10pt。

类名为 wshleft 的 div 内容依次为：图片 163logo.gif、文本框、超链接。

其中，文本框使用类选择符.emailaddr 定义样式，宽度为 150px，无边框，内部字体加粗，文本框中使用属性 readonly 设置为只读状态，文本框内容为用户登录时使用的账号信息；超链接所有状态都按照颜色#555、无下画线样式显示，单击 “退出”超链接时需要返回登录界面，其他几个超链接的 href 属性设置为#即可。

注意 要保证图片 163logo.gif 右侧的文本框和超链接都与图片的中线对齐，需要使用图片属性 align="middle"进行设置，也可以在样式中设置图片的垂直对齐方式为居中。

（2）类选择符.wshright 的样式要求：向右浮动，边距为 0。

类名为 wshright 的 div 内容包括一个文本框和图片 search.png。

其中，文本框使用类选择符.search 定义样式，宽为 200px，高为 26px，边框宽度为 1px，线型为实线，边框颜色为灰色#ddd，文本颜色为灰色#ccc，字号为 8pt，为保证文本在文本框中垂直居中对齐，设置文本行高为 26px；对于图片元素，使用 align="top"属性设置文本框与其顶端对齐。

3. 设计顶部区域的代码

（1）样式文件 email.css 代码如下。

```
1: body{margin:0px;}
2: .wshdiv{width:auto; height:50px; padding:10px 10px 0; margin:0; border-bottom:6px solid #88f;}
3: .wshleft{width:auto; height:auto; padding:0; margin:0; float:left; font-size:10pt; }
4: .wshright{width:auto; height:auto; padding:0; margin:0;float:right; }
5: .emailaddr{width:150px; border:0; font-weight:bold;}
6: .wshleft  a{color:#555; text-decoration:none;}
7: .search{ width:200px; height:26px; border:1px #ddd solid; font-size:8pt; color:#ccc; line-height:26px;}
```

代码解释：

第 6 行代码，使用包含选择符.wshleft　a 定义超链接所有状态的共同样式。

（2）页面文件 email.php 代码如下。

首先在页面文件代码首部增加代码<link type="text/css" rel="stylesheet" href="email.css" />引用样式文件，然后在主体部分增加下面的代码。

```
1: <div class="wshdiv">
2:    <div class="wshleft">
```

```
3:      <img src="images/163logo.gif"  align="middle" />  
4:      <input name="emailaddr" type="text" class="emailaddr" value="<?php echo
"{$emailaddr}@163.com"; ?>" readonly="readonly" />  
5:      <a href="#">网易</a> | <a href="#">帮助</a> | <a href=
"denglu.html">退出</a>
6:    </div><!--<div class="wshleft">的结束-->
7:    <div class="wshright">
8:      <input type="text" name="search" class="search" placeholder="支持邮件全文搜索
" /><img src="images/search.png" align="top" />
9:    </div><!--<div class="wshright">的结束-->
10: </div><!--<div class="wshdiv">的结束-->
```

代码解释：

第 4 行代码，使用 value="<?php echo "{$emailaddr}@163.com"; ?>" 将用户登录时使用的账号信息与@163.com 连接之后设置为文本框 emailaddr 的值。用户登录时的账号信息在 denglu.php 文件中使用变量$emailaddr 保存，而 email.php 文件从代码结构上隶属于 denglu.php 文件（denglu.php 中为 include "email.php"），因此可以在 email.php 文件中直接使用变量$emailaddr。

因为账号信息是存储在服务器端的，所以需要使用 PHP 中的 echo 语句将存储于服务器端的账号信息输出到浏览器端，然后将其作为文本框中 value 属性的值。因为该文本框的值不允许用户修改，所以使用 readonly 属性将其设置为只读。

由此可以看出，在 PHP 文件中的任何位置都可以根据需要随时嵌入<?php…?>标签来插入需要的 PHP 代码。

可以使用 span 元素取代文本框元素，代码如下。

```
<span><?php echo $emailaddr.'@163.com'; ?></span>
```

需要为 span 元素设置的样式代码如下。

```
span{display: inline-block; width: 150px; font-size:10pt; font-weight: bold;}
```

上面代码中将 span 元素设置为行内块元素，是为了能够设置其宽度为 150px。

第 8 行代码，使用 placeholder="支持邮件全文搜索"设置提示文本，当用户开始在文本框中输入内容时，提示文本自动消失，用户删除输入的内容后，自动显示提示文本。

7.1.2 设计左下部区域

左下部区域和右下部区域都包含在下方区域的大盒子中，下方的 div 使用类选择符.bot 定义样式，具体样式要求为：宽度为 auto，高度为 auto，填充为 0，边距为 0。样式代码如下。

```
.bot{width:auto; height:auto; margin:0; padding:0;}
```

1. 左下部区域的样式与功能说明

可将整个左下部区域设计为一个 div，采用 ID 选择符#leftdiv 定义样式，具体样式要求为：宽度为 200px，高度为 600px，填充为 0，边距为 0，右边框和下边框宽度为 1px，线型为实线，边框颜色为#aaf，背景色为#eef，向左浮动。

思考问题：

id 为 leftdiv 的 div 的总宽度是多少？

解答：

总宽度为 201px，包括宽度 200px 和右边框的 1px。

说明 此处强调该宽度值是为了在后面计算浮动框架宽度时使用。

在元素<div id="leftdiv">的内部包含上下两个 div，分别使用类选择符.leftdivtop 和.leftdivbot 定义样式。

类选择符.leftdivtop 的样式要求为：宽度为 200px，高度为 40px，填充为 0，边距为 0。元素<div class="leftdivtop">的内容是图片 writereceive.jpg，对于图片 writereceive.jpg 需要完成两个区域的图像映射。

类选择符.leftdivbot 的样式要求为：宽度为 160px，高度为 auto，左填充为 40px，其余填充为 0，边距为 0。

类选择符.leftdivbot 的宽度与填充说明：这里考虑到 div 中“收件箱、草稿箱、已发送、已删除”4 个导航都没有靠左对齐，也不是居中对齐，而是偏离了 div 左边框一定的距离，因此设置左填充为 40px，其余填充为 0，对应盒子的宽度 width 取值为 160px，而不是 200px。

在元素<div class="leftdivbot">的内部可以使用多种方式来排列各个链接热点，本书使用段落来排列，使用 margin-top 设置段前间距为 10px，使用 margin-bottom 设置段后间距为 0，设置段落中的字号为 10pt；超链接初始状态和访问过状态显示的颜色都是灰色#999，没有下画线，鼠标指针悬停时为蓝色#ddf、显示下画线。

将元素<div class="leftdivtop">中的“收信”和元素<div class="leftdivbot">中的“收件箱”超链接的 href 属性都设置为 receiveemail.php，“写信”的 href 属性设置为 writeemail.php，“已删除”超链接的 href 属性设置为 deletedemail.php，并将它们的 target 属性都设置为 main（main 是接下来要设置的右侧浮动框架 name 属性的取值）。“草稿箱”和“已发送”功能在本书中没有实现，将对应超链接的 href 属性设置为#即可。

2. 设计左下部区域的代码

（1）样式代码。

在 email.css 文件中增加下面的代码。

```
1: #leftdiv{width:200px; height:600px; padding:0; margin:0; border-right:1px solid #aaf;
border-bottom:1px solid #aaf; background:#eef; float:left;}
2: .leftdivtop{width:200px; height:40px; padding:0; margin:0; }
3: .leftdivbot{ width:160px; height:auto; padding:0 0 0 40px; margin:0;}
4: .leftdivbot p{ margin-top:10px; margin-bottom:0; font-size:10pt;}
5: .leftdivbot a:link, .leftdivbot a:visited{color:#66f; text-decoration:none;}
6: .leftdivbot a:hover{color:#00f; text-decoration:underline;}
```

代码解释：

第 5 行，使用群组选择符和包含选择符定义超链接的初始状态和访问过状态的样式，两个并列的包含选择符.leftdivbot a:link 和.leftdivbot a:visited 使用逗号间隔之后组成了群组选择符，也就是这两个选择符之间的逗号将它们分为前后两个部分，后面选择符中的.leftdivbot 不可省略。

（2）页面内容代码。

在 email.php 文件的主体部分增加下面的代码。

```
1: <div class="bot">
2:   <div id="leftdiv">
3:     <div class="leftdivtop">
4:       <img src="images/writereceive.jpg" width="200" height="40" border="0" usemap=
"#Map" />
5:       <map name="Map" id="Map">
6:        <area shape="rect" coords="8,5,98,37" href="receiveemail.php" target="main" />
7:        <area shape="rect" coords="99,4,190,37" href="writeemail.php" target="main" />
8:       </map>
9:     </div><!--<div class="leftdivtop">的结束-->
10:    <div class="leftdivbot">
11:      <p><a href="receiveemail.php" target="main">收件箱</a></p>
12:      <p><a href="#">草稿箱</a></p>
13:      <p><a href="#">已发送</a></p>
14:      <p><a href="deletedemail.php" target="main">已删除</a></p>
15:    </div><!--<div class="leftdivbot">的结束-->
16:  </div><!--<div id="leftdiv">的结束-->
17: </div><!--<div class="bot">的结束-->
```

代码解释：

第 5～8 行是在 Dreamweaver 设计视图中使用图像映射创建超链接之后生成的代码。

第 6～7 行代码中的属性 shape="rect"表示热点区域为矩形，coords 属性的 4 个取值分别表示矩形左上角的横坐标和纵坐标以及矩形右下角的横坐标和纵坐标。

因为单击元素<div id="leftdiv">内部的所有超链接，都要从右侧 name 为 main 的框架区域中打开链接的页面，所以需要在超链接中设置 target="main"。

7.1.3 设计右下部区域

1. 整个右下部区域的设计要求

可将整个区域设计为一个 div，使用类选择符.maindiv 定义样式。这个区域的宽度与高度都不是固定的，宽度要用区域中浮动框架窗口的宽度，高度要用浮动框架内部加载的页面的高度，宽度和高度的设置都需要通过脚本来实现。

类选择符.maindiv 具体的样式要求为：宽度和高度都是 auto，填充为 0，边距为 0，向左浮动。

元素<div class="maindiv">的内容是浮动框架，浮动框架的 name 和 id 属性取值都为 main，初始高度和宽度都为 auto。在页面运行时，使用脚本函数设置相应的高度和宽度取值，边框设置为 0，滚动条为 no，初始加载的页面文件是 writeemail.php。

思考问题：

这里为什么将浮动框架中的滚动条设置为 no?

解答：

因为浮动框架的高度将根据内部加载的页面的高度来确定，也就是说，在任何时候都不需要使用滚动条来查看浮动框架中所加载页面的内容。为了不留下滚动条的痕迹，将滚动条设置为 no。

2. 设置右下部区域的样式代码和页面代码

（1）样式代码。

在 email.css 文件中增加如下代码。

```
.maindiv{width:auto; height:auto; padding:0; margin:0; float:left;}
```

（2）页面代码。

在 email.php 文件中元素<div id="leftdiv">的结束标签</div>之后增加如下代码。

```
<div class="maindiv">
  <iframe src="writeemail.php" name="main" id="main" width="auto" height="auto"
frameborder="0" scrolling="no"></iframe>
</div>
```

接下来需要设计用于设置浮动框架宽度和高度的脚本代码，需要创建脚本文件 email.js，在 email.php 的首部增加代码<script type="text/JavaScript" src="email.js"></script>来引用脚本文件。

3. 设置浮动框架的宽度

整个邮箱主窗口界面的宽度始终与浏览器窗口宽度保持一致，在元素<div class="bot">的内部，左侧元素<div id="leftdiv">的总宽度固定为 201px，右侧元素<div class="maindiv">的宽度为 auto，因此要求在元素<div class="maindiv">内部的浮动框架的宽度必须能够适应浏览器窗口的变化。若窗口变宽，浮动框架就要变宽，若窗口变窄，浮动框架就要变窄，从而做到由浮动框架窗口的宽度来决定元素<div class="maindiv">的宽度。

具体实现方法是：用浏览器窗口宽度减去元素<div id="leftdiv">的总宽度 201px，将结果作为浮动框架的宽度。

接下来要讨论的关键问题是：如何获取浏览器窗口的宽度?

获取浏览器窗口宽度时，需要考虑当前页面文件在创建时是否使用了 XHTML（Extensible Hypertext Markup Language，可扩展超文本标记语言）标准，若没有使用 XHTML 标准，即在页面代码开始时直接使用标签<html>，则需要使用代码 document.body.clientWidth 获取浏览器窗口中可见区域的宽度；若使用了 XHTML 标准，即在页面代码开始时使用<!DOCTYPE html>，则需要使用代码 document.documentElement. clientWidth 获取浏览器窗口中可见区域的宽度。

在脚本文件 email.js 中定义函数 iframeWidth()实现上面的功能。

定义函数及调用函数的代码如下。

```
1: function iframeWidth() {
2:  if ( document . body ) {
3:     windowWidth = document . body . clientWidth;
4:  }
5:  else if ( document . documentElement ) {
6:     windowWidth = document . documentElement . clientWidth;
7:  }
8:  document . getElementById('main') . width = windowWidth - 201;
9: }
10: window . onload = iframeWidth;
11: window . onresize = iframeWidth;
```

代码解释：

第 2 行和第 3 行，关于条件 document.body，若在页面文件中没有使用 XHTML 标准，该条件就是成立的，之后使用代码 document.body.clientWidth 获取浏览器窗口中可见区域的宽度，并将其保存在变量 windowWidth 中。

第 5 行和第 6 行，关于条件 document. documentElement，只要在页面中使用了 XHTML 标准，该条件就是成立的，之后使用代码 document. documentElement.clientWidth 获取浏览器窗口中可见区域的宽度，并将其保存在变量 windowWidth 中。

第 8 行，将 windowWidth 中保存的宽度值减去 201 之后，再将其设置为 id 为 main 的浮动框架的宽度值。

第 10 行，页面文件 email.php 加载完成后，即刻调用函数 iframeWidth()，页面加载完成时触发 window 对象的 load 事件。

第 11 行，窗口大小发生变化时，即刻调用函数 iframeWidth()，窗口大小变化时触发 window 对象的 resize 事件。

第 10 行和第 11 行，调用函数采用的做法是"对象名.事件属性=函数名;"，此时函数名 iframeWidth 后面不能带圆括号。例如，第 10 行，因为 window.onload = iframeWidth() 和独立的 iframeWidth()是一样的，也就是函数 iframeWidth()在定义完成后会被直接调用，与页面加载事件毫无关系，导致的结果是因为不存在页面元素而无法设置浮动框架的宽度，第 11 行代码同理。

4. 设置浮动框架的高度

在一个使用了浮动框架子窗口的页面中，因为加载到浮动框架中的页面高度并不固定，所以要求浮动框架的高度能随着加载进来的页面内容高度的变化而变化，这样能够避免出现以下两个问题。

（1）若浮动框架初始高度小于加载进来的页面内容高度，则内部需要出现滚动条，因此会存在"内外双滚动"情况，影响页面的美观。

（2）若浮动框架初始高度大于加载进来的页面内容高度，则浮动框架底部页面内容下方将出现大片的空白区域，也会影响页面的美观。

接下来要讨论的关键问题是：如何获取加载到浮动框架中的页面内容的高度？

获取页面内容高度时，需要考虑运行页面文件时使用的浏览器，获取不同浏览器中运行页面的高度的方法并不完全相同，主要分为 IE 内核和 WebKit 内核两种情况：若浏览器内核为 IE，则要使用代码“iframe1.contentWindow.document.body.scrollHeight”获取页面的高度；若浏览器内核为 WebKit，则要使用代码 iframe1.contentDocument.documentElement.scrollHeight 获取页面的高度，其中 iframe1 是变量，表示浮动框架元素。

另外，考虑到页面的美观性，在浮动框架窗口高度超过 600px 时，需要同步调整左侧元素<div id="leftdiv">的高度，以保证该 div 的高度与浮动框架窗口的高度一致。

在 email.js 文件中定义函数 iframeHeight()，代码如下。

```
1: function iframeHeight() {
2:  var iframe1 = document . getElementById('main');
3:  if ( iframe1 . contentWindow ) {
4:     height1 = iframe1 . contentWindow . document . body . scrollHeight;
5:  }
6:  else  if ( iframe1 . contentDocument ) {
7:     height1 = iframe1 . contentDocument . documentElement . scrollHeight;:
8:  }
9:  iframe1 . height = height1;
10: var leftdiv = parent . document . getElementById( 'leftdiv' );
11: if( height1 < 600 ){
12:     leftdiv . style . height = 600 + "px";
13:  }
14: else{
15:      leftdiv . style . height = height1 + "px";
16: }
17: }
```

代码解释：

第 2 行，使用 document.getElementById('main') 获取指定的浮动框架元素，使用变量 iframe1 表示。

第 3 行，关于条件 iframe1.contentWindow，若页面文件是在 IE 内核的浏览器中运行的，则该条件一定成立，之后可以使用第 4 行代码获取浮动框架中正文内容的高度，并将其保存在变量 height1 中。

第 6 行，关于条件 iframe1.contentDocument，若页面文件是在 WebKit 内核的浏览器中运行，则该条件一定成立，之后可以使用第 7 行代码获取浮动框架中正文内容的高度，并将其保存在变量 height1 中。

第 9 行，将保存在变量 height1 中的页面内容的高度作为浮动框架 iframe1 的高度。

第 11～13 行，若获取到的浮动框架页面内容的高度小于 600px，则保持元素<div id="leftdiv">的高度为 600px。

第 14～16 行，若获取到的浮动框架页面内容的高度大于 600px，则设置元素<div id="leftdiv">的高度与浮动框架的高度一致。

注意 在脚本中设置 div 的高度或宽度时，务必在取值之后增加单位 px，否则在浏览器中运行时会因为使用默认的单位而出现问题。

调用函数 iframeHeight()的说明：在浮动框架中加载新页面时调用该函数，因此需要在 email.php 文件浮动框架标签<iframe>内部使用代码 onload="iframeHeight();" 完成调用。

7.1.4 email.php 的完整代码

email.php 的完整代码如下。

```
<!DOCTYPE html>
<html>
<head>
<meta charset=UTF-8" />
<title>无标题文档</title><link type="text/css" rel="stylesheet" href="email. css" />
<script type="text/JavaScript" src="email.js"></script></head>
<body>
 <div class="wshdiv">
    <div class="wshleft">
      <img src="images/163logo.gif" align="middle" />  
      <input name="emailaddr" type="text" class="emailaddr" value="<?php echo
"{$emailaddr}@163.com"; ?>" readonly="readonly" />  
      <a href="#">网易</a> | 
      <a href="#">帮助</a> | 
      <a href="denglu.html">退出</a>
    </div>
    <div class="wshright">
      <input name="search" class="search" placeholder="支持邮件全文搜索" />
      <img src="images/search.png" align="top" />
    </div>
  </div>
  <div class="bot"> <div id="leftdiv"> <div class="leftdivtop">
    <img src="images/writerecieve.JPG" width="200" height="40" border="0"
usemap="#Map" />
    <map name="Map" id="Map">
      <area shape="rect" coords="8,5,98,37" href="receiveemail.php" target= "main" />
      <area shape="rect" coords="99,4,190,37" href="writeemail.php" target= "main" />
    </map>
  </div>
```

```
    <div class="leftdivbot">
        <p><a href="receiveemail.php" target="main">收件箱</a></p>
        <p><a href="#">草稿箱</a></p>
        <p><a href="#">已发送</a></p>
        <p><a href="deletedemail.php" target="main">已删除</a></p>
    </div></div>
    <div class="maindiv">
      <iframe src="writeemail.php" name="main" id="main" width="auto" height="auto"
frameborder="0" scrolling="no" onload="iframeHeight();"></iframe>
    </div></div>
  </body>
  </html>
```

任务 7-2 实现写邮件页面功能

需要解决的核心问题

- 如何保证表单元素的宽度能够自适应窗口宽度?
- 如何根据文本区域中内容的多少动态决定滚动条的显示与隐藏?
- 如何实现某个 div 根据指定操作动态显示或隐藏?

本任务实现的写邮件功能不包含附件的添加与删除，只是设计包含发件人、收件人、主题、内容等信息以及“发送”和“取消”等按钮的表单界面，效果如图 7-3 所示。

图 7-3 写邮件界面

7.2.1 布局、样式及页面元素插入

接下来需要完成写邮件页面的布局设计，页面中发件人、收件人、主题、内容等元素的样式定义及元素的添加等操作。

1. 页面的布局及元素样式定义

将整个页面的边距设置为 0。

整个页面使用的 div 及其排列关系如图 7-4 所示。

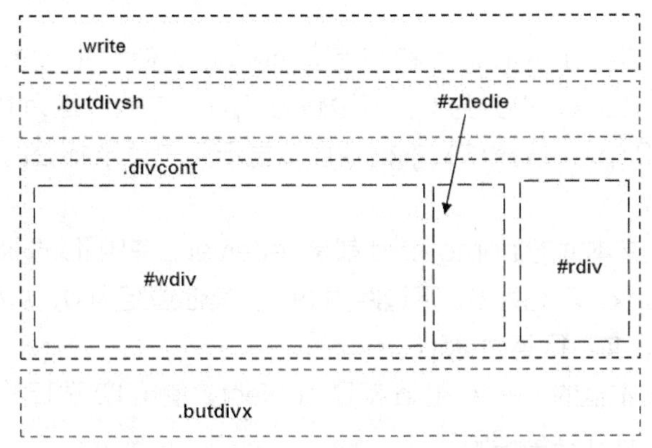

图 7-4　写邮件界面使用的 div 及其排列关系

下面是各个 div 的内容及样式定义要求。

（1）类选择符.write。

样式定义要求：宽度为 120 px，高度为 20px，填充为 0，边距为 0，背景图片为 writebg.jpg，字号为 10pt，文本在水平方向居中对齐，文本行高为 20px（该行高用于设置文本垂直方向居中对齐）。

（2）类选择符.butdivsh。

样式定义要求：宽度为 auto（该 div 的宽度与浮动框架窗口宽度一致，通过设置宽度为 auto 来实现），高度为 28px，上填充为 8px，左右填充为 10px，下填充为 0，边距为 0，背景为浅灰色 #eee，下边框为 1px、#aaf 颜色的实线。

元素<div class="butdivsh">的内部包含 5 个按钮，"发送"按钮为 submit 类型，"取消"按钮为 reset 类型，其他 3 个按钮都是 button 类型，所有按钮的样式定义要求为：高度为 25px，文本字号为 10pt。

（3）类选择符.divcont。

样式定义要求：宽度为 auto（该 div 的宽度与浮动框架窗口宽度一致），高度为 auto（高度根据内部表单元素的总高度来确定），填充为 0，上下边距为 10px，左右边距为 0。

元素<div class="divcont">的内部包含横向排列的 3 个 div，分别使用 ID 选择符#wdiv、#zhedie 和#rdiv 定义样式。

ID 选择符#wdiv：宽度为 300px（初始设为 300px，后面需要使用脚本函数重新设置，以保证其能够随着窗口宽度的变化而变化，使用脚本设置元素宽度之后，可以将样式中#wdiv 的宽度修改为 auto），高度为 auto，填充为 0，边距为 0，向左浮动。

元素<div id="wdiv">的内部使用 4 行 2 列的表格排列发件人、收件人、主题和内容 4 个表单元素。

表格宽度需要与元素<div id="wdiv">的宽度一致，因此设置为 100%。单元格内容不允许换行，这是为了保证用户将窗口调整为非常窄之后，显示在左侧列中的提示文本不会被换行，这需要为表格标签<table>设置样式代码 table-layout:fixed;来实现。

表格所有单元格中的文本字号都是 10pt，文本在垂直方向顶端对齐；表格左侧列宽度为 60px，文本在水平方向靠右对齐；表格右侧列宽度为 auto（在左侧列宽度固定的基础上，必须设置右侧列宽度为 auto，才能保证表格总宽度适应父元素<div id="wdiv">宽度的变化，最终适应浏览器窗口宽度的变化）。

表单元素“发件人”文本框的 name 和 id 都是 sender，使用 ID 选择符#sender 定义样式：宽度为 200px，高度为 25px，填充为 0，下边距为 5px，其他边距为 0，边框为 0，文本字号为 12pt，文本行高为 25px。设置该文本框中直接显示用户登录邮箱时使用的账号信息，并设置为只读。

表单元素“收件人”文本框的 name 和 id 都是 receiver，使用 ID 选择符#receiver 定义样式：宽度为 auto，高度为 25px，填充为 0，下边距为 5px，其他边距为 0，边框为 1px、#ddd 颜色的实线，文本字号为 12pt，文本行高为 25px。

表单元素“主题”文本框的 name 和 id 都是 subject，使用 ID 选择符#subject 定义样式，样式与“收件人”文本框的样式完全相同。

表单元素“内容”文本区域的 name 和 id 都是 content，使用 ID 选择符#content 定义样式：宽度为 auto，高度为 350px，填充为 0，边距为 0，边框为 1px、#ddd 颜色的实线，文本字号为 10pt，文本行高为 25px。

ID 选择符#zhedie 的样式定义要求：宽度为 10px，高度为 60px，上下填充为 193px，左右填充为 0，边距为 0，向左浮动。元素<div id="zhedie">的内容是图片 zhedieright.jpg，当用户单击图片时可以完成右侧元素<div id="rdiv">的显示或隐藏。

元素<div id="zhedie">的上下填充及高度说明：高度 60px 是直接采用了 div 内部要放置的图片 zhedieright.jpg 的高度；上下填充为 193px 是根据 4 个表单元素占据的高度总和 446px 减去高度 60px 之后平分为上下填充值得到的，目的是设置图片 zhedieright.jpg 在垂直方向居中对齐。

总高度 446px 的计算方法：“发件人”文本框的高度为 25px，下边距为 5px，共 30px；“收件人”和“主题”两个文本框的高度都是 25px，上下边框各 1px，下边距都是 5px，因此每个文本框的总高度为 32px，两个文本框的总高度为 64px；邮件内容文本区域高度为 350px，上下边框各 1px，总高度为 352px；30px+64px+352px 得到 446px。

ID 选择符#rdiv 的样式定义要求：宽度为 200px，高度为 444px（使用表单元素占据的总高度 446px 减去该元素上下边框各 1px 得到），填充为 0，边距为 0，边框为 1px、#ddd 颜色的实线，背景颜色为浅灰色#eee，向左浮动。元素<div id="rdiv">的内容为空，读者可以自行对其扩展功能，如在其中显示通讯录等信息。

（4）类选择符.butdivx。

样式定义要求：宽度为 auto（该 div 的宽度与浮动框架窗口宽度一致，设置宽度为 auto 来实现），高度为 28px，上填充为 8px，左右填充为 10px，下填充为 0，边距为 0，背景颜色为浅灰色#eee，上边框为 1px、#aaf 颜色的实线。

元素<div class="butdivxia">的内部包含的所有按钮的样式定义要求：高度为 25px，文本字号为 10pt。

2. 样式代码

创建样式文件 writeemail.css，定义代码如下。

```
1: body{margin:0;}
2: .write{width:120px; height:20px; padding:0; margin:0; background:url
(images/writebg.jpg); font-size:10pt; text-align:center; line-height:20px;}
3: .butdivsh{width:auto; height:28px; padding:8px 10px 0; margin:0; border-bottom:1px
solid #aaf; background:#eee;}
4: .butdivx{width:auto; height:28px; margin:0; padding:8px 10px 0; border-top:1px
solid #aaf; background:#eee;}
5: .butdivsh input, .butdivx input{ height:25px; font-size:10pt;}
6: .divcont{width:auto; height:auto; padding:0; margin:10px 0;}
7: #wdiv{ width:300px; height:auto; padding:0; margin:0; float:left;}
8: #zhedie{width:10px; height:60px; padding:193px 0; margin:0; float:left}
9: #rdiv{width:200px; height:444px; padding:0; margin:0; border:1px solid #ddd;
background:#eee; float:left;}
10: #wdiv table{width:100%; table-layout:fixed;}
11: #wdiv table  td{ font-size:10pt; vertical-align:top;}
12: #wdiv table  .tdleft{width:60px; text-align:right;}
13: #wdiv table  .tdright{width:auto;}
14: #sender{width:200px; height:25px; padding:0; margin:0 0 5px; border:0;
font-size:12pt; line-height:25px; font-weight:bold;}
15: #receiver, #subject{width:auto; height:25px; padding:0; margin:0 0 5px;
border:1px solid #ddd; font-size:12pt; line-height:25px;}
16: #content{width:auto; height:350px; padding:0; margin:0; border:1px solid #ddd;
font-size:10pt; line-height:25px;}
17: .divcont:after{content: ''; display: block; clear:both;}
```

代码解释：

第 17 行，清除浮动的样式，用于解决元素<div class="divcont">的高度“塌陷”问题。该 div 的高度设置为 auto，而且其内部的 id 分别为 wdiv、zhedie 和 rdiv 的 3 个子元素都是浮动的元素，因此，在大部分浏览器中该 div 的高度会“塌陷”，从而影响整个页面的运行效果。所以需要为其增加清除浮动的设置。

思考问题：

第 16 行，id 为 content 的文本区域元素中能显示的文本有多少行？如何计算？

解答：

能显示的文本为 14 行，使用该元素的高度 350px 除以文本的行高 25px 得到。

3. 页面元素代码

创建页面文件 writeemail.php，在首部使用代码<link type="text/css" rel="stylesheet" href="writeemail.css" />引用样式文件。

在页面主体中增加如下代码。

```
1: <?php session_start(); ?>
2: <form id="form1" name="form1" method="post" action="">
3:   <div class="write">写 信</div>
4:   <div class="butdivsh">
5:     <input name="send" type="submit" value=" 发  送 " />
6:     <input name="but1" type="button" value=" 存草稿 " />
7:     <input name="but2" type="button" value=" 预  览 " />
8:     <input name="but3" type="button" value=" 查字典 " />
9:     <input name="rst" type="reset" value=" 取  消 " />
10:   </div>
11:   <div class="divcont">
12:     <div id="wdiv">
13:       <table border="0" cellpadding="0" cellspacing="0">
14:         <tr>
15:           <td class="tdleft">发件人：</td>
16:           <td class="tdright"><input name="sender" type="text" id="sender" value=
"<?php echo $_SESSION['emailaddr'].'@163.com'; ?>" readonly= "readonly" /></td>
17:         </tr>
18::        <tr>
19:           <td class="tdleft">收件人：</td>
20:           <td class="tdright"><input name="receiver" type="text" id="receiver"
/></td>
21:         </tr>
22:         <tr>
23:           <td class="tdleft">主题：</td>
24:           <td class="tdright"><input name="subject" type="text" id="subject" /></td>
25:         </tr>
26:         <tr>
27:           <td class="tdleft">内容：</td>
28:           <td class="tdright"><textarea name="content" id="content" > </textarea>
</td>
29:         </tr>
30:       </table>
31:     </div>
32:     <div id="zhedie"><img src="images/zhedieright.jpg" id="zhedieImg" /></div>
33:     <div id="rdiv"></div>
34:   </div>
35:   <div class="butdivx">
```

```
36:     <input name="send" type="submit" value=" 发  送 " />
37:     <input name="but1" type="button" value=" 存草稿 " />
38:     <input name="but2" type="button" value=" 预  览 " />
39:     <input name="but3" type="button" value=" 查字典 " />
40:     <input name="rst" type="reset" value=" 取  消 " />
41:   </div>
42: </form>
```

代码解释：

第 1 行，嵌入 PHP 代码 session_start()，启用 Session，因为该页面中要使用保存在数组元素$_SESSION['emailaddr']中的用户账号信息，所以需要启用 Session 获取数据。

第 2～42 行，整个页面的内容都包含在表单容器中。

第 16 行，设置发件人元素的相关信息，因为在页面加载完成后，id 为 sender 的“发件人”文本框中会默认显示用户的登录账号信息，所以使用代码 value="<?php echo $_SESSION['emailaddr'] . '@163.com'; ?>"将保存在服务器端系统数组$_SESSION 中的用户账号信息连接上@163.com，输出到浏览器端之后，将其作为文本框的 value 属性的取值。

7.2.2 实现脚本功能

在写邮件界面中需要使用脚本函数实现表单数据验证、id 为 content 的文本区域中滚动条的显示与隐藏、表单元素的宽度设置、元素<div id="rdiv">的显示与隐藏等功能。

创建脚本文件 writeemail.js，分别定义函数实现上述功能。

在 writeemail.php 首部增加<script type="text/javascript" src="writeemail.js"></script>代码关联脚本文件。

1. 函数 validate()的定义与调用

用户单击“发送”按钮发送邮件时，系统需要先判断用户是否输入了收件人和邮件主题信息。若没有输入收件人信息，则在 id 为 receiver 的“收件人”文本框中显示红色提示信息“必须要填写收件人信息”，同时返回 false 结果，用于结束函数的执行，并阻止发送邮件的过程，效果如图 7-5 所示；若没有输入邮件主题信息，则在 id 为 subject 的“主题”文本框中显示红色提示信息“必须要填写邮件主题”，同时返回 false 结果，用于结束函数的执行，并阻止发送邮件的过程，效果如图 7-6 所示。

收件人： 必须要填写收件人信息

图 7-5　未填写收件人信息的页面效果

主题： 必须要填写邮件主题

图 7-6　未填写主题的页面效果

说明　相关提示信息可使用 HTML5 中表单元素的 placeholder 属性进行设置，该属性设置的提示文本默认为灰色，为了将提示文本设置为红色，需要在 writeemail.css 文件中增加下面的样式代码。

```
.inp::-webkit-input-placeholder {color:#f00;} /* WebKit browsers */
.inp:-moz-placeholder {color:#f00;} /* Mozilla Firefox 4 to 18 */
```

```
.inp::-moz-placeholder {color:#f00;} /* Mozilla Firefox 19+ */
.inp:-ms-input-placeholder {color:#f00;} /* Internet Explorer 10+ */
```

函数 validate()代码如下。

```
1: function validate() {
2:    var receiver = document . getElementById('receiver');
3:    var subject = document . getElementById('subject');
4:    if ( receiver . value == '' ) {//注意此处是空串，没有空格字符
5:        receiver . placeholder = "必须要填写收件人信息";
6:        receiver . className = "inp";
7:        receiver . focus();
8:        return false;
9:    }
10:   if ( subject . value == '') {//注意此处是空串，没有空格字符
11:       subject . placeholder = "必须要填写邮件主题";
12:       subject . className = "inp";
13:       subject . focus();
14:       return false;
15:   }
16: }
```

代码解释：

第 2 行，使用 document.getElementById('receiver')获取“收件人”文本框元素，并使用脚本变量 receiver 表示。

第 3 行，使用 document.getElementById(' subject ')获取“主题”文本框元素，并使用脚本变量 subject 表示。

第 4～9 行，若“收件人”文本框中的内容为空，则使用第 5 行代码设置提示信息；第 6 行代码可对该文本框设置 className 属性取值为类名 inp，设置提示信息显示为红色；使用第 7 行代码实现将光标定位到“收件人”文本框中；第 8 行代码返回 false 结果，结束函数的执行。

第 10～15 行，若“主题”文本框中的内容为空，则使用第 11 行代码设置提示信息；第 12 行代码可对该文本框设置 className 属性取值为类名 inp，设置提示信息显示为红色；使用第 13 行代码实现将光标定位到“主题”文本框中；第 14 行代码返回 false 结果，结束函数的执行。

函数调用：

在 writeemail.php 文件代码的<form>标签内部增加代码 onsubmit="return validate();"，作用是当单击表单中的 submit 类型按钮时触发表单的 submit 事件，从而完成函数 validate()的调用。

2. 函数 wdivWidth()的定义与调用

元素<div id="wdiv">的宽度在初始状态被设置为 300px，该元素及其内部 id 为 receiver、subject 和 content 的表单元素的宽度都要求能够适应页面文件 writeemail.php 的宽度，并且要实现在单击 id 为 zhedieImg 的折叠图片元素时，能够根据右侧元素<div id="rdiv">的显示与隐藏状态

来改变自己的宽度。

若元素<div id="rdiv">为显示状态，则元素<div id="wdiv">的宽度需要设置为页面宽度减去元素<div id="rdiv">和<div id="zhedie">的宽度之后得到的结果。

若元素<div id="rdiv">为隐藏状态，则元素<div id="wdiv">的宽度需要设置为页面的宽度减去元素<div id="zhedie">的宽度之后得到的结果。

id 为 receiver、subject 和 content 的表单元素的宽度需要使用元素<div id="wdiv">的宽度减去表格左侧列宽 60px 以及表单元素的左右边框 2px 之后得到。

定义函数 wdivWidth()实现上面的功能，函数代码如下。

```
1: function wdivWidth() {
2:     var w = window . document . body . offsetWidth ||
window . document . documentElement . offsetWidth ;
3:     if ( document . getElementById('rdiv') . style . display == "none" ) {
4:         leftdivw = w - 10;
5:     }
6:     else {
7:         leftdivw = w - 10 - ( 200 + 2 );
8:     }
9:     document . getElementById('wdiv') . style . width = leftdivw + "px";
10:    document . getElementById('receiver') . style . width = (leftdivw - 62) + "px";
11:    document . getElementById('subject') . style . width = (leftdivw - 62) + "px";
12:    document . getElementById('content') . style . width = (leftdivw - 62) + "px";
13: }
```

代码解释：

第 2 行，获取页面文件 writeemail.php 的可见区域宽度，使用变量 w 表示。若页面文件中使用了 XHTML 标准，则通过 window.document.documentElement.offsetWidth 来获取页面可见区域的宽度，否则通过 window.document.body.offsetWidth 来获取页面可见区域的宽度，使用或运算符连接这两个取值，二者之中有且仅有一个能够成立。

第 3～8 行，使用 document.getElementById('rdiv')获取元素<div id="rdiv">，判断它是否是隐藏的，若是隐藏的，则使用变量 w 的值减去元素<div id="zhedie">的宽度 10px，并将结果保存在变量 leftdivw 中；若是显示的，则使用变量 w 的值减去元素<div id="zhedie">的宽度 10px，再减去元素<div id="rdiv">的总宽度 202px（宽度 200px+左右边框 2px），并将结果保存在变量 leftdivw 中。

第 9 行，将变量 leftdivw 中保存的值作为元素<div id="wdiv">的宽度值，注意，必须在后面增加单位 px。

第 10～12 行，使用变量 leftdivw 的值减去元素<div id="wdiv">中表格左侧列宽 60px 和表单元素的左右边框 2px 之后，将结果作为表单元素的宽度。

思考问题：

在第 10～12 行中设置表单元素宽度时，为什么必须减去表单元素左右边框占用的 2px?

解答：

假设元素<div id="rdiv">是显示的，而当前获取到的窗口宽度为 600px，此时为元素<div id="wdiv">设置的宽度是：使用 600px 减去 212px 得到 388px，再使用 388px 减去表格左侧列的固定宽度 60px 得到 328px，这一取值要再减去表单元素左右边框的 2px 得到 326px。326px 即作为表单元素 width 属性的取值。

思考问题：

能否将第 3 行代码中的条件 if(document.getElementById('rdiv').style.display=="none")换为 if(document.getElementById('rdiv').style. display!='block')，也就是将等于 none 的判断改为不等于 block 的判断？为什么？

解答：

不可以按照上述方式更改条件，原因如下。

对 rdiv 的样式不是使用行内样式形式<div style="display:block;">定义的，这意味着在该 div 的 style 集合中不存在 display 属性。因此用 display 与任何值进行的相等判断都是不成立的，与任何值进行的不等判断都是成立的。若 rdiv = document.getElementById('rdiv')，则由上述描述可得如下结论。

if(rdiv.style.display == 'block')，条件不成立，与初始时 rdiv 显示的事实矛盾，所以不可用。

if(rdiv.style.display != 'none')，条件成立，与初始时 rdiv 显示的事实相符，所以可用。

if(rdiv.style.display == 'none')，条件不成立，与初始时 rdiv 显示的事实相符，所以可用。

if(rdiv.style.display != 'block')，条件成立，与初始时 rdiv 显示的事实矛盾，所以不可用。

因此，虽然从逻辑上来看，两个条件是等价的，但是不能替换。

函数调用：

函数 wdivWidth()在页面加载时需要调用，在浏览器窗口大小发生变化时也需要调用，因此直接在函数定义完毕增加下面的代码完成函数调用。

```
1: window . onload = wdivWidth;
2: window . onresize = wdivWidth;
```

3. 函数 showOrHideRdiv()的定义与调用

若元素<div id="rdiv">为隐藏的，则单击图片元素<img id="zhedieImg">之后，要将元素<div id="rdiv">设置为显示状态，同时要将图片元素<img id="zhedieImg">显示的图片文件修改为 zhedieright.jpg；否则要将元素<div id="rdiv">设置为隐藏状态，同时要将图片元素<img id="zhedieImg">显示的图片文件修改为 zhedieleft.jpg。

定义函数 showOrHideRdiv()实现上述功能。

函数代码如下。

```
1:  function showOrHideRdiv() {
2:      if(document . getElementById('rdiv') . style . display == "none") {
3:          document . getElementById('rdiv') . style . display = "block";
4:          document . getElementById('zhedieImg') . src = "images/ zhedieright.jpg";
5:      }
6:      else {
7:          document . getElementById('rdiv') . style . display = "none";
```

```
8:          document . getElementById('zhedieImg') . src = "images/ zhedieleft.jpg";
9:      }
10: }
```

代码说明：

这里不可以使用样式属性 visible 判断或者设置元素<div id="rdiv">的显示与隐藏，因为当元素隐藏之后，就不允许其继续占用页面中的位置。所以必须使用样式属性 display 进行判断或者设置。

函数调用：

当用户单击图片元素<img id="zhedieImg">时调用该函数，需要在 writeemail.php 代码<img... id="zhedieImg" />中增加代码 onclick="showOrHideRdiv();"完成函数的调用。

另外，当用户单击图片元素<img id="zhedieImg">隐藏或者显示元素<div id="rdiv">之后，还需要调用函数 wdivWidth()重新调整元素<div id="wdiv">和内部各个表单元素的宽度，因此需要将代码 onclick="showOrHideRdiv();"改为 onclick=" showOrHideRdiv(); wdivWidth();"。

注意 图片元素<img id="zhedieImg">的 click 事件调用两个函数的顺序必须是先调用 showOrHideRdiv()，后调用 wdivWidth()。这是因为需要先设置元素<div id="rdiv">的显示或隐藏，再设置元素<div id="wdiv">的宽度。

4. 函数 showOrHideScroll()的定义与调用

为了使设计的页面比较美观，要求在任何浏览器中运行页面文件 writeemail.php 时，文本区域中的滚动条在初始状态都要隐藏。在除了 IE 之外的当前的各种主流浏览器中显示文本区域时，默认初始状态的滚动条都是隐藏的，当文本区域中的内容超出了指定的行数范围之后，滚动条会自动显示。因此，需要针对 IE 设置文本区域滚动条在初始状态隐藏，实现方法如下。

在页面文件 writeemail.php 中的代码首部链接外部样式文件<link.../>之后增加如下代码。

```
<!--[if  IE]>
  <style type="text/css">
    #content{overflow:hidden;}
  </style>
<![endif]-->
```

上面代码在判断浏览器是 IE 之后，会为文本区域元素<textarea name="content" id="content" >增加样式定义，使用 overflow:hidden;设置滚动条为隐藏状态。

函数 showOrHideScroll()需要实现的功能说明如下。

写邮件内容的文本区域元素在样式定义中定义的高度是 350px，内部文本的行高是 25px，因此最多可以显示 14 行文本。若文本区域内的文本没有超出 14 行，则设置文本区域的滚动条为隐藏状态，否则设置滚动条为显示状态，并且要保证滚动条随时根据文本行数的变化来显示或隐藏。

函数代码如下。

```
1: function showOrHideScroll() {
2:   var cont = document . getElementById("content");
```

```
3:   var txt = cont . createTextRange() . getClientRects();
4:   if ( txt . length > 14 ) {
5:      cont . style . overflowY = 'scroll';
6:   }
7:   else {
8:      cont . style . overflowY = 'hidden';
9:   }
10:  scrollTm = window . setTimeout("showOrHideScroll()", 100);
11: }
```

代码解释：

第 2 行，使用代码 document.getElementById("content") 获取页面中 id 为 content 的文本区域元素，使用变量 cont 表示。

第 3 行，在 cont 中使用函数 createTextRange()创建包含文本的对象，进而使用函数 getClientRects()获取文本对象中的文本，使用变量 txt 表示。

第 4 行，使用 txt.length 获取变量 txt 中文本的行数，判断行数是否超出 14。

第 5 行，若文本行数超出 14，则将变量 cont 表示的文本区域中的垂直方向的滚动条 overflowY 使用 scroll 设置为显示状态。

第 8 行，若文本行数没有超出 14，则将变量 cont 表示的文本区域中的垂直方向的滚动条 overflowY 使用 hidden 设置为隐藏状态。

第 10 行，使用 window 对象的定时器函数 setTimeout()设置每间隔 100ms 调用函数 showOrHideScroll()，保证随时监测文本区域中文本的行数，以确定滚动条的显示与隐藏状态。该函数会返回一个定时器标识，使用全局变量 scrollTm 保存，以便在编辑完邮件内容光标离开文本区域时，用于结束 setTimeout()函数的定时调用函数的过程。

函数初次调用：

当光标定位到文本区域时开始调用函数，因此需要在 writeemail.php 页面代码文本区域元素中增加代码 onfocus="showOrHideScroll();"，完成函数的初次调用。

5. 函数 stopscrollTm()的定义与调用

编辑邮件内容时，使用 window 对象的定时器函数 setTimeout()设置每间隔 100ms 就要调用函数 showOrHideScroll()，这个定时器函数一旦调用就会一直运行下去，直到采用相应的函数来结束它，为了停止定时器函数的循环定时过程，减少系统的耗能，这里定义函数 stopscrollTm()来结束定时器函数。

函数代码如下。

```
1: function stopscrollTm() {
2:     window . clearTimeout(scrollTm);
3: }
```

代码解释：

第 2 行，全局变量 scrollTm 在函数 showOrHideScroll()中保存了定时器函数返回的标识，此处使用 window 对象的 clearTimeout()函数清除 scrollTm 中保存的值，达到结束定时器函数运行的目的。

函数调用：

当用户结束邮件内容的编辑，将光标离开文本区域时调用函数，因此需要在writeemail.php页面代码文本区域元素中增加代码onblur="stopscrollTm();"，完成函数的调用。

7.2.3 完整的writeemail.php代码

完整的writeemail.php代码如下。

```
<!DOCTYPE html>
<html>
<head>
<meta charset=UTF-8" />
<title>无标题文档</title>
<link type="text/css" rel="stylesheet" href="writeemail.css" />
<script type="text/JavaScript" src="writeemail.js"></script>
<!--[if IE]>
  <style type="text/css">
    #content{overflow:hidden;}
  </style>
<![endif]-->
</head><body>
 <?php session_start(); ?>
 <form id="form1" name="form1" method="post" action="storeemail.php" onsubmit=
"return validate();" enctype="multipart/form-data">
   <div class="write">写 信</div>
   <div class="butdivsh">
     <input name="send" type="submit" value=" 发 送 " />
     <input name="but1" type="button" value=" 存草稿 " />
     <input name="but2" type="button" value=" 预 览 " />
     <input name="but3" type="button" value=" 查字典 " />
     <input name="rst" type="reset" value=" 取 消 " />
   </div>
   <div class="divcont"> <div id="wdiv">
       <table border="0" cellpadding="0" cellspacing="0">
         <tr> <td class="tdleft">发件人：</td>
           <td class="tdright"><input name="sender" type="text" id="sender" value=
"<?php echo $_SESSION['emailaddr'].'@163.com'; readonly="readonly" ?>" /></td></tr>
         <tr><td class="tdleft">收件人：</td>
```

```
            <td class="tdright"><input name="receiver" type="text" id="receiver"
onfocus="focusCode('receiver');" /></td></tr>
           <tr><td class="tdleft">主题: </td>
            <td class="tdright"><input name="subject" type="text" id="subject" onfocus=
"focusCode('subject');" /></td></tr>
           <tr><td class="tdleft">内容: </td>
            <td class="tdright"><textarea name="content" id="content" onfocus=
"showOrHideScroll();" onblur="stopscrollTm();"></textarea></td></tr>
          </table></div>
         <div id="zhedie"><img src="images/zhedieright.JPG" id="zhedieImg" onclick=
"showOrHideRdiv();wdivWidth();" /></div>
         <div id="rdiv"></div><div class="clear"></div>
        </div>
        <div class="butdivx">
         <input name="send" type="submit" value=" 发 送 " />
         <input name="but1" type="button" value=" 存草稿 " />
         <input name="but2" type="button" value=" 预 览 " />
         <input name="but3" type="button" value=" 查字典 " />
         <input name="rst" type="reset" value=" 取 消 " />
        </div> </form></body></html>
```

任务 7-3 添加附件

需要解决的核心问题

- 如何设计用于添加 10 个附件的 10 组元素？
- 继续添加附件时，应采取怎样的原则找出一个未使用的文件域元素？显示新元素之后，页面的高度和宽度需要怎样变化？
- 删除附件时，如何处理文件域元素？删除附件之后，页面的高度和宽度需要怎样变化？
- 浮动框架内部的页面文件如何调用父窗口的页面文件中的脚本函数？

添加附件功能的实现包括用于添加附件的初始界面设计、继续添加附件、删除已添加附件等几个方面功能的实现过程。

7.3.1 界面设计

1. 界面设计说明

修改 writeemail.php 文件，在邮件主题信息下面增加一行表格的单元格，用于添加附件。

页面代码刚刚运行时，显示一个选择附件的文件域元素，界面如图 7-7 所示。

单击图 7-7 所示界面右下方的“删除”时，可以将已经选择的附件信息删除，但是要保留文件域元素。若需要添加多个附件，则可以单击“继续添加附件”，得到图 7-8 所示的界面。

图 7-7 添加附件界面

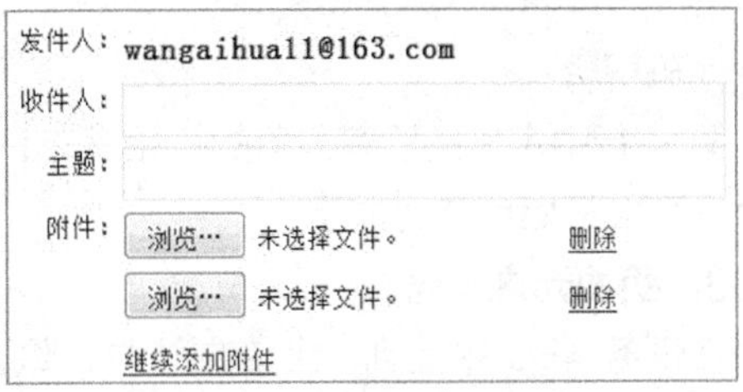

图 7-8 添加多个附件界面

单击图 7-8 所示界面中的第二个文件域右侧的“删除”时，要将已经选择的附件信息删除，同时将文件域元素隐藏。

本页面要求最多可以添加 10 个附件，采用的方案是在初始状态设计好 10 组元素，每组元素的内容和结构为<p><span>文件域元素</span><span>删除</span></p>。具体说明如下。

- 每一组元素使用一个段落标签<p>控制，每个段落标签都要定义 id 属性，取值范围为 p1～p10，是按规律变化的。
- 每组元素都包含一个文件域元素和一个“删除”文本元素。
- 每组中的文件域元素都使用标签<span>...</span>控制，为 10 个<span>标签定义的 id 属性取值范围为 sp1～sp10，是按规律变化的。
- 10 个文件域元素的 name 属性的取值范围为 f1～f10，是按规律变化的。
- 每组中的“删除”文本元素使用独立的<span>...</span>标签控制，不需要设置 id 属性。
- 第一个段落初始状态为显示，将第 2～10 个段落的初始状态都设置为隐藏。

2. 样式定义要求及样式代码

（1）样式定义要求。

文件域元素的样式使用类选择符.attachmsg 定义，宽度为 auto，高度为 25px，填充为 0，边距为 0。

“删除”文本元素的样式使用类选择符.del 定义，文本颜色为蓝色，带下画线，鼠标指针指向时显示为手状。

“继续添加附件”文本元素的样式使用类选择符.add 定义，文本颜色为蓝色，带下画线，鼠标指针指向时显示为手状，文本行高为 30px。

控制 10 组元素的段落标签使用包含选择符.tdright p 定义样式，下边距为 5px，其余边距为 0，初始状态为隐藏。

设置 id 是 p1 的段落的初始状态为显示。

（2）样式代码。

在 writeemail.css 文件中增加如下样式代码。

```
1: .attachmsg{ width:auto; height:25px; padding:0; margin:0;}
2: .del{color:#00f; text-decoration:underline; cursor:pointer;}
3: .add{color:#00f; text-decoration:underline; cursor:pointer; line-height: 30px;}
```

```
4: .tdright  p{ margin:0 0 5px 0; display:none;}
5: .tdright  #p1{ display:block;}
```

代码解释：

第 4 行中定义的所有段落的初始状态都为隐藏，第 5 行中使用优先级较高的 ID 选择符定义第一个段落的初始状态为显示。

3. 页面元素代码

在任务 4-3 中提到，上传文件时，除了要增加文件域元素外，还必须设置表单标签<form>内部的相关属性。修改 writeemail.php 文件，在<form>标签中增加代码 enctype="multipart/form-data"，然后在邮件主题信息行对应代码之后插入如下代码。

```
1: <tr>
2:   <td class="tdleft">附件：</td>
3:   <td class="tdright">
4:   <p id="p1">
5:    <span id="sp1"><input type="file" name="f1" class="attachmsg" /></span>
6:    <span class="del">删除</span>
7:   </p>
8:   <p id="p2">
9:    <span id="sp2"><input type="file" name="f2" class="attachmsg" /></span>
10:   <span class="del">删除</span>
11:  </p>
12:  <p id="p3">
13:   <span id="sp3"><input type="file" name="f3" class="attachmsg" /></span>
14:   <span class="del">删除</span>
15:  </p>
16:  <p id="p4">
17:   <span id="sp4"><input type="file" name="f4" class="attachmsg" /></span>
18:   <span class="del">删除</span>
19:  </p>
20:  <p id="p5">
21:   <span id="sp5"><input type="file" name="f5" class="attachmsg" /></span>
22:   <span class="del">删除</span>
23:  </p>
24:  <p id="p6">
25:   <span id="sp6"><input type="file" name="f6" class="attachmsg" /></span>
26:   <span class="del">删除</span>
27:  </p>
28:  <p id="p7">
29:   <span id="sp7"><input type="file" name="f7" class="attachmsg" /></span>
```

```
30:  <span class="del">删除</span>
31: </p>
32: <p id="p8">
33:  <span id="sp8"><input type="file" name="f8" class="attachmsg" /></span>
34:  <span class="del">删除</span>
35: </p>
36: <p id="p9">
37:  <span id="sp9"><input type="file" name="f9" class="attachmsg" /></span>
38:  <span class="del">删除</span>
39: </p>
40: <p id="p10">
41:  <span id="sp10"><input type="file" name="f10" class="attachmsg" /></span>
42:  <span class="del">删除</span>
43: </p>
44: <span class="add">继续添加附件</span>
45: </td>
46: </tr>
```

说明 在页面中增加了添加附件功能，显示一个文件域元素和“继续添加附件”文本元素之后，表单元素的总高度发生了变化。为了保证页面的美观，需要重新调整元素<div id="rdiv">的高度和<div id="zhedie">的上填充。

因为文件域元素的高度是 25px，段落的下边距是 5px，而“继续添加附件”文本元素的行高是 30px，所以增加的总高度是 60px。将 ID 选择符#rdiv 原来的高度 444px 修改为 504px，再将 ID 选择符#zhedie 原来的上填充 193px 修改为 223px 即可。

7.3.2 使用脚本实现多附件添加和删除附件功能

1. 多附件添加

在页面中添加多个附件时，需要单击文本“继续添加附件”，以显示用于添加附件的文件域元素，每单击一次，就从尚未使用的文件域元素中找出序号最小的那个显示出来。同时因为文件域元素的显示使得页面内容增高，所以需要调整页面中元素<div id="rdiv">的高度、<div id="zhedie">的上填充以及整个浮动框架子窗口的高度。定义脚本函数 addAttach()来实现上述功能。

函数代码如下。

```
1: function addAttach() {
2:   for( i = 2; i <= 10; i++ ) {
3:     if( document . getElementById('p' + i). style. display != 'block'){
4:       document . getElementById('p' + i). style. display = 'block';
5:       var rdivH = document . getElementById('rdiv') . clientHeight;
```

```
6:         rdivH = rdivH + 30;
7:         document . getElementById('rdiv') . style . height = rdivH + "px";
8:         document . getElementById('zhedie') . style . paddingTop = (rdivH - 60) /
2 + "px";
9:         parent . iframeHeight();
10:        parent . iframeWidth();
11:        break;
12:    }
13: }
```

代码解释：

第 2～13 行，使用循环结构加分支结构判断并显示序号最小的那个文件域元素，实际上显示的是段落元素。

第 2 行，循环变量 i 的初值从 2 开始（因为第一个文件域元素在初始状态为显示），最多循环 9 次。

第 3 行，判断序号为 i 的段落元素是否是显示状态，若是隐藏状态，则执行第 4～12 行代码。

第 4 行，设置序号为 i 的段落元素为显示状态。

第 5 行，使用代码 document.getElementById('rdiv').clientHeight 获取页面中元素<div id="rdiv">的当前高度，使用变量 rdivH 表示。

第 6 行，将变量 rdivH 的值增加 30px。

第 7 行，使用代码 document.getElementById('rdiv').style.height=rdivH+"px";将修改后的变量 rdivH 的值作为元素<div id="rdiv">的新高度。

第 8 行，代码 document.getElementById('zhedie').style.paddingTop=(rdivH-60)/2+ "px";用来设置元素<div id="zhedie">的上填充，用元素<div id="rdiv">的高度减去图片元素<img... id="zhedieImg" />的高度 60px 之后将结果除以 2 得到该值，目的是在增加页面内容高度之后，仍能使图片元素位于垂直方向的中间位置。

第 9 行，使用代码 parent.iframeHeight();调用父窗口中的 iframeHeight()函数，重新设置 id 为 main 的浮动框架的高度。writeemail.php 文件是在浮动框架中运行的，而要调用的函数 iframeHeight()则属于父窗口（浏览器窗口）中运行的页面文件 email.php，所以这里必须使用 parent，表示由当前浮动框架子窗口中运行的页面文件来访问父窗口的页面文件。

第 10 行，使用代码 parent.iframeWidth();调用父窗口中的 iframeWidth()函数，重新设置浮动框架的宽度。此处的调用是因为显示多个文件域元素之后，页面高度可能会超出父窗口高度导致浏览器窗口中出现滚动条，即浏览器窗口中有滚动条和没有滚动条时浮动框架的宽度是不同的，因此需要重新设置。

第 11 行，使用 break 语句结束当前循环，这说明已经从尚未显示的文件域元素中找到并且显示了序号最小的那个元素，任务已经完成，不需要继续循环下去。

扫码查看关于函数 addAttach()思考问题解答

思考问题：

（1）第 5 行中，获取元素<div id="rdiv">的当前高度时，能否将 clientHeight

更换为 style.height？更换之后结果如何？

（2）在第 9 行和第 10 行中，若将表示父窗口的对象 parent 去掉，系统将从哪里寻找函数 iframeHeight()和 iframeWidth()？

（3）在第 11 行中，若将 break 直接去掉，会出现什么问题？

函数调用：

单击“继续添加附件”时调用函数 addAttach()，因此可在页面文件 writeemail.php 中的代码 <span class="add">继续添加附件</span>的<span>标签内部增加代码 onclick="addAttach()" 完成函数调用。

2. 删除附件

单击第一个文件域元素右侧的“删除”时，将选择的附件信息删除；而单击第二个及之后那些文件域元素右侧的“删除”时，除了删除选择的附件信息，还必须将文件域所在的段落元素隐藏。同时因为页面内容高度减小，所以还需要调整页面中元素<div id="rdiv">的高度、元素<div id="zhedie">的上填充以及整个浮动框架子窗口的高度。

> **说明** 删除选择的附件信息时，通过脚本代码使用一个新的、同名的文件域元素取代原来的文件域元素，即用一个新的 f1 取代原来的 f1，用新的 f2 取代原来的 f2……

定义函数 dele()实现附件删除。

函数代码如下。

```
1:  function dele(num) {
2:   document . getElementById('sp' + num) . innerHTML = "<input type='file' name='f"
+ num + "' class='attachmsg' />";
3:   if ( num != 1 ) {
4:      document . getElementById('p' + num) . style . display = 'none';
5:      var rdivH = document . getElementById('rdiv') . clientHeight;
6:      rdivH = rdivH - 30;
7:      document . getElementById('rdiv') . style . height = rdivH + "px";
8:      document . getElementById('zhedie') . style . paddingTop = (rdivH - 60) /
2 + "px";
9:      parent . iframeHeight();
10:     parent . iframeWidth();
11:   }
12: }
```

代码解释：

第 1 行，关于形参 num，单击界面中不同的“删除”需要处理不同的文件域元素和不同的段落，此处定义的形参 num 用于表示段落或者文件域元素的 id 取值中的序号，范围是 1～10。单击第一个段落中的“删除”传递的实参值是数字 1，单击第二个段落中的“删除”传递的实参值是数字 2，以此类推。

第 2 行，在页面代码中，所有的文件域元素都使用了<span>…</span>标签来定界，使用

'sp'+num 得到序号是 num 的<span>标签的 id 属性值。例如，若序号为 3，则得到的结果是 sp3。然后使用代码 document.getElementById('sp'+num)获取 id 为 sp3 的<span>标签，最后使用 innerHTML 属性设置该标签内部的内容是新的文件域元素。新的文件域元素的 name 设置为'f'+num，若 num=1，则文件域元素的 name 为 f1，以此类推，也就是使用新的、同名的文件域元素取代原来已经选择了附件的文件域元素，从而达到删除附件信息的目的。

需要注意的是，代码 name='f'+num+" ' class='attachmsg'中，字符 f 前面是单引号，后面是双引号，在 num+后面则是一个双引号和一个单引号。

第 3 行，判断形参 num 得到的实参值是否是数字 1，若不是则执行第 4～9 行。

第 4 行，隐藏序号是 num 的段落元素。

第 5～7 行，重新设置元素<div id="rdiv">的高度。

第 8 行，重新设置元素<div id="zhedie">的上填充。

第 9 行，调用父窗口运行的页面中的函数 iframeHeight()，重新调整浮动框架子窗口的高度。

第 10 行，调用父窗口运行的页面中的函数 iframeWidth()，重新调整浮动框架子窗口的宽度。

函数调用：

（1）在第 1 个段落中控制“删除”文本的<span>标签中增加代码 onclick="dele(1)"。

（2）在第 2 个段落中控制“删除”文本的<span>标签中增加代码 onclick="dele(2)"。

……

（10）在第 10 个段落中控制“删除”文本的<span>标签中增加代码 onclick="dele(10)"。

任务 7-4 发送邮件

需要解决的核心问题

- 数据表 emailmsg 中保存了哪些信息？使用哪一列区分每条记录？
- 一封邮件的附件信息在数据表中如何保存？一个附件文件在服务器文件夹中如何保存？如何解决同名附件冲突的问题？
- 保存邮件信息时设计插入语句需要注意什么问题？
- explode()函数的作用是什么？需要几个参数？返回结果是什么？
- 如何判断指定的收件人账号在 usermsg 表中是否存在？
- 如何实现系统退信？

邮件编辑完成，单击“发送”按钮时必须将邮件信息存入数据库，若邮件包含附件，则还需要将附件保存到文件夹 upload 中，这样，发送一封邮件的过程才算结束。

7.4.1 创建数据表 emailmsg

1. 数据表结构说明

在数据库 email 中创建的数据表 emailmsg 专门用于存放邮件信息，为了方便实现所有邮箱相关功能，可将所有用户发送的所有邮件信息都存储在数据表 emailmsg 中。数据表的列名、长度等结构要求如表 7-1 所示。

表 7-1　数据表 emailmsg 的结构要求

保存的信息	列名	类型和长度	是否允许为空	其他
邮件序号	emailno	int(10)	not null	自动增长，主键
发件人账号	sender	varchar(30)	not null	
收件人账号	receiver	varchar(1000)	not null	
邮件主题	subject	varchar(200)	not null	
邮件内容	content	text		
收发日期	datesorr	datetime	not null	
附件名称信息	attachment	varchar(1000)		
是否删除邮件	deleted	tinyint(1)	not null	初始值为 0
是否阅读邮件	readflag	varchar(1000)		

说明　（1）定义邮件序号是为了在以后打开邮件和删除邮件时提供索引。

（2）收件人的长度定义为 1000 个字符，允许发送邮件时指定多个用户接收，指定多个用户接收时，每个收件人后面都使用英文分号结束。在项目运行中实际操作时，分号需要用户自己输入。

（3）邮件主题长度限制在 200 个字符之内。

（4）邮件内容可以为空。

（5）附件名称信息用于记录当前邮件包含的所有附件的名称信息，必须允许为空，表示用户可以不用选择上传附件。

（6）是否删除邮件，用于记录当前邮件是否已经被用户删除，被删除的邮件中该列的列值被设置为 1 作为标识，可在已删除邮件列表中显示，用户可以从已删除邮件列表中再次选择邮件之后将其彻底删除。

（7）是否阅读邮件，用于记录某个用户是否已经阅读过某封邮件，若阅读过，则以“zhangmeng@163.com;”形式记录阅读邮件的用户账号“zhangmeng”，这样在“zhangmeng”的收件箱中，这封邮件的超链接不再显示为加粗状态。如果某个邮件的多个收件人都阅读过该邮件，则将多个收件人的账号信息都记录在该邮件记录的 readflag 列中，如“zhangmeng@163.com;lidong@163.com;”，每个账号信息都要以分号结束。邮件记录中 readflag 列值的修改是在某个用户初次打开这封邮件时进行的。

素养提示　在数据表中添加 emailno 列、deleted 列、readflag 列做长远打算，在项目开发中应做好项目功能规划，有前瞻思维，统观全局。

2. 创建数据表

【例 7-1】创建 create_emailmsg.php 文件，在连接 MySQL 成功并打开数据库 email 之后，定义 SQL 语句，创建数据表 emailmsg，若创建成功，则输出“数据表 emailmsg 创建成功”，否则输出“数据表 emailmsg 创建失败”。

代码如下。

```
1: <?php
2:   header("Content-Type: text/html;charset=utf8");
3:   $conn = mysqli_connect('localhost', 'root', 'root');
4:   if ( !$conn ) {
5:       die("错误编号是: ".mysqli_connect_errno()."<br />错误信息是: ".mysqli_ connect_
error());
6:   }
7:   else {
8:       mysqli_select_db($conn, 'email');
9:       $sql = "CREATE TABLE emailmsg(emailno int(10) NOT NULL AUTO_INCREMENT PRIMARY
KEY,";
10:      $sql = $sql . "sender VARCHAR(30) NOT NULL, receiver VARCHAR(1000) NOT NULL,";
11:      $sql = $sql . "subject VARCHAR(200) NOT NULL,content TEXT,";
12:      $sql = $sql."datesorr DATETIME NOT NULL,attachment VARCHAR(1000),";
13:      $sql = $sql . "deleted TINYINT(1) NOT NULL DEFAULT 0) ,readflag VARCHAR(1000)
default charset=utf8";
14:      if ( mysqli_query($conn, $sql) ) {
15:          echo "数据表 emailmsg 创建成功<br />";
16:      }
17:      else {
18:          echo "数据表 emailmsg 创建失败<br />";
19:      }
20:   }
21: ?>
```

代码解释：

第 9 行，关键字 AUTO_INCREMENT 表示自动增长。

第 13 行，关键字 DEFAULT 0 表示设置默认值为 0，最后需要指定在该数据表中使用的字符集编码是 UTF-8，保证能够正确存储中文数据。

7.4.2 保存邮件信息

创建页面文件 storeemail.php，用于保存邮件信息，修改 writeemail.php 文件，在<form>标签中设置 action="storeemail.php"关联该文件。

1. storeemail.php 实现的功能的步骤说明

微课 7-1 保存邮件信息

第 1 步，要获取邮件的全部信息，包括发件人、收件人、主题、内容、收发日期和附件信息。

第 2 步，获取并处理附件信息，将附件文件保存在与 storeemail.php 文件同级的文件夹 upload 中，同时准备好要保存到数据表 emailmsg 的附件信息列 attachment 中的信息。

本书任务中实现的是简单的保存附件的操作，所有用户发送的邮件中的附件文件都保存在同一个 upload 文件夹中。为了尽可能避免不同用户发送的同名附件互相冲突，在将附件保存到 upload 文件夹之前，由系统产生一个 0～100 000 的随机数，将该随机数放入圆括号内，放在附件名称开始的位置，如(89345)a.doc，然后将新组成的名称作为附件名称保存到文件夹 upload 中。

素养提示 在附件名称前面添加随机数，可以解决同名附件冲突，在项目开发中，应培养创新思维，应对和解决各种问题。

保存在 attachment 列中的附件名称信息包含 3 个部分的内容，分别是在开始处增加的放在圆括号中的随机数标识、附件名称和在结束处放在圆括号中的大小信息，最后再加上一个分号，如(89345)a.doc(2.1kB);。在保存之前，需要将这 3 个部分的内容连接在一起并以分号结束；若同时有多个附件，则将所有附件信息连接在一起放在 attachment 列中，如(89345)a.doc (2.1kB);(6537)b.png(203.5kB);。

第 3 步，将所有信息保存到数据表 emailmsg 中。

2. storeemail.php 文件代码

storeemail.php 文件代码如下。

```
1: <?php
2:  header("Content-Type: text/html;charset=utf8");
3:  $sender = $_POST['sender'];
4:  $receiver = $_POST['receiver'];
5:  $subject = $_POST['subject'];
6:  $content = $_POST['content'];
7:  $datesorr = date("Y-m-d H:i");
8:  $attachment = '';
9:  for ( $i = 1; $i <= 10; $i++ ) {
10:   $fname = $_FILES["f{$i}"]['name'];
11:   if ( $fname != '') {
12:       $tmp_fname = $_FILES["f{$i}"]['tmp_name'];
13:       $rndNum = mt_rand(0, 100000);
14:       $fname = "({$rndNum}){$fname}";
15:       $fname1 = iconv("UTF-8", "GB2312", $fname);
```

```
16:         move_uploaded_file($tmp_fname, "upload/{$fname1}");
17:         $fsize = round($_FILES["f{$i}"]['size'] / 1024, 2) . "kB";
18:         $attachment = "{$attachment}{$fname}({$fsize});";
19:     }
20:   }
21:   $conn = mysqli_connect('localhost', 'root', 'root');
22:   mysqli_select_db($conn, 'email');
23:   $sql = "insert into emailmsg( sender, receiver, subject, content, datesorr, attachment, deleted ) values( '{$sender}', '{$receiver}', '{$subject}', '{$content}', '{$datesorr}', '{$attachment}', '0' )";
24:   mysqli_query($conn, $sql);
25:   echo "邮件已经发送成功";
26:   mysqli_close($conn);
27: ?>
```

代码解释：

第 3～6 行，从系统数组$_POST 中获取 name 是 sender、receiver、subject 和 content 的表单元素提交的数据，分别使用变量$sender、$receiver、$subject 和$content 保存。

第 7 行，使用函数 date("Y-m-d H:i")获取服务器的日期和时间，若系统日期是 2018 年 3 月 20 日上午 9 时 20 分，则得到的结果是“2018-03-20 09:20”，将获取的结果使用变量$datesorr 保存。

第 8 行，设置变量$attachment 的初始值为空，该变量用于保存用户上传的所有附件的名称信息。

第 9～20 行，使用循环结构处理 10 个文件域元素上传的附件信息，循环变量 1～10 的取值除了用于控制循环的次数为 10 之外，还要用作文件域元素名称 f1～f10 中的序号。

第 10 行，获取当前循环变量所指的文件域元素上传的文件的名称，使用变量$fname 保存，其中使用表达式"f{$i}"得到文件域元素的名称。例如，若$i=3，则得到的文件域元素的名称是 f3。

第 11 行，判断变量$fname 中保存的文件名信息是否为空，若为空，则说明相应的文件域元素没有用于上传附件，不需要对其进行其他任何处理操作；若不为空，则说明该文件域元素上传了附件，执行第 12～18 行代码完成相应的处理操作。

第 12 行，获取当前循环变量所指的文件域元素上传的文件的临时保存位置和名称信息，使用变量$tmp_fname 保存。

第 13 行，使用 mt_rand(0,100000)产生 0～100 000 的随机数，并将其保存在变量$rndNum 中。

第 14 行，将保存在变量$rndNum 中的随机数使用圆括号定界后放置到被上传文件名称开始的位置，目的是区分同一个用户或者不同用户上传的同名文件。

第 15 行，使用 iconv()函数处理文件名称的汉字编码问题，将处理后的文件名称信息保存在变量$fname1 中，为使用函数 move_uploaded_file()做准备。

第 16 行，使用 move_uploaded_file()函数将附件以指定的名称保存到指定的文件夹 upload 中，upload 文件夹中的文件名称前面带有随机数。

第 17 行，获取上传文件的大小，将文件大小数据转换为单位为 KB 的数据后保存在变量 $fsize 中。

第 18 行，将“(随机数)文件名称”（注意，此处用的是转换编码之前的文件名称）与“(文件大小);”连接在一起，保存到变量$attachment 中，为在数据表中保存附件信息做准备。保存到数据表中 attachment 列的附件信息包含随机数标识、原附件名称和括号中的附件大小信息 3 个部分。

第 21 行，使用 mysqli_connect()函数创建数据库连接，使用变量$conn 保存连接标识。

第 22 行，使用 mysqli_select_db()函数打开数据库 email。

第 23 行，定义插入语句，使用变量$sql 保存。数据表 emailmsg 中的第一列是自动增长列 emailno，因为该列不需要手动插入数据，所以在定义 insert into 语句时，必须将自动增长列之外的所有列的列名写出来，然后按照列名的顺序将列值逐个写出来。

第 24 行，使用 mysqli_query()函数执行变量$sql 中保存的 SQL 插入语句，将邮件信息插入数据表 emailmsg。

第 25 行，当上述功能都实现之后，输出“邮件已经发送成功”来提示用户。

第 26 行，关闭打开的数据库，释放数据库连接。

7.4.3 实现系统退信功能

在发送邮件之后，若邮件中指定的某个接收者账号在 usermsg 表的 emailaddr 列中不存在，则系统应该自动给发送方退信，用于提示发送方所发送的邮件并没有真正发送成功。

1. 系统退信功能实现说明

因为发送方发送邮件时指定的接收者可能是多个用户，对这些使用英文分号连接在一起的账号，首先要使用英文分号作为分隔符，将它们一个个分离，然后使用循环结构分别判断其是否是已经注册过的账号。

另外，因为接收者账号信息中包含“@163.com”，而存放用户账号信息的 usermsg 表中的 emailaddr 列值内并不包含“@163.com”，所以在判断某个接收者账号是否存在之前，必须将账号信息中包含的“@163.com”信息截取掉。

无论是要分割字符串信息，还是要截取字符串信息，都需要使用字符串分割函数 explode()来完成。

2. 字符串分隔函数 explode()

在编程中，经常需要将一个字符串按某种规则分割成多个子串，PHP 提供的 explode()函数专门用于分割字符串，格式如下。

array explode(参数 1,参数 2)

微课 7-2 字符串分割函数 explode()

其中，参数 1 指定用来分割字符串的字符，可以是一个字符，也可以是一个字符串；参数 2 指定被分割的字符串。

explode()函数将一个长的字符串按某个指定的字符（串）分割成多个字符（串），并按照顺序组成一个数组。具体用法有以下两种。

用法一：

$array = explode(参数 1，参数 2)

返回结果$array 是一个数组，可以使用数字索引访问数组元素，$array[0]表示其中第一个元素。

用法二：

list(变量 1，变量 2，变量 3, ...)= explode(参数 1，参数 2)

使用 list(变量列表)形式保存数据，按分割后的顺序将字符串依次保存到指定的变量中，若变量个数少于分割后字符串的个数，则丢弃后面的字符串，相当于进行字符串的截取操作。

【例 7-2】假设存在字符串变量$str，其内容是“How are you”，要使用空格分割该字符串，分割后的结果保存在数组$strGrp 中，代码如下。

```
$str = "How are you";
$strGrp = explode(' ', $str); //第一个参数单引号是定界中有一个空格
```

执行上面代码之后，数组元素$strGrp[0]的内容是 How，$strGrp[1]的内容是 are，$strGrp[2]的内容是 you。

若要将分割后的结果分别使用变量$str1、$str2 和$str3 保存，则修改代码为如下形式。

```
$str = "How are you";
list($str1, $str2, $str3) = explode(' ', $str); //第一个参数单引号定界中有一个空格
```

【例 7-3】假设存在字符串变量$receiver，其内容为“zhanglihong@163.com; liminghua@163.com; liuyuping@163.com”，使用分号分割该字符串之后，分行输出每一部分的内容。创建文件 explode.php 实现该功能。

代码如下。

```
1: <?php
2:   $receiver = "zhanglihong@163.com;liminghua@163.com;liuyuping@163.com;";
3:   $receiverAll = explode( ';', $receiver );
4:   for ( $i = 0; $i < count($receiverAll) - 1; $i++ ) {
5:       echo $receiverAll[$i]. "<br />";
6:   }
7: ?>
```

程序运行结果如图 7-9 所示。

图 7-9 使用 explode()函数的执行结果

代码解释：

第 3 行，使用分号分割字符串变量$receiver 的内容后，将结果保存在数组$receiverAll 中。

第 4 行，使用 count($receiverAll)获取数组元素的个数，将该值减去 1 之后作为循环次数，因

为原来的$receiver 中共有 3 个分号，分割之后将得到 4 个子串，所以数组$receiverAll 的元素个数是 4，但是最后一个元素为空，循环时通过减 1 操作直接去掉即可。

若要将分割之后每个字符串中的“@163.com”去掉之后再输出，则要使用@符号分割每个子串，使用 list()函数保留分割之后的第一部分结果，修改循环部分的代码为如下形式。

```
for($i=0;$i<count($receiverAll)-1;$i++) {
  list($emailaddr) = explode( '@', $receiverAll[$i] );
  echo "{$emailaddr}<br />";
}
```

3. 实现系统退信功能的代码

微课 7-3 实现系统退信功能

使用下面代码取代 storeemail.php 文件中第 23～25 行代码。

```
1:  $receivergroup = explode( ';', $receiver );
2:  $receiver = '';
3:  for ( $i = 0; $i < count($receivergroup) - 1; $i++ ) {
4:    list($uname) = explode( '@', $receivergroup[$i] );
5:    $sql = "select * from usermsg where emailaddr = '{$uname}' ";
6:    $result = mysqli_query($conn, $sql);
7:    $datanum = mysqli_num_rows($result);
8:    if ( $datanum == 0 ) {
9:      $receivertx = $sender;
10:     $sendertx = 'system';
11:     $subjecttx = '系统退信';
12:     $contenttx = "你所指定的接收者账号 {$uname} 不存在，信件退回";
13:     $datesorrtx = date("Y-m-d H:i");
14:     $sql = "insert into emailmsg(sender, receiver, subject, content, datesorr, deleted)
values('{$sendertx}', '{$receivertx}', '{$subjecttx}', '{$contenttx}', '{$datesorrtx}', '0')";
15:     mysqli_query($conn, $sql);
16:     echo "你所指定的接收者账号 {$uname} 不存在，信件退回<br />";
17:   }
18:   else{
19:      $receiver ="{$receiver}{$receivergroup[$i]};";
20:   }
21: }
22: if ( $receiver != ''){
23:     $sql="insert into emailmsg( sender, receiver, subject, content, datesorr,
attachment, deleted ) values( '{$sender}', '{$receiver}', '{$subject}', '{$content}',
'{$datesorr}', '{$attachment}', '0' )";
24:     mysqli_query($conn, $sql);
25:     echo "邮件已经发送成功";
26: }
```

代码解释：

第 1 行，使用分号分割保存在变量$receiver 中的收件人信息，将分割之后的结果使用数组$receivergroup 保存，因为每个收件人信息后面都跟随一个分号，所以分割之后数组元素的个数比实际收件人个数多 1，循环中要去掉多余的元素。

第 2 行，将变量$receiver 的值设置为空，之后再将发件人指定的所有收件人账号中已经注册存在的账号信息保存到该变量中。例如，若变量$receiver 中初始保存的收件人信息为 zhanglihong@163.com;liminghua@163.com;liuyuping@163.com，分割判断之后，发现第二个收件人 liminghua 的账号信息在数据表 usermsg 中不存在，其他两个账号信息都存在，那么最后要将 zhanglihong@163.com;liuyuping@163.com;信息再次保存到变量$receiver 中。

第 3～20 行，使用 for 循环结构逐个判断、检查保存在数组$receivergroup 中的各个收件人账号信息。

第 4 行，使用@符号对正在处理的收件人信息进行分割，使用 list()函数指定变量$uname 保留其中第一部分的用户名信息。

第 5 行，定义查询语句，查询在 usermsg 表中 emailaddr 列的值是$uname 的记录，使用变量$sql 保存该查询语句。

第 6 行，使用 mysqli_query()函数执行查询语句，将返回的查询结果记录集保存在变量$result 中。

第 7 行，使用 mysqli_num_rows()函数获取查询结果记录集中的记录数，并使用变量$datanum 保存。

第 8 行，判断变量$datanum 的值是否为 0，若为 0，则说明所查找的账号不存在，执行第 9～15 行代码完成系统退信过程；否则执行第 19 行，将系统中存在的收件人账号信息以英文分号结尾连接到变量$receiver 中。

第 9 行，将$sender 变量中保存的原来的发件人信息作为系统退信时的收件人信息，使用变量$receivertx 保存。

第 10 行，将 system 作为系统退信时使用的发件人信息，使用变量$sendertx 保存。

第 11 行，设置系统退信时的邮件主题是“系统退信”，使用变量$subjecttx 保存。

第 12 行，设置系统退信时的邮件内容，在邮件内容中必须包含不存在的收件人信息，使用变量$contenttx 保存。

第 13 行，获取系统退信时的日期和时间，使用变量$datesorrtx 保存。

第 14 行，定义插入语句，将系统退信的信息写入数据表 emailmsg，使用变量$sql 保存插入语句。

第 15 行，执行插入语句，实现系统退信功能。

第 22 行，循环语句执行结束之后，判断$receiver 变量是否为空，不为空则说明指定的收件人账号中存在已经在系统中注册的账号，然后执行第 23 行和第 24 行代码，对这些账号发送邮件。

7.4.4 storeemail.php 文件的完整代码

storeemail.php 文件的完整代码如下。

```
<?php
 header("Content-Type: text/html;charset=utf8");
 $sender = $_POST['sender'];
 $receiver = $_POST['receiver'];
 $subject = $_POST['subject'];
 $content = $_POST['content'];
 $datesorr = date("Y-m-d H:i");
 $attachment = '';
 for ( $i =1; $i <= 10; $i++ ) {
     $fname = $_FILES["f{$i}"]['name'];
     if ( $fname != '' ) {
          $tmp_fname = $_FILES["f{$i}"]['tmp_name'];
          $rndNum = mt_rand(0, 100000);
          $fname = "({$rndNum}){$fname}";
          $fname1 = iconv("UTF-8", "GB2312", $fname);
          move_uploaded_file( $tmp_fname, "upload/$fname1" );
          $fsize = round($_FILES["f{$i}"]['size'] / 1024, 2) . "kB";
          $attachment = "{$attachment}{$fname}({$fsize});";
    }
 }
 $conn = mysqli_connect('localhost', 'root', 'root');
 mysqli_select_db($conn, 'email');
 $receivergroup = explode(';', $receiver);
 $receiver = '';
 for ( $i = 0; $i < count($receivergroup); $i++ ) {
    list($uname) = explode('@', $receivergroup[$i]);
    $sql = "select * from usermsg where emailaddr = '{$uname}'";
    $result = mysqli_query($conn, $sql);
    $datanum = mysqli_num_rows($result);
    if ( $datanum == 0 ) {
         $receivertx = $sender;
         $sendertx = 'system';
         $subjecttx = '系统退信';
         $contenttx = "你所指定的接收者账号 {$uname} 不存在，信件退回";
         $datesorrtx = date("Y-m-d H:i");
         $sql = "insert into emailmsg( sender, receiver, subject, content, datesorr, deleted)
values('{$sendertx}', '{$receivertx}', '{$subjecttx}', '{$contenttx}', '{$datesorrtx}', '0')";
         mysqli_query($conn, $sql);
```

```
            echo "你所指定的接收者账号{$uname}不存在，信件退回<br />";
        }
        else{
            $receiver = "{$receiver}{$receivergroup[$i]};";
        }
    }
    if ( $receiver != '') {
        $sql = "insert into emailmsg(sender, receiver, subject, content, datesorr, 
attachment, deleted) values('{$sender}', '{$receiver}', '{$subject}', '{$content}', 
'{$datesorr}', '{$attachment}', '0')";
        mysqli_query($conn, $sql);
        echo "邮件已经发送成功";
    }
    mysqli_close($conn);
    ?>
```

小结

本任务首先介绍了邮箱主窗口界面的设计，创建的文件如下。

样式文件 email.css、页面文件 email.php 和脚本文件 email.js，其中 email.php 文件是在 denglu.php 文件中使用 include 'email.php'代码包含进去执行的，而 email.css 和 email.js 则要关联到 email.php 文件中执行。

然后介绍了写邮件界面的设计，创建的文件如下。

样式文件 writeemail.css、页面文件 writeemail.php 和脚本文件 writeemail.js，其中 writeemail.php 文件是通过 email.php 文件的浮动框架<iframe src='writeemail.php'>代码加载进去执行的，而 writeemail.css 和 writeemail.js 则要关联到 writeemail.php 文件中执行。

最后介绍了创建数据表 emailmsg，并实现了邮件的发送和系统退信功能，创建的文件是 storeemail.php，该文件需要在 writeemail.php 文件中使用<form>标签的 action="storeemail.php"属性进行关联，当用户单击“发送”按钮时执行。

习题

一、选择题

1. 若设置某个 div 的宽度为 auto，左右边距为 0，则下列说法正确的是________。
   A. 该 div 的宽度将由其内部子元素的宽度确定
   B. 若 div 中没有内容，则 div 的实际宽度将为 0
   C. 若该 div 是其他 div 的子元素，则其宽度与父元素宽度一致
   D. 若该 div 的父元素是浏览器窗口，则其宽度无法确定

2. 在 email.php 页面上方的图片 163logo.gif 右侧存在文本框和文字两类文本元素，要实现让这些元素与图片垂直方向上的中线对齐，需要在图片元素中使用代码________来实现。

A. align="top" B. align="middle"

C. align="center" D. align="bottom"

3. 若服务器端变量$emailaddr 的内容为"zhangmanyu"，要将"zhangmanyu@163.com"作为 writeemail.php 中“发件人”文本框的默认值，需要在该文本框的<input>标签内使用代码________来实现。

A. value="<?php echo $_SESSION['emailaddr'].'@163.com'; ?>"

B. value="$_SESSION['emailaddr'].'@163.com'"

C. value="<?php $_SESSION['emailaddr'].'@163.com'; ?>"

D. value="echo $_SESSION['emailaddr'].'@163.com';"

4. 关于 email.php 文件的相关问题，下列说法错误的是________。

A. 必须在文件开始处使用 session_start()启用 Session

B. 该文件是在 denglu.php 文件中使用代码 include 'email.php'包含执行的

C. 执行该文件时，已经在文件 denglu.php 中启用了 Session

D. 在文件中使用 session_start()启用 Session，将会造成 Session 重复启用问题

5. 使用 JavaScript 时，在窗口大小发生变化时激活的事件是________。

A. click B. submit C. load D. resize

6. 代码$str=explode(" ", "How do you do?")执行之后，数组$str 中有________个元素。

A. 3 B. 4 C. 5 D. 6

二、填空题

1. 为了保证表格单元格中的文本不会因为宽度变化而自动换行，需要为<table>标签设置的样式属性及取值是________________。

2. email.php 页面中包含浮动框架，浮动框架中显示页面文件 writeemail.php，要在属于页面文件 writeemail.php 的脚本函数 addAttach()中调用属于页面文件 email.php 的脚本函数 iframeHeight()，需要在函数 iframeHeight()的前面使用前缀__________。

3. 代码 list($y,$m,$d)=explode("-", "2018-10-26")执行之后，变量$y、$m 和$d 中存放的内容分别是__________、__________、__________。

任务8 实现接收、阅读、删除邮件功能

接收、阅读和删除邮件都是邮箱项目的核心功能，本任务中需要实现的功能如下。

- 能够使用分页浏览查看收件箱中的邮件和已删除文件夹中的邮件。
- 单击收件箱中当前页某封邮件的主题或发件人之后，能够打开并阅读邮件。
- 能够根据用户选择的选项将收件箱中的邮件放入已删除文件夹，也可以将已删除文件夹中的邮件彻底删除。

素养要点

提升用户体验 敬业精神

任务 8-1 分页浏览邮件

需要解决的核心问题

- 如何通过 URL 向服务器提交数据？服务器端如何获取 URL 提交的数据？
- 如何使用函数 mysqli_fetch_array()获取查询结果记录集中的记录？如何访问记录中每列的信息？
- 如何设计分页浏览中使用的“首页”“上页”“下页”“尾页”超链接？
- 如何获取当前用户收件箱的所有邮件？如何获取邮件总页数？如何获取当前页中的所有记录？
- 为了能够打开邮件，要如何设计收件箱中每封邮件的超链接？
- 分页浏览中的数据验证的作用是什么？如何进行验证？

单击 email.php 页面左侧的“收信”或者“收件箱”超链接时，要从右侧的浮动框架子窗口中显示图 8-1 所示的页面运行效果。

收件箱(共7 封) 每页 5 封

删除 刷新　　首页 上页 下页 尾页

wangaihua	一封长邮件	2021年06月07日
wangaihua	**长内容的邮件**	2021年06月01日
wangaihua	没有附件的邮件	2021年05月23日
wangaihua	11	2021年05月23日
wangaihua	**第二封邮件**	2021年05月23日

图 8-1 收邮件页面运行效果

8.1.1 收邮件功能描述

在收邮件界面中需要实现以下描述的功能。

（1）能够获取当前用户收件箱中尚未设置删除标志的邮件总数并显示出来。

（2）能够实现邮件的分页浏览功能，输出“首页”“上页”“下页”“尾页”的文本或者超链接，若当前显示的是第一页中的邮件信息，则“首页”和“上页”超链接不可用，若当前显示的是最后一页中的邮件信息，则“下页”和“尾页”超链接不可用。

（3）能够根据用户单击的页面超链接进行换页，例如，当前正在显示的是第 2 页，单击“下页”超链接后，能够将页码 3 提交给服务器，以打开下页中的邮件信息。若此时单击“上页”超链接，则能够将页码 1 提交给服务器，以打开上页中的邮件信息。

（4）能够通过查询语句中的限制子句 limit 获取每页中指定的邮件，能够使用 mysqli_fetch_array()函数从查询结果记录集中获取一条记录（一封邮件的所有信息），然后以数组的形式将每封邮件的发件人、主题、收发日期以及邮件中是否有附件等信息显示到邮件列表中。若有附件，就在指定列中显示附件小图标 flag-1.jpg。

（5）能够根据用户的选择，修改每页中的邮件数。

（6）单击任意邮件中的发件人或者主题超链接时，能够将当前邮件的 emailno 列值（邮件序号）提交给服务器，实现打开与阅读邮件的功能。

（7）能够根据用户是否已经阅读过某封邮件来确定该邮件的发件人和主题超链接是否要设置为加粗效果。

（8）选中需要删除邮件左侧的复选框，单击“删除”按钮之后，能够将选中的所有邮件设置为已删除邮件。

8.1.2 用$_GET 接收 URL 附加数据

微课 8-1　用 $_GET 接收 URL 附加数据

在收邮件界面中，常使用的一个功能是单击超链接实现向服务器端提交数据，也就是在打开链接文件的同时，向该文件提交指定的数据。例如，单击“首页”“上页”“下页”“尾页”超链接时，需要向服务器提交一个数字，作为将要显示的页面的页码信息。单击任意邮件的发件人或者主题超链接时，需要向服务器提交当前邮件的 emailno 列值，作为将要打开的邮件的序号信息。

在任务 4～任务 7 中，我们向服务器提交数据时都是通过表单界面实现的，页面中的每一个表单元素都可以通过自身 name 属性的取值标识出提交到系统数组$_POST 或者$_GET 中的数据，即在系统数组$_POST 或者$_GET 中使用的键名是表单元素 name 属性的取值。本小节要实现通过单击超链接向服务器提交数据，需要解决的问题有如下两个。

（1）在超链接中需要如何设置，才能在单击时将数据提交给服务器？

（2）超链接提交的数据在服务器端如何获取？

单击超链接实现向服务器端提交数据，之后在服务器端获取该数据，这两个功能的实现可以分别在两个文件中完成，也可以在一个文件中完成，这要根据具体的页面需求确定。

例如，在收邮件界面中，单击某个邮件的发件人或主题打开邮件时，单击的超链接元素属于页面文件 receiveemail.php，超链接要打开的文件则是 openemail.php，即提交数据的文件是 receiveemail.php，接收数据的文件是 openemail.php；而在收邮件界面中，单击“首页”“上页”“下页”“尾页”超链接时，单击的超链接元素属于页面文件 receiveemail.php，超链接要打开的文件还是 receiveemail.php，即提交数据和接收数据的文件都是 receiveemail.php。

下面通过示例来说明两种不同的用法。

1. 为浏览器端功能与服务器端功能独立创建文件

（1）创建浏览器端文件 get.html。

创建文件 get.html，在文件内部设置超链接，链接热点是“单击超链接运行文件 get.php，同时向该文件提交数据”，通过链接打开的文件是 get.php。单击超链接时，向服务器端提交的键值对是 data=123。

在超链接中设置向服务器端提交数据需要使用 href="url?键名=键值"来完成。

页面文件 get.html 主体部分的代码如下。

```
1: <body>
2:    <p><a href="get.php?data=123">单击超链接运行文件 get.php，同时向该文件提交数据
</a></p>
3: </body>
```

页面运行效果如图 8-2 所示。

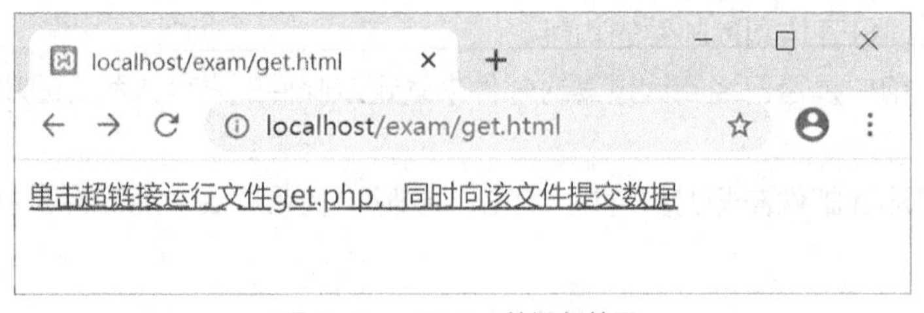

图 8-2　get.html 的运行效果

代码解释：

第 2 行，超链接标签中属性 href 的取值是 get.php?data=123，即在指定页面文件名称 get.php 的后面使用问号?作为开始，跟随一对键名与键值 data=123。单击超链接时，将该数据对提交到链接的页面文件 get.php 中。

（2）创建服务器端文件 get.php。

创建文件 get.php，获取并输出 get.html 文件中超链接提交的数据。

通过超链接提交的数据在服务器端必须使用系统数组$_GET 来接收，$_GET 中需要使用的键名是超链接 href 属性中数据对的键名。

页面文件 get.php 的代码如下。

```
1: <body>
2:   <?php
3:      $data = $_GET['data'];
4:      echo "超链接提交的数据是：{$data}";
5:   ?>
6: </body>
```

单击图 8-2 中的超链接之后，会运行 get.php 文件，运行效果如图 8-3 所示。

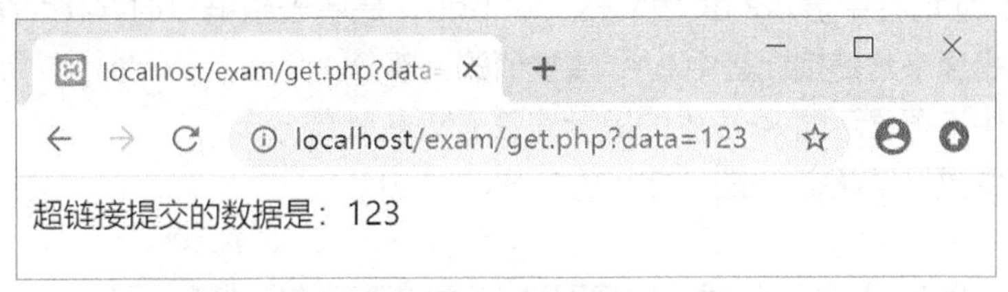

图 8-3　页面文件 get.php 运行效果

在图 8-3 中，浏览器地址栏内的“get.php?data=123”是 get.html 文件中超链接标签中 href 属性的取值，显示在?后面的数据对是要通过$_GET 系统数组接收的数据。

由此可知，要使用超链接向服务器提交数据时，需要使用 href="url?键名=键值"来完成设置；而在服务器端必须使用系统数组$_GET 接收超链接提交的数据。

2. 将提交数据与接收数据功能在一个文件中实现

将提交数据与接收数据功能在一个文件中实现，是指在这个文件中创建超链接，超链接标签中 href 属性指定要链接的文件仍旧是该文件自身，即单击超链接提交的数据仍旧由当前文件自己接收并处理，提交数据在浏览器端完成，而接收数据在服务器端完成。

因为包含浏览器端与服务器端两方面的功能，所以，合并之后的文件必须是 PHP 文件。创建页面文件 get.php，合并原 get.html 文件代码和 get.php 文件代码，页面主体部分的代码如下。

```
......
1: <body>
2:   <p><a href="get.php?data=123">单击超链接，观察地址栏的变化</a></p>
3:   <?php
4:      $data = $_GET['data'];
5:       echo "超链接提交的数据是{$data}";
6:   ?>
7: </body>
```

页面文件 get.php 的运行结果如图 8-4 所示。

说明　这里只列出了核心代码，没有包含代码的首部，故而显示错误提示信息时给出的代码行号是 10，对应的是上面给定代码中的第 4 行，错误信息是“在数组$_GET 中不存在键名为 data 的元素”。

单击图 8-4 中的超链接之后，地址栏和页面的运行效果如图 8-5 所示。

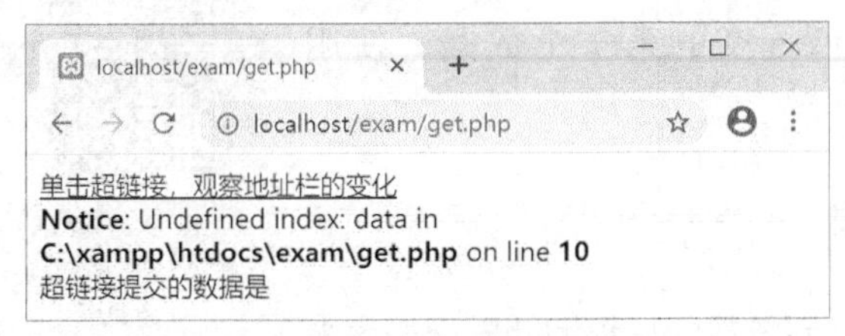

图 8-4　get.php 的运行结果

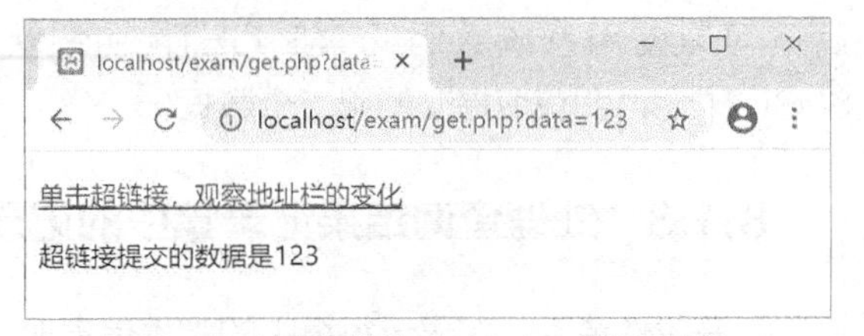

图 8-5　单击超链接后 get.php 的运行效果

图 8-5 中显示的效果与图 8-4 中显示的效果的不同之处如下。

（1）图 8-5 地址栏中显示的页面文件 get.php，是单击超链接时 href 属性的值，其后跟的?data=123 也是原来超链接标签中 href 属性值的一部分。

（2）图 8-5 中不再显示图 8-4 中的提示信息（Notice 部分）。

（3）图 8-5 中显示了超链接提交的数据 123。

思考问题：

为什么文件 get.php 初次运行时会出现图 8-4 中的提示信息“Undefined index: data...”，即在页面文件 get.php 代码$data=$_GET['data']中出现未定义的键名 data？该如何解决？

解答：

页面文件 get.php 第一次运行时，尚未单击超链接，也就是说，还没有使用 data=123 向超链接指向的文件 get.php 提交数据，所以在文件中也就不存在系统数组元素$_GET['data']。而在单击超链接之后，数据被提交到页面文件 get.php 中，文件中存在系统数组元素$_GET['data']，获取该元素之后就可以将其显示出来。

解决方法——isset()函数的应用。

在使用系统数组元素$_GET['data']之前，先判断该元素是否已经设置，若设置了，再获取其中保存的数据，否则不做任何处理。

修改页面文件 get.php，增加条件判断语句，修改后的代码如下。

```
1: <body>
2:   <p><a href="get.php?data=123">单击超链接，观察地址栏的变化</a></p>
3:   <?php
4:     if ( isset($_GET['data']) ) {
5:       $data = $_GET['data'];
6:       echo "超链接提交的数据是{$data}";
7:     }
8:   ?>
9: </body>
```

代码解释：

第 4 行，使用 isset($_GET['data'])函数检测系统数组元素$_GET['data']是否设置，即检测其是否存在，若是存在，则返回 true，if()条件成立，进而执行第 5 行和第 6 行代码处理该系统数组元素中保存的数据。

若要在单击超链接时向链接的文件传递多个数据，则可以在 href 属性取值中使用&符号连接新的键名与键值对，如 href="get.php?data=123&name=jinnan"。单击超链接之后就可以使用系统数组元素$_GET['data']获取提交的第一个数据，使用$_GET['name']获取提交的第二个数据。

微课 8-2 处理查询结果记录集中的记录

8.1.3 处理查询结果记录集中的记录

打开收件箱后，在显示每页中的邮件信息时，系统需要从查询结果记录集中逐条获取记录，然后以数组的形式获取每条记录中每列的列值。

PHP 中提供了 mysqli_fetch_array()、mysqli_fetch_row()、mysqli_fetch_object()、mysqli_fetch_assoc()等多种不同的函数来处理查询结果记录集中的记录，本书主要讲解 mysqli_fetch_array()和 mysqli_fetch_object()这两个常用的函数。

1. mysqli_fetch_array()函数

使用 mysqli_fetch_array()函数可以从查询结果记录集中获取记录指针指向的记录。

格式：array mysqli_fetch_array(查询结果记录集)。

返回结果有两种情况：如果记录指针指向某条存在的记录，则将获取该记录中的所有列，并且以数组的形式保存；如果记录指针指向最后一条记录之后，则返回 false。

对于存放记录信息的数组，可以使用两种形式访问数组元素：第一种是使用从 0 开始的数字索引，索引 0 代表查询结果中第一列的信息，索引 1 代表第二列的信息，以此类推；第二种是使用键名访问，使用数据表中的列名作为数组元素的键名，因为这种形式更直观、更容易理解，所以成为程序中的主要用法。

【例 8-1】创建页面文件 fetch_array.php，查询数据表 emailmsg 中发件人 wangaihua@163.com 的全部邮件，获取信息之后，将查询结果中所有记录的邮件序号、发件人、收件人、主题 4 列的列值以表格形式输出。

页面运行效果如图 8-6 所示。

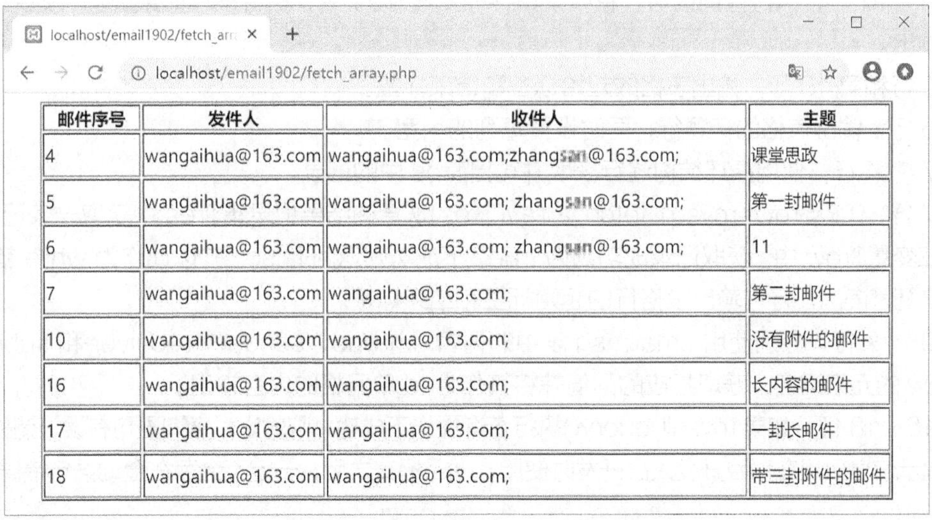

localhost/email1902/fetch_arr ×
localhost/email1902/fetch_array.php

邮件序号	发件人	收件人	主题
4	wangaihua@163.com	wangaihua@163.com;zhangsan@163.com;	课堂思政
5	wangaihua@163.com	wangaihua@163.com; zhangsan@163.com;	第一封邮件
6	wangaihua@163.com	wangaihua@163.com; zhangsan@163.com;	11
7	wangaihua@163.com	wangaihua@163.com;	第二封邮件
10	wangaihua@163.com	wangaihua@163.com;	没有附件的邮件
16	wangaihua@163.com	wangaihua@163.com;	长内容的邮件
17	wangaihua@163.com	wangaihua@163.com;	一封长邮件
18	wangaihua@163.com	wangaihua@163.com;	带三封附件的邮件

图 8-6　fetch_array.php 页面运行效果

页面代码如下。

```
1:<?php
2:      $conn = mysqli_connect('localhost','root','', 'email');
3:      $sql="select * from emailmsg where sender='wangaihua@163.com'";
4:      if($res=mysqli_query($conn,$sql)){
5:          echo "<table border='1' width='800' align='center'>";
6:          echo"<tr><th width='100'>邮件序号</th><th width='150'>发件人</th><th
```

```
width='400'>收件人</th><th width='150'>主题</th></tr>";
    7:          while($row=mysqli_fetch_array($res)){
    8:              echo"<tr>";
    9:              echo "<td height='40'>{$row['emailno']}</td>";
    10:             echo "<td>{$row['sender']}</td>";
    11:             echo "<td>{$row['receiver']}</td>";
    12:             echo "<td>{$row['subject']}</td>";
    13:             echo"</tr>";
    14:         }
    15:         echo"</table>";
    16:     }else{
    17:         echo "查询语句有误，请检查<br />";
    18:     }
    19: mysqli_close($conn);
    20:?>
```

代码解释：

第 3 行，定义查询语句，查询发件人 wangaihua@163.com 的记录。

第 4～16 行，执行查询语句，将结果保存在变量$res 中，执行操作如果成功，则完成记录的获取和输出。

第 5 行和第 15 行，输出表格的起始标签和结束标签。

第 6 行，输出表格的标题行，同时设置每列的列宽。

第 7～14 行，使用循环结构逐行获取并输出$res 中的记录。

第 7 行，代码$row=mysqli_fetch_array($res)从查询结果记录集$res 中获取一条记录，并将其保存在变量$row 中，获取记录成功则为 true，不成功则返回 false，并以此作为 while 循环条件。

第 8 行和第 13 行，输出表格行的起始标签和结束标签。

第 9～12 行，分别使用 emailmsg 表中的列名 emailno、sender、receiver 和 subject 作为数组$row 的元素键名，获取相应的列值并将其作为 td 单元格的内容输出。

第 16～18 行，如果 mysqli_query()执行查询操作不成功，则输出“查询语句有误，请检查”。注意，该提示信息只是在项目开发人员开发时使用，项目提交之后，一定不会存在查询语句错误的问题。

> **注意** 上面的执行结果完全由自己创建的数据库中记录的内容来决定。

2. mysqli_fetch_object()函数

使用 mysqli_fetch_object()函数可以从查询结果记录集中获取记录指针指向的记录。

格式：object mysqli_fetch_object(查询结果记录集)。

返回结果有两种情况：若指向的记录存在，则将返回的结果保存为对象，使用表中的列名作为对象的属性来获取各列的值；若指向的记录不存在，则返回 false。

例如，将例 8-1 的 fetch_array.php 中的 mysqli_fetch_array()函数换成 mysqli_fetch_ object()函数之后，第 7～14 行代码要修改为如下代码。

```
7:  while($row=mysqli_fetch_object($res)){
8:    echo "<tr>";
9:    echo"<td>{$row->emailno}</td>";
10:   echo"<td>{$row->sender}</td>";
11:   echo"<td>{$row->receiver}</td>";
12:   echo"<td>{$row->subject}</td>";
13:   echo "</tr>";
14: }
```

代码解释：

第 9～12 行，表中的列名 emailno、sender、receiver 和 subject 作为对象$row 的属性，对象与属性之间需要使用符号“->”连接。

8.1.4 分页浏览邮件

在众多的动态网页中，要浏览保存在数据库中的大量数据，如留言板下面的数条留言、邮箱中的数封邮件等，需要使用分页浏览技术。使用分页浏览技术之后，无论数据量怎样变化，都能保证页面的长度不会发生任何变化，变化的只有页数，用户只需单击进入自己需要的页面即可查阅信息。

为了美化设计的页面，项目中仍旧要结合样式的应用来实现收邮件页面的分页浏览功能。

需要创建的文件有样式文件 receiveemail.css、页面文件 receiveemail.php 和脚本文件 receiveemail.js。

图 8-1 所示的收件箱界面的整个页面的边距要定义为 0（需要在 receiveemail.css 文件中增加样式代码 body{margin:0;}），页面包含上下排列的 3 个 div，分别使用类选择符.div1、.div2 和.div3 定义样式。下面介绍 3 个 div 的样式定义、div 中子元素的样式定义、div 内部要显示的内容的获取及输出。

页面布局结构如图 8-7 所示。

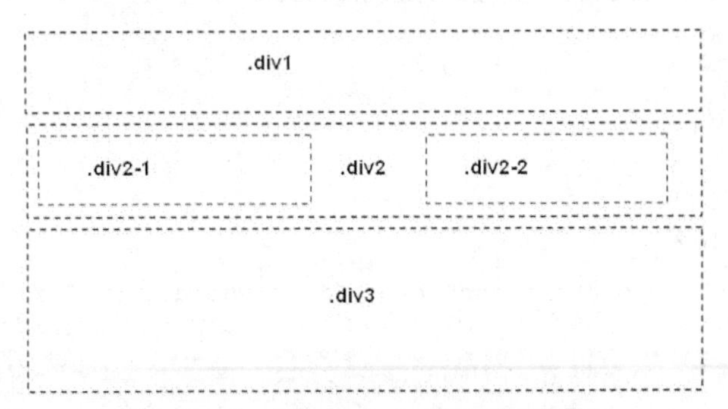

图 8-7　receiveemail.php 页面的布局结构

微课 8-3　获取收件箱邮件总数

微课 8-4　修改每页中的记录数

1. 元素<div class="div1">的设计

（1）内容说明。

元素<div class="div1">中要放置的内容是文本“收件箱”、当前用户收件箱中的邮件总数以及可以修改每页邮件数的下拉列表元素，效果如图 8-8 所示。

收件箱(共7 封) 每页 5 ▼ 封

图 8-8 元素<div class="div1">中的内容

素养提示 允许用户自由选择每页中的邮件数，提高了用户体验。在项目开发中应学会从用户角度出发，换位思考，这就需要有敬业精神。

（2）样式设计。

类选择符.div1 的样式要求如下：宽度为 auto，高度为 25px，上下填充为 0，左右填充为 10px，边距为 0，div 中文本的字号为 10pt，文本行高为 25px。

在 receiveemail.css 文件中增加如下样式代码。

```
.div1{width:auto;  height:25px;  padding:0  10px;  margin:  0;  font-size:10pt;
line-height:25px;}
```

（3）内容设计。

设计这一部分内容的关键有两点，第一是获取当前用户收件箱中的邮件总数，第二是修改每页中的记录数。

① 获取当前用户收件箱中的邮件总数，需要通过如下几个操作步骤来实现。

a. 启用 Session，获取系统数组$_SESSION 中存储的登录账号信息。

b. 连接并打开数据库，以数据表 emailmsg 中的列 receiver 的取值为条件进行查询。

c. 获取查询结果记录集中的记录数，该结果就是当前用户收件箱中的邮件总数。

② 修改每页中的记录数，需要通过如下几个操作步骤来实现。

a. 设计可用于选择的下拉列表元素。

b. 用户选择后，使用脚本代码重新运行收件箱页面文件，将选择结果提交给服务器。

c. 在重新运行之后的收件箱页面中，将用户选择的结果写入列表框。

创建 receiveemail.php 文件，编写如下代码实现上述功能。

```
1: <!DOCTYPE html>
2: <html>
3: <head>
4: <meta charset=UTF-8" />
5: <title>无标题文档</title>
6: <link rel="stylesheet" type="text/css" href="receiveemail.css" />
7: </head>
8: <body>
9:  <?php
10:    session_start();
11:    $uname = $_SESSION['emailaddr'] . "@163.com";
12:    $conn = mysqli_connect('localhost', 'root', '');
```

```
13:  mysqli_select_db($conn, 'email');
14:   $sql = "select * from emailmsg where (receiver like '{$uname}%' or receiver
like '%;{$uname}%') and deleted = 0";
15:   $res = mysqli_query($conn, $sql);
16:   $reccount = mysqli_num_rows($res);
17: ?>
18: <form method="post" action="" name="f1">
19: <div class="div1">
20:     <b>收件箱</b>（共<?php echo $reccount; ?>封）
21:       每页
22:     <select id="pagesize">
23:          <option>2</option>
24:          <option>3</option>
25:          <option>5</option>
26:          <option>8</option>
27:          <option>10</option>
28:     </select>封
29:     <script type="text/javascript">
30:          var sel = document.getElementById('pagesize');
31:          sel.onchange=function(){
32:           window.open("receiveemail.php?pagesize=" + this.value, "_self");
33:          }
34:     </script>
35:     <?php
36:      echo "<script>";
37:      echo "document.getElementById('pagesize').value='$pagesize';";
38:      echo "</script>";
39:    ?>
40: </div>
41: </form></body></html>
```

代码解释：

第 10 行，启用 Session，因为在本页面中要使用存储在数组元素$_SESSION['emailaddr']中的用户账号信息，所以需要在程序开始处启用 Session。

第 11 行，将存储在$_SESSION['emailaddr']中的账号信息连接上@163.com 之后保存在变量$uname 中，为查询数据表做准备。

第 12 行，连接 MySQL 数据库，使用$conn 保存连接标识。

第 13 行，打开数据库 email。

第 14 行，定义查询语句，并将其保存在变量$sql 中，查询 emailmsg 表中收件人对应的是当前登录的用户，且没有被删除的（删除标志列 deleted 的列值为 0）记录，关于其中的条件，稍后进行详细说明。

第 15 行，执行查询语句，返回查询结果记录集，并将其保存在变量$res 中。

第 16 行，使用 mysqli_num_rows()函数获取查询结果记录集中的记录数，并将其保存在变量$reccount 中。

第 18～41 行，在页面中添加表单，用户在分页浏览时，可以根据需要选择要删除的邮件，因为这里的选择方式采用了表单中的复选框元素，所以这里必须先增加表单。

第 19～40 行，在页面中增加元素<div class="div1">以及元素中的内容，其中邮件数是使用 PHP 代码输出的变量值。

第 22～28 行，添加下拉列表元素，提供 2、3、5、8、10 共 5 种可供选择的记录数，开发人员可根据需要自由添加列表项。

第 29～34 行，在浏览器端嵌入脚本代码，当用户选择完毕，触发列表框元素的 change 事件时，执行匿名函数，使用 window.open()方法重新在当前窗口中打开 receiveemail.php 文件，并通过“url?”方式使用键名 pagesize 将用户选择的每页中的邮件数提交到文件中。

第 35～39 行，在服务器端嵌入脚本代码，将 receiveemail.php 文件中获取的每页邮件数重新设置为列表框的当前值。需要说明的是，变量$pagesize 的值需要在设计 div2 时给定，所以在设计 div2 之前运行这部分代码时，需要注意这一问题。

第 29～39 行的功能综合说明：用户选择完每页中的邮件数之后，需要重新运行 receiveemail.php 文件，向该文件提交数据之后才可使用，但是重新运行之后，列表框中的数字会恢复为初始值，因此要将其重新写入下拉列表框中。

第 14 行代码中的条件说明如下。

条件(receiver like '{$uname}%' or receiver like '%;{$uname}%')表示进行的是模糊查询而不是精确查询，这是为了保证在群发的邮件中也能准确查找当前用户的信息。例如，假设有 4 封邮件的收件人 receiver 列值分别如下。

第 1 封：zhang**111@163.com;lin**111@163.com;wang**111@163.com。

第 2 封：lin**111@163.com;gao**111@163.com。

第 3 封：xglin**111@163.com;lin**111mv@163.com。

第 4 封：mei**111@163.com;xglin**111@163.com。

设变量$uname 的内容是 lin**111@163.com，使用 receiver like '{$uname}%'条件能够查询到上面第 2 封邮件，这是因为使用 like '{$uname}%'设置的非精确匹配查询中，允许在原来内容后面出现任意多的内容，但是在其前面不允许出现；使用 receiver like '%;{$uname}%'条件能够查询到上面第 1 封邮件，这是因为使用 like '%;{$uname}%'设置的非精确匹配查询中，允许在原来内容前面出现的第 1 个字符必须是分号，分号前可以出现任意多的字符，原来内容后面可以出现任意多的字符。这两个条件的设置，能保证不会漏查，也不会因为多查而查询到 xglin**111@163.com。

综上所述，若要查询的账号在所有收件人开始的位置，则通过 receiver like '{$uname}%'条件一定能够找到；若要查询的账号在中间的某个位置，则通过 receiver like '%;{$uname}%'一定能够精确找到。

思考问题：

在第 11 行的代码$uname=$_SESSION['emailaddr']."@163.com";中，能否将@163.com

去掉？若将其去掉，会有什么问题？

解答：

不能去掉，因为在数组元素$_SESSION['emailaddr']中保存的只有账号中的用户名部分，而在数据表 emailmsg 的 receiver 列中存放的是带有@163.com 的账号信息。若是去掉@163.com，则对于上面的示例而言，查找 lin**111 时，第 3 封邮件中的 lin**111amv @163.com 也是符合条件的。

微课 8-5 设计分页超链接

2. 元素<div class="div2">的设计

（1）内容说明。

元素<div class="div2">中的内容包含两部分，分别是位于左侧的总控制复选框与“删除”和“刷新”两个按钮，以及位于右侧的“首页”“上页”“下页”“尾页”4 个超链接（也可能是文本），效果如图 8-9 所示。

删除 刷新 首页 上页 下页 尾页

图 8-9 元素<div class="div2">中的内容

（2）样式设计。

类选择符.div2 的样式要求：宽度为 auto，高度为 25px，上下填充为 5px，左右填充为 20px，上下边距为 5px，左右边距为 0，背景为浅灰色#eee，下边框为 1px、#aaf 颜色的实线。

元素<div class="div2">中的内容是横向排列的两个 div，分别使用类选择符.div2-1 和.div2-2 定义样式。元素<div class="div2-1">的内容是总控制复选框以及“删除”和“刷新”两个按钮，元素<div class="div2-2">的内容是超链接或文本“首页”“上页”“下页”“尾页”。

类选择符.div2-1 的样式要求：宽度为 auto，高度为 auto，填充为 0，边距为 0，向左浮动；使用包含选择符.div2-1 input 定义 div 内部两个按钮的文本字号是 10pt。

类选择符.div2-2 的样式要求：宽度为 auto，高度为 auto，填充为 0，边距为 0，向右浮动，div 中文本的字号为 10pt，文本行高为 25px。

在 receiveemail.css 文件中增加类选择符.div2 及子元素的样式代码，如下所示。

```
.div2{width:auto; height:25px; padding:5px 20px; margin:5px 0; background:#eee;
border-bottom:1px solid #aaf;}
.div2-1 {width:auto; height:auto; padding:0; margin:0; float:left; }
.div2-1 input{ font-size:10pt;}
.div2-2{width:auto; height:auto; padding:0; margin:0; float:right; font-size:10pt;
line-height:25px;}
```

（3）内容设计。

这一部分内容是为分页浏览邮件信息做准备，需要通过以下 5 步来实现相应功能。

① 确定每页中要显示的记录数：最初由程序开发人员直接在代码中给定的数字是 5，如果用户重新选择了自己邮箱中每页的记录数，则按照用户选择的进行修改。

② 确定收件箱中的邮件页数：根据每页中的记录数和邮件总数来计算，因为得到的邮件页数可能是小数，所以需要使用函数 ceil()取得不小于该数的最小整数。

例如，若获取的记录总数$reccount 为 17，设置的每页记录数$pagesize 为 5，则实际需要的邮件页数是 4，两者相除之后的结果为 3.4，使用 ceil(3.4)得到的结果是不小于 3.4 的最小整数 4，符合实际页数需求。

③ 确定当前要显示邮件信息的页码：若是用户刚刚打开收件箱，则显示的应当是第 1 页的邮件信息，之后系统会根据用户单击的“首页”“上页”“下页”“尾页”超链接获取当前要显示的邮件信息的页码。

例如，假设当前显示的是第 3 页内容，若单击“上页”超链接，则接下来要显示的一定是第 2 页，这个页码数字将通过用户单击超链接的方式提交给服务器。

假设在超链接的 href 属性中使用键名 pageno 向服务器提交数据，要判断用户是不是刚刚打开收件箱，则需要判断这些超链接有没有向服务器端提交数据。

扫码查看常用的数学函数

若数组元素$_GET['pageno']存在，则说明用户已经通过单击超链接向服务器提交数据了，此时需要获取数组元素$_GET['pageno']的数据作为接下来将要显示的邮件信息的页码；否则说明用户刚刚打开页面，尚未单击超链接，当前必须显示第一页的邮件信息。

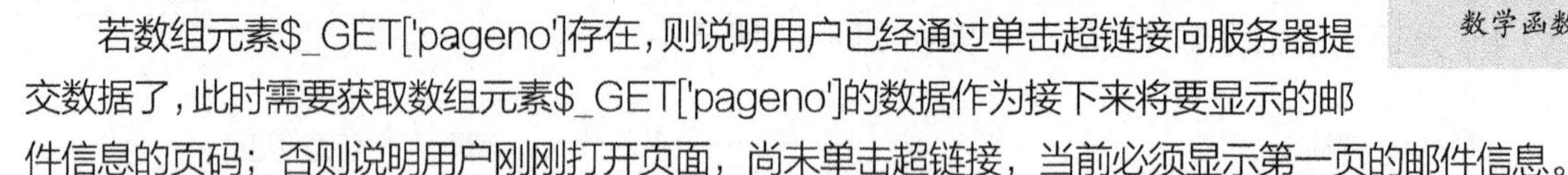

④ 设计“删除”和“刷新”按钮：在页面中选择要删除的邮件之后，单击“删除”按钮时能够将邮件设置为已删除状态，该按钮需要设置为 submit 类型；在用户单击“刷新”按钮时，要保证在当前窗口中重新运行页面文件 receiveemail.php，这样做的目的是如果用户收到了新的邮件，能够及时刷新页面收到邮件，该按钮需要设置为普通的 button 元素。

⑤ 设计超链接或文本“首页”“上页”“下页”“尾页”。在用户单击超链接时，除了要以链接的方式重新打开页面文件 receiveemail.php 之外，还必须能够向该页面文件提交需要的页码以实现页码的变化，提交每页中的邮件记录数以确保每一页都能按照用户的要求显示相应数量的记录。设计时需要遵循的原则如下。

- 如果邮件数为 0，总页数为 0，则在用户打开收件箱时，“首页”“上页”“下页”“尾页”都要设置为普通文本的形式。
- 若当前正在显示的是第一页，则将“首页”设置为普通文本而不是超链接形式，否则设置“首页”为超链接，在被用户单击时，需要向服务器提交的页码是 1，提交的每页中的记录数是变量$pagesize 的取值。
- 若当前正在显示的是第一页，则将“上页”设置为普通文本而不是超链接形式，否则设置“上页”为超链接，在被用户单击时，需要向服务器提交的页码是当前正在显示的页面页码减去 1，提交的每页中的记录数是变量$pagesize 的取值。
- 若当前正在显示的是最后一页，则将“下页”设置为普通文本而不是超链接形式，否则设置“下页”为超链接，在被用户单击时，需要向服务器提交的页码是当前正在显示的页面页码加上 1，提交的每页中的记录数是变量$pagesize 的取值。
- 若当前正在显示的是最后一页，则将“尾页”设置为普通文本而不是超链接形式，否则设置“尾页”为超链接，在被用户单击时，需要向服务器提交的页码是总页数值，提交的每页中的记录数是变量$pagesize 的取值。

设计元素<div class="div2">及子元素的代码需要分别放置在 receiveemail.php 文件的两个位置。

第一个位置在文件 receiveemail.php 的 PHP 代码结束标签“?>”的前面（获取了收件箱中的所有记录之后）增加下面的代码。

```
1: $pagesize=isset($_GET['pagesize'])?$_GET['pagesize']:5;
2: $pagecount = ceil( $reccount / $pagesize );
3: $pageno = isset($_GET['pageno']) ? $_GET['pageno'] : 1;
```

代码解释：

第 1 行，使用 PHP 中的三元运算符?:设置在分页浏览时每页中显示的记录数，并将其保存在变量$pagesize 中。若用户没有自行指定，即 isset($_GET['pagesize'])不成立，则设置为 5，若用户自行指定了，则获取$_GET['pagesize']的值并保存。

第 2 行，使用代码 ceil($reccount/$pagesize)计算分页后的总页数，并将其保存在变量$pagecount 中。

第 3 行，使用 PHP 中的三元运算符?:来获取当前要显示内容的页码，其中的条件 isset($_GET['pageno'])是使用 isset()函数判断$_GET['pageno']是否已经被设置，即判断其是否存在。若是存在，则取用$_GET['pageno']中保存的页码值，否则将页码值设置为 1，并将页码值保存在变量$pageno 中。

当页面第一次运行时，用户没有单击过“首页”“上页”“下页”“尾页”中的任何一个超链接来向服务器提交数据，此时$_GET['pageno']是不存在的，默认要显示的就是第一页的内容。

思考问题：

能否将第 2 行代码中的 ceil()函数换成实现四舍五入的函数 round()？为什么？

解答：

不可以使用函数 round()替换 ceil()。原因如下。

若是邮件总数为 16，每页显示 5 封，则使用 ceil(16 / 5)结果为 4，即需要显示 4 页。若是改为 round(16 / 5)，则得到的结果为 3，很明显是不符合要求的。

第二个位置在文件 receiveemail.php 中元素<div class="div1">结束之后增加如下代码。

```
1: <div class="div2">
2:    <div class="div2-1">
3:      <input type="checkbox" id="control" />
4:      <input type="submit" name="delete" id="delete" value=" 删 除 " />
5:      <input type="button" name="refresh" id="refresh" value=" 刷 新 "
onclick="window.open('receiveemail.php','_self');" />
6:    </div>
7:    <div class="div2-2">
8:    <?php
9:      if ( $pagecount == 0 ) {
10:         echo "首页  上页  下页  尾页";
11:      }
12:      else{
13:           if ( $pageno == 1) {
14:             echo "首页  ";}
15:           else {
```

```
16:        echo "<a href='receiveemail.php?pageno=1&pagesize={$pagesize}'>首页
</a>  ";}
17:       if ( $pageno == 1) {
18:         echo "上页  ";}
19:       else{
20:         $shangye = $pageno-1;
21:         echo"<a href='receiveemail.php?pageno={$shangye}&pagesize={$pagesize}'>
上页</a>  "; }
22:       if ( $pageno == $pagecount ) {
23:         echo "下页  ";}
24:       else{
25:         $xiaye=$pageno+1;
26:         echo"<a href='receiveemail.php?pageno={$xiaye}&pagesize={$pagesize}'>
下页</a>  "; }
27:       if ( $pageno == $pagecount ) {
28:         echo "尾页";}
29:       else {
30:         echo"<a href='receiveemail.php?pageno={$pagecount}&pagesize={$pagesize}'>
尾页</a>"; }
31:    }
32:     ?>
33:     </div>
34:   </div>
```

代码解释：

第 2～6 行，插入元素<div class="div2-1">。

第 3 行，在元素<div class="div2-1">中增加 id 为 control 的复选框元素，用于控制选中或取消选中本页中的所有邮件。

第 4 行，在元素<div class="div2-1">中增加 name 和 id 属性取值为 delete 的 submit 类型的按钮“删除”，选中某条记录前面的复选框，再单击该按钮将执行 delete.php 文件（文件 delete.php 将在 8.3.1 小节中创建），将邮件记录中的 deleted 列值设置为 1。

第 5 行，在元素<div class="div2-1">中增加 name 和 id 属性取值为 refresh 的 button 类型的按钮“刷新”，代码 onclick="window.open('receiveemail.php','_self');"的作用是当用户单击该按钮时，将在当前窗口（使用_self 表示的即当前窗口）中使用 window.open() 函数重新打开 receiveemail.php 文件，即完成刷新操作。

第 7～33 行，插入元素<div class="div2-2">，在其内部嵌入 PHP 代码，用于输出“首页”“上页”“下页”“尾页”的相关信息。

第 9～11 行，若第 9 行中的条件成立，则说明收件箱中没有邮件，总页数为 0，此时所有与页码有关的链接都不能单击，输出“首页”“上页”“下页”“尾页”的普通文本；若是该条件不成立，则执行第 13～30 行代码。

第 13～16 行，若第 13 行中的条件成立，则说明当前显示的是第一页的内容，直接执行第 14 行代码，输出普通文本“首页”，即通过输出普通文本的方式使“首页”不可单击；否则执行第 16 行代码，输出超链接“首页”。当用户单击超链接时，重新运行页面文件 receiveemail.php，同时把接下来要使用的首页页码 1 使用键名 pageno 传递到页面中，将每页中指定的邮件记录数使用键名 pagesize 传递到页面中。

第 17～21 行，若第 17 行中的条件成立，则说明当前正在显示的是第一页的内容，直接执行第 18 行代码，输出普通文本“上页”，使“上页”不可单击；否则执行第 20 行和第 21 行代码，输出超链接“上页”。当用户单击超链接时，重新运行页面文件 receiveemail.php，同时使用当前页码$pageno 减 1，得到接下来要使用的上页页码，并使用键名 pageno 将其传递到页面中，将每页中指定的邮件记录数使用键名 pagesize 传递到页面中。

例如，若当前正在显示的是第 4 页的内容，即$pageno=4，则将其减去 1 后，得到 3，作为接下来要使用的页码值。

第 22～26 行，若第 22 行中的条件成立，则说明当前正在显示的是最后一页的内容，这时要直接执行第 23 行代码，输出普通文本“下页”，使“下页”不可单击；否则执行第 25 行和第 26 行代码，输出超链接“下页”。当用户单击超链接时，重新运行页面文件 receiveemail.php，同时使用当前页码$pageno 加 1，得到接下来要使用的下页页码，并使用键名 pageno 将其传递到页面中，将每页中指定的邮件记录数使用键名 pagesize 传递到页面中。

第 27～30 行，若第 27 行中的条件成立，则直接执行第 28 行代码，输出普通文本“尾页”，使“尾页”不可单击；否则执行第 30 行代码，输出超链接“尾页”。当用户单击超链接时，重新运行页面文件 receiveemail.php，同时把接下来要使用的尾页页码（尾页页码就是总页数）$pagecount 使用键名 pageno 传递到页面中，将每页中指定的邮件记录数使用键名 pagesize 传递到页面中。

微课 8-6　定义显示邮件列表的元素

3. 元素<div class="div3">的设计

（1）内容说明。

元素<div class="div3">的内容包含使用表格排列的复选框、邮件的发件人、主题、附件图标、收发日期等信息，效果如图 8-10 所示。

☐	wangaihua	一封长邮件	📎	2021年06月07日
☐	**wangaihua**	**长内容的邮件**	📎	2021年06月01日
☐	wangaihua	没有附件的邮件		2021年05月23日
☐	wangaihua	11	📎	2021年05月23日
☐	**wangaihua**	**第二封邮件**	📎	2021年05月23日

图 8-10　元素<div class="div3">中的内容

其中的复选框是为了在当前页中选择要删除的邮件而设置的，若某个复选框被选中，则它提交给服务器的值是对应邮件的 emailno 列值。当用户需要删除一封或多封邮件时，选择相应邮件前面的复选框，单击元素<div class="div2">中的“删除”按钮即可运行 delete.php 文件，将指定邮件移至已删除文件夹中。

发件人列用的是数据表 emailmsg 中 sender 列值去掉@163.com 之后的内容，该内容需要被设计为超链接。当用户单击超链接时，将执行页面文件 openemail.php，同时向该文件提交当前邮件的 emailno 列值，从而打开指定邮件供用户阅读。

主题列用的是数据表 emailmsg 中的 subject 列值，该内容也要设计为超链接，该列超链接的设置与发件人列的相同。

发件人列和主题列的超链接要根据用户是否已经阅读过邮件确定是否显示加粗效果。

附件图标列的内容有两种情况：若当前邮件中有附件存在，则该列中显示附件图标（使用图片文件 flag-1.jpg）；若当前邮件中没有附件存在，则该列内容为一个空格。

收发日期列的内容是将 emailmsg 表中 datesorr 的列值（日期格式 Y-m-d H:i）处理之后得到的。

（2）样式设计。

类选择符.div3 的样式要求为：宽度为 auto，高度为 auto，填充为 0，边距为 0。

元素<div class="div3">内部表格使用包含选择符.div3　table 定义样式：宽度为 100%，文本字号为 10pt。

表格单元格使用包含选择符.div3　table　td 定义样式：高度为 30px，下边框为 1px、#aaf 颜色的实线，单元格内容在垂直方向上居中，这里的下边框是针对每封邮件信息下面的横线设计的。

表格内部超链接的样式定义为两种情况：没有阅读过的邮件超链接，使用类名 a1 定义为黑色，没有下画线，文本加粗显示；阅读过的邮件超链接，使用标签名 a 定义为黑色，没有下画线，文本非加粗显示。

表格需要包含 5 列，列宽分别是 30px、150px、auto、20px 和 120px。

收件箱的界面宽度必须能够适应浮动框架子窗口的宽度，也就是必须适应浏览器窗口的宽度变化，所以收件箱界面中定义的所有 div 都没有设置具体的宽度值，宽度值都为 auto。而在使用的表格中，将用于显示邮件主题的第 3 列的宽度设置为 auto，是为了保证在其他 4 列宽度都固定的情况下，通过这一列的宽度变化来适应整体的宽度变化，若是 5 列的宽度都设置为 auto，运行效果将不稳定。

在 receiveemail.css 文件中增加如下样式代码。

```
.div3{width:auto; height:auto; margin:0; padding:0;}
.div3  table{width:100%; font-size:10pt;}
.div3  table  td{ height:30px; border-bottom:1px solid #aaf; vertical-align:
middle;}
.div3  .a1{color:#000; text-decoration:none; font-weight: bold;}
.div3  a{color:#000; text-decoration:none; font-weight: normal;}
.div3  table  .td1{width:30px;}
.div3  table  .td2{width:150px;}
.div3  table  .td3{width:auto;}
.div3  table  .td4{width:20px;}
.div3  table  .td5{width:120px;}
```

（3）内容设计。

微课 8-7　获取当前页要显示的邮件

这一部分内容要输出当前页中的所有邮件信息，需要使用如下 4 个操作步骤来完成。

① 获取当前页中要显示邮件记录的起始记录号，这里所说的记录号不是指在 emailmsg 表中的邮件序号 emailno，而是查询当前账号收件箱中的所有邮件时得到的查询结果记录集中的编号，每个查询结果记录集中的记录编号都是从 0 开始的。

例如，若查询当前用户的收件箱时，查询结果记录集$res 中的记录数$reccount 为 17，则记录编号是 0～16 的数列；若每页显示的记录数$pagesize 为 5，则当前页码与当前页中第一条记录的编号之间存在表 8-1 所示的关系。

表 8-1　分页浏览中页码与第一条记录的编号的对应关系

要显示记录的页码$pageno	当前页中第一条记录的编号$pagestart
1	0
2	5
3	10
4	15

根据表 8-1 中 4 组数字间的对应关系，可以总结出当前页的起始记录号$pagestart = ($pageno - 1) * $pagesize，这个关系的总结结果在分页浏览应用中非常重要。

② 得到当前页的起始记录号之后，需要定义新的查询语句，以获取在当前页中将要显示的若干条记录。例如，一页中的记录数$pagesize 为 5，若得到的起始记录号是 5，则需要获取 5、6、7、8、9 这 5 条记录。

想要实现这一功能，需要在查询语句中使用 limit 子句设置要获取记录的起始编号和记录数。另外在输出邮件信息时，要将最后收到的邮件排列在第一页第一条，即要按照收发邮件的日期进行降序排序，因此在设计 select 语句时，还要使用 order by 子句按照邮件的收发日期进行降序排序。

执行定义的查询语句之后，使用变量$result 保存查询结果记录集。

③ 在页面中增加元素<div class="div3">，在其内部添加表格（是指添加表格的起始标签<table>、结束标签</table>以及<table>标签中相关属性的设置）。

微课 8-8　处理收件箱中的邮件数据

④ 使用循环语句从查询结果记录集中逐一获取记录，按照如下方式进行处理并输出。

a. 获取当前邮件的 emailno 列值，将其保存在变量$emailno 中备用。

b. 截取当前邮件 sender 列值中@符号前面的用户名部分，将其保存在变量$sender 中备用。

c. 处理当前邮件 datesorr 列值中的日期和时间信息，得到“Y 年 m 月 d 日”形式的信息，将其保存在变量$riqi 中备用。

微课 8-9　输出邮件信息

d. 将当前邮件 readflag 列值使用分号分割之后，将其保存在数组$readArr 中；获取账号$uname 在数组$readArr 中的索引，并将其保存在变量$isin 中，该变量的取值可能是数组索引或者 false。

e. 输出表格的行起始标签<tr>。

f. 输出表格第 1 列的标签及内容，内容是复选框，name 定义为 markup[]，value 属性取值为变量$emailno 的值。

g．输出表格第 2 列的标签及内容，内容是超链接，链接热点为变量$sender 的值，链接的文件是 openemail.php。当用户单击超链接后，使用键名 emailno 向该文件提交变量$emailno 的值。若变量$isin 为 false，则表示当前用户没有阅读过该邮件，超链接要引用类名 a1。

h．输出表格第 3 列的标签及内容，内容是超链接，链接热点为当前邮件主题 subject 的列值，链接的文件是 openemail.php。当用户单击超链接后使用键名 emailno 向该文件提交变量$emailno 的值。若变量$isin 为 false，则表示当前用户没有阅读过该邮件，超链接要引用类名 a1。

i．输出表格第 4 列的标签及内容，判断当前邮件附件列 attachment 的值是否为空，若为空，则在单元格中输出空格 ；若附件列的列值不为空，则输出图片 flag-1.jpg。

j．输出表格第 5 列的标签及内容，内容是变量$riqi 的值。

k．输出表格的行结束标签</tr>。

设计元素<div class="div3">及子元素的代码需要分别放置在 receiveemail.php 文件的两个位置。

第一个位置，即在 receiveemail.php 文件中获取当前要显示信息的页码之后增加如下代码。

```
1: $pagestart = ( $pageno - 1 ) * $pagesize;
2: $sql2 = $sql . "  order by datesorr desc limit {$pagestart}, {$pagesize}";
3: $result = mysqli_query($conn, $sql2);
```

代码解释：

第 2 行，在查询语句$sql = "select * from emailmsg where (receiver like '{$uname}%' or receiver like '%;{$uname}%') and deleted = 0";的基础上，增加排序子句 order by（注意：order 前面一定要有一个空格）和限制查询范围的子句 limit。order by datesorr desc 的作用是设置查询结果记录集按照邮件的收发日期 datesorr 列值进行降序排序，保证较早收到的邮件排在后面，而较晚收到的邮件排在前面，符合用户查阅邮件的习惯；limit {$pagestart}, {$pagesize}的作用是在符合前面条件的查询结果中获取从$pagestart 变量值开始的变量$pagesize 所规定的记录数。

第 3 行，执行新定义的查询语句，将查询结果记录集保存在变量$result 中，作为当前页中要显示的全部记录。

第二个位置，即在文件 receiveemail.php 中元素<div class="div2">的结束标签</div>之后增加如下代码。

```
1: <div class="div3">
2:    <table cellpadding="0" cellspacing="0">
3:    <?php
4:      while ( $row = mysqli_fetch_array($result) ) {
5:         $emailno = $row['emailno'];
6:         list($sender) = explode( '@', $row['sender'] );
7:         list($datesorr) = explode( ' ', $row['datesorr'] );
8:         list($y, $m, $d) = explode( '-', $datesorr );
9:         $riqi="{$y}年{$m}月{$d}日";
10:        $readArr=explode(';',$row['readflag']);
11:        $isin=in_array($uname,$readArr);
12:        echo "<tr>";
```

```
13:        echo "<td class='td1'><input type='checkbox' name='markup[]' value=
'{$emailno}' class='checkbox'/></td>";
14:        if($isin){
15:            echo"<td class='td2'><a href = 'openemail.php?emailno={$emailno}'>
{$sender} </a></td>";
16:            echo"<td class='td3'><a href = 'openemail.php?emailno={$emailno}'>
{$row['subject']}</a></td>";
17:     }else{
18:            echo"<td class='td2'><a class='a1' href = 'openemail.php?emailno=
{$emailno}'>{$sender}</a></td>";
19:            echo"<td class='td3'><a class='a1' href = 'openemail.php?emailno=
{$emailno}'>{$row['subject']}</a></td>";
20:        }
21:        if($row['attachment']!=""){
22:            echo "<td class='td4'><img src='images/flag-1.jpg'></td>";
23:        }
24:        else{
25:            echo "<td class='td4'> </td>";
26:        }
27:        echo "<td class='td5'>{$riqi}</td>";
28:        echo "</tr>";
29:    }
30:    mysqli_close($conn);
31:  ?>
32:  </table>
33: </div>
```

代码解释：

第 4 行，代码 while ($row=mysqli_fetch_array($result))的执行过程是，先使用函数 mysqli_fetch_array()从查询结果记录集$result 中获取一条记录并将其保存在数组$row 中，再将整个语句作为循环条件，只要获取到记录，循环条件就成立，否则循环条件不成立。

第 5 行，使用$row['emailno']获取当前记录的邮件序号列值，并将其保存在变量$emailno 中，为用户单击超链接和选中复选框后向服务器端传递邮件序号做准备。

第 6 行，用字符@作为分隔符，使用 explode()函数将邮件中的收件人信息分割为前后两部分，使用 list()变量列表中的变量$sender 保存用户名部分，为后面在表格第二列中显示用户名信息做准备。

第 7 行，用空格作为分隔符，使用 explode()函数将收发日期信息分割为日期和时间两部分，并将日期部分保存在变量$datesorr 中。

第 8 行，用-字符作为分隔符，使用 explode()函数将保存在变量$datesorr 中的日期信息分割为年、月、日 3 个部分，分别使用 list()中的变量$y、$m 和$d 进行保存。

第 9 行，将年、月、日的值设置为图 8-10 中输出的格式，为第 27 行代码显示收发日期中的年、月、日信息做准备。

第 10 行，使用分号分割 readflag 列值，并将其保存在数组$readArr 中。

第 11 行，使用 in_array()方法在数组$readArr 中查找账号$uname，并将查找结果保存在变量$isin 中。

第 12～28 行，将当前邮件的相关信息作为表格一行 5 个单元格的内容输出，在第 4 行使用的 while 循环中，每循环一次，处理一条记录的信息，输出表格的一行内容，所以这里要将表格行标签和列标签都作为 while 循环的循环体部分，使用 echo 语句输出。

第 13 行，输出表格中的第 1 列，在<td>标签中引用类名 td1，单元格的内容是复选框，复选框名称用数组名 markup[]表示，这样做是为了保证同一页中显示的所有邮件前面的复选框属于同一个组。选中复选框时，要提交的数据是保存在变量$emailno 中的邮件序号，复选框元素中的类名 checkbox 与样式无关，这是为删除邮件做准备。

第 14～16 行，条件 if($isin)成立，说明账号$uname 对应的用户阅读过当前邮件，将邮件的发件人和主题超链接都设置为非加粗状态。

第 15 行，输出表格第 2 列，引用类名 td2，单元格的内容是保存在变量$sender 中的发送方的用户名信息，该信息被设置为超链接热点。当用户单击超链接时，要打开的页面文件是 openemail.php（用于打开邮件的页面文件，在 8.2.3 小节中创建），同时使用键名 emailno 将保存在变量$emailno 中的邮件序号提交到该文件中，从而保证能够打开指定的邮件。

第 16 行，输出表格第 3 列，引用类名 td3，单元格的内容是数组元素$row['subject']中存放的邮件主题信息，该信息也被设置为超链接热点，其他与第 15 行代码的解释相同。

第 17～20 行，条件 if($isin)不成立，说明账号$uname 对应的用户尚未阅读过当前邮件，将邮件的发件人和主题超链接都引用类名 a1 设置为加粗状态。

第 21～26 行，根据条件确定表格第 4 列中要显示的内容，若第 21 行的条件成立，即数组元素$row['attachment']的内容不为空，则说明当前邮件中是有附件的，要执行第 22 行代码，在表格第 4 列中显示附件图标 flag-1.jpg。若第 21 行中的条件不成立，则说明没有附件，执行第 25 行代码，在表格第 4 列中直接输出一个空格。

第 27 行，输出表格第 5 列，单元格内容为处理后的日期信息。

思考问题：

能否将第 25 行代码中的空格 去掉？去掉之后会有什么影响？

解答：

不能去掉，如果没有空格，就意味着表格的这个单元格中没有内容。在部分浏览器中，若表格单元格没有内容，则单元格的边框不能显示，下边框会出现“断裂”的现象。

微课 8-10　控制复选框的全选操作

4．控制复选框的全选操作

单击 div2 中的 id 为 control 的复选框，控制同时选中或者取消选中当前页所有邮件前面的复选框元素。

创建脚本文件 receiveemail.js，为 control 复选框注册单击事件函数，代码如下。

```
1:  var ctrl=document.getElementById('control');
2:  ctrl.onclick=function(){
3:      var mkup = document.getElementsByName('markup[]');
4:      for(var i=0;i<mkup.length;i++){
5:          mkup[i].checked=this.checked;
6:      }
7:  }
```

代码解释：

第 1 行，获取 id 为 control 的元素，并将其保存在变量 ctrl 中。

第 2～7 行，定义 ctrl 的单击事件函数。

第 3 行，获取名字为 markup[]的复选框组，并将其保存在数组 mkup 中。

第 4～6 行，对数组 mkup 进行循环，设置其中每个元素的 checked 属性取值与 control 元素的 checked 属性取值一致。

脚本文件的关联：

在 receiveemail.php 文件首部使用<script type="text/JavaScript" src="receiveemail.js"></script>代码关联脚本文件 receiveemail.js。

8.1.5 分页浏览中的数据验证

在运行 receiveemail.php 的页面中，若用户选择了一封或者几封邮件，那么当用户单击“删除”按钮时，需要运行 delete.php 文件将选中的文件放入已删除文件夹。但是，若用户没有选择要删除的邮件而直接单击了“删除”按钮，就必须阻止服务器端运行文件 delete.php。

微课 8-11 分页浏览中的数据验证

实现上述功能需要验证 receiveemail.php 文件中的表单数据，在脚本文件 receiveemail.js 中定义函数 validate()，函数代码如下。

```
1: function validate(){
2:    var markup = document . getElementsByClassName('checkbox');
3:    var result = false;
4:    for (i = 0; i < markup . length; i++ ) {
5:        if ( markup[i] . checked ) {
6:            result = true;
7:            break;
8:        }
9:    }
10:   if ( result == false ) {
11:       alert('对不起，你没有选择要删除的邮件，单击“删除”按钮无效');
12:       return false;
```

```
13:    }
14: }
```

代码解释：

第 2 行，通过类名 checkbox 获取当前页面中的所有复选框，将它们构成一个组，并使用数组 markup 保存。

第 3 行，定义变量 result，初始值为 false，若判断后发现页面中有被选中的复选框，则该变量值修改为 true，否则保持为 false。

第 4～9 行，使用 for 循环结构逐个判断复选框组中的每个元素是否被选中，只要有一个被选中，就将 result 的值修改为 true，然后使用 break 退出循环。循环条件 i<markup.length 中的 length 在此处用于获取数组元素的个数；而 if 语句中的条件 markup[i].checked 若成立，则表示相应的复选框被选中。

第 10～13 行，根据 result 的值确定用户有没有选中复选框，若没有，则弹出消息框显示提示信息，并通过 return false 语句结束函数的执行。

函数调用说明如下。

在表单标签<form>中增加代码 onsubmit= "return validate();"，当用户单击 submit 类型的“删除”按钮时调用函数。

用户没有选择要删除的附件，直接单击“删除”按钮时的运行效果如图 8-11 所示。

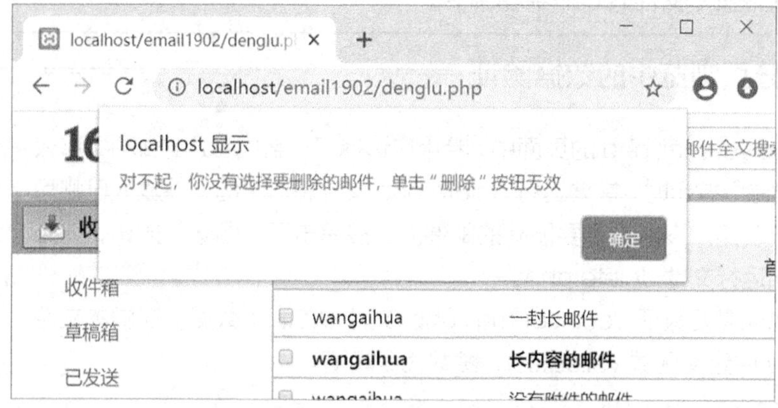

图 8-11　验证脚本的运行效果

8.1.6　receiveemail.css 和 receiveemail.php 的完整代码

1. receiveemail.css 的完整代码

```
body{margin:0;}
.div1{ width:auto; height:25px; padding:0 10px; margin: 0; font-size:10pt; line-height:25px;}
.div2{width:auto; height:25px; padding:5px 20px; margin:5px 0; background:#eee; border-bottom:1px solid #aaf;}
.div2-1{width:auto; height:auto; padding:0; margin:0; float:left; font-size:10pt;}
.div2-2{width:auto;  height:auto;  margin:0;  float:right;  font-size:10pt;  line-
```

```
height:25px;}
    .div3{width:auto; height:auto; margin:0; padding:0;}
    .div3  table{width:100%; font-size:10pt;}
    .div3  table  td{ height:30px; border-bottom:1px solid #aaf; vertical-align:
middle;}
    .div3  .a1{color:#000; text-decoration:none; font-weight: bold;}
    .div3  a{color:#000; text-decoration:none; font-weight: normal;}
    .div3  table  .td1{width:30px;}
    .div3  table  .td2{width:150px;}
    .div3  table  .td3{width:auto;}
    .div3  table  .td4{width:20px;}
    .div3  table  .td5{width:120px;}
```

2. receiveemail.php 的完整代码

```
    <!DOCTYPE>
    <html>
    <head>
    <meta charset=UTF-8" />
    <title>无标题文档</title>
    <link rel="stylesheet" type="text/css" href="receiveemail.css" />
    <script type="text/javascript" src="receiveemail.js"></script>
    </head>
    <body>
        <?php
            session_start();
            $uname=$_SESSION['emailaddr']."@163.com";
            $conn = mysqli_connect('localhost','root','', 'email');
            $sql="select * from emailmsg where (receiver like '{$uname}%' or receiver like
'%;{$uname}%') and deleted=0";
            $res=mysqli_query($conn,$sql);
            $emailNum=mysqli_num_rows($res);
            $pagesize=isset($_GET['pagesize'])?$_GET['pagesize']:5;
            $pagecount=ceil($emailNum/$pagesize);
            $pageno=isset($_GET['pageno'])?$_GET['pageno']:1;
            $pagestart=($pageno-1)*$pagesize;
            $sql2=$sql." order by datesorr desc limit {$pagestart},{$pagesize}";
            $res2=mysqli_query($conn,$sql2);
        ?>
        <form method="post" action="delete.php">
```

```
            <div class="div1">
                <b>收件箱</b>(共<?php echo $emailNum; ?> 封)
                  每页
                <select id="pagesize">
                    <option>2</option>
                    <option>3</option>
                    <option>5</option>
                    <option>8</option>
                    <option>10</option>
                </select>封
                <script type="text/javascript">
                    var sel = document.getElementById('pagesize');
                    sel.onchange=function(){
                        window.open("receiveemail.php?pagesize=" + this.value, "_self");
                    }
                </script>
                <?php
                    echo "<script>";
                    echo "document.getElementById('pagesize').value = '{$pagesize}';";
                    echo "</script>";
                ?>
            </div>
            <div class="div2">
                <div class="div2-1">
                    <input type="checkbox" id="control" />
                    <input type="submit" value=" 删除 "  />
                    <input type="button" value=" 刷新 " onclick = "window.open
('receiveemail.php','_self')" />
                </div>
                <div class="div2-2">
                <?php
                    if($pagecount==0){
                        echo "首页  上页  下页  尾页";
                    }else{
                        if($pageno==1){
                            echo"首页  ";
                        }else{
                            echo"<a href='receiveemail.php?pageno=1&pagesize=
```

```
{$pagesize}'>首页</a>  ";
                    }
                    if($pageno==1){
                        echo"上页  ";
                    }else{
                        $shangye=$pageno-1;
                        echo"<a href='receiveemail.php?pageno={$shangye}&pagesize=
{$pagesize}'>上页</a>  ";
                    }
                    if($pageno==$pagecount){
                        echo"下页  ";
                    }else{
                        $xiaye = $pageno+1;
                        echo"<a href='receiveemail.php?pageno={$xiaye}&pagesize=
{$pagesize}'>下页</a>  ";
                    }
                    if($pageno == $pagecount){
                        echo"尾页";
                    }else{
                        echo"<a  href='receiveemail.php?pageno={$pagecount}&pagesize=
{$pagesize}'>尾页</a>";
                    }
                }
            ?>
            </div>
        </div>
        <div class="div3">
            <table cellspacing="0" cellpadding="0">
            <?php
                while($row=mysqli_fetch_array($res2)){
                    list($sender)=explode('@', $row['sender']);
                    list($date)=explode(' ', $row['datesorr']);
                    list($y,$m,$d)=explode('-',$date);
                    $riqi="{$y}年{$m}月{$d}日";
                    $emailno=$row['emailno'];
                    $readArr=explode(';',$row['readflag']);
                    $isin=in_array($uname,$readArr);
                    echo "<tr>";
```

```
                    echo  "<td  class='td1'><input  type='checkbox'  name='markup[]'
class='checkbox' value='{$emailno}'/></td>";
                    if($isin){
                        echo"<td class='td2'><a href='openemail.php? emailno=
{$emailno}'>{$sender}</a></td>";
                        echo"<td class='td3'><a href='openemail.php? emailno=
{$emailno}'>{$row['subject']}</a></td>";
                    }else{
                        echo"<td class='td2'><a class='a1' href='openemail.php? emailno=
{$emailno}'>{$sender}</a></td>";
                        echo"<td class='td3'><a class='a1' href='openemail.php? emailno=
{$emailno}'>{$row['subject']}</a></td>";
                    }
                    if($row['attachment']!= ""){
                        echo "<td class='td4'><img src='images/flag-1.jpg'/></td>";
                    }else{
                        echo "<td class='td4'> </td>";
                    }
                    echo "<td class='td5'>{$riqi}</td>";
                    echo "</tr>";
                }
                mysqli_close($conn);
            ?>
            </table>
        </div>
    </form>
    </body>
</html>
```

任务 8-2　打开并阅读邮件

需要解决的核心问题

- 如何计算一封邮件中的附件数？
- 如何将用户编辑邮件时按【Enter】键生成的字符替换为阅读邮件内容中的段落标签？函数 nl2br()和 str_replace()各自的含义是什么？
- 如何显示附件名称前面的文件类型图标？
- 如何根据 emailmsg 表中附件信息列 attachment 的信息得到超链接要打开的附件文件名称信息？

- 如何确定是否要将当前账号信息写入 emailmsg 表的 readflag 列?

在 receiveemail.php 页面中，当用户单击每一封邮件的发件人或者主题时，将打开超链接指定的页面文件 openemail.php，阅读选择的邮件内容，同时还可以阅读或下载附件。打开不带附件的邮件的界面如图 8-12 所示；打开带附件的邮件的界面如图 8-13 所示。

图 8-12　打开不带附件的邮件的界面

图 8-13　打开带附件的邮件的界面

8.2.1　打开并阅读邮件页面的布局结构及功能说明

1. 布局结构

为了保证页面的美观效果，与写邮件、收邮件界面的要求一样，需要将整个页面的边距设置为 0。

整个页面的布局结构如图 8-14 所示。

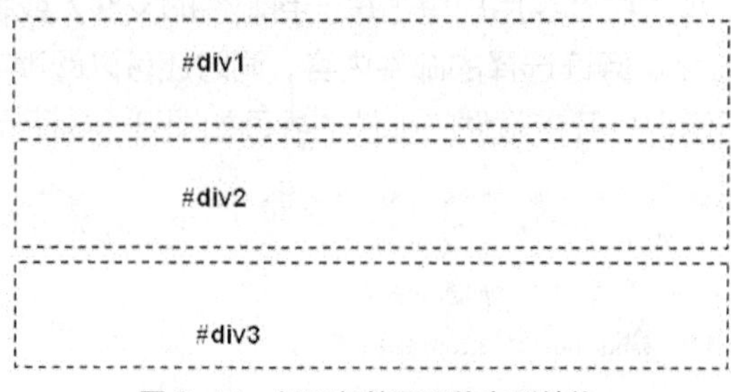

图 8-14　打开邮件页面的布局结构

从图 8-12 可以看出，打开不带附件的邮件之后，页面中显示了上下两部分内容。第一部分使用 ID 选择符#div1 定义样式，内容包含分行显示的邮件主题、发件人信息、收件人信息和日期信息；第二部分使用 ID 选择符#div2 定义样式，内容是邮件内容。

从图 8-13 可以看出，打开带附件的邮件之后，页面中显示了上、中、下 3 部分内容。第一部分使用 ID 选择符#div1 定义样式，内容中除了邮件主题、发件人、收件人和日期信息之外，还包含附件个数信息。第二部分使用 ID 选择符#div2 定义样式，内容仍旧是邮件内容。第三部分使用 ID 选择符#div3 定义样式，该 div 内部使用不同的段落显示了附件的名称以及附件名称下方的“下载”和“打开”超链接。

2. 功能说明

阅读邮件的功能说明如下。

（1）能够根据用户选择的邮件序号获取并显示邮件信息。

（2）如果用户是第一次阅读某封邮件，则需要在该邮件的 readflag 列中增加用户账号信息。

（3）能够计算出附件的个数并在页面中输出。

（4）显示邮件内容时，必须能够将发件人在编辑邮件内容时按【Enter】键生成的字符替换为本页面中的段落标签，否则无论原来的邮件内容有多长，都会显示在一个段落中；要求每个段落第一行都要缩进两个字符；任何情况下都要求为内容区保留一定的页面空间，若元素<div id='div2'>的高度不够 200px，则将高度设置为 200px，否则高度根据邮件内容高度来确定。

（5）能够根据是否存在附件来确定是否显示元素<div id='div3'>。

（6）元素<div id='div3'>中显示的附件文件名称信息前面带有文件类型图标。

（7）显示元素<div id='div3'>时，除了要输出存放在数据表中的附件信息之外，在用户单击“下载”或“打开”超链接时，必须实现附件的下载或打开操作。

图 8-13 中显示的附件信息包含随机数标识、附件名称及附件大小 3 部分信息，这是为了保证用户在接收附件之前可以确定附件的大小等。

当用户单击“打开”或“下载”超链接时，要打开或下载的附件都是保存在 upload 文件夹下的文件，这些文件名称前面都带有“(随机数标识)”前缀。为了保证用户能够正常打开或下载附件，设计超链接时，要在文件名称前面增加“(随机数标识)”前缀。

8.2.2　字符串替换函数

字符串替换是 Web 编程中经常使用的操作，如要过滤掉用户提交的不文明词语信息、处理字符串中包含的危险脚本、替换掉某些关键词等。

1. 在 openemail.php 文件中的应用需求

用户在写邮件界面中 id 为 content 的表单元素中输入内容时，经常需要进行换行操作，这时只需按【Enter】键即可，而通过页面在浏览器中输出内容要进行换行操作时，使用的是换行标签
或段落标签<p>。【Enter】键与页面标签之间是不通用的，因此在 openemail.php 页面中显示邮件内容时，需要将用户编辑邮件内容时按【Enter】键生成的字符替换成 HTML 中的段落标签，这需要使用字符串替换函数来完成。

PHP 提供的字符串替换函数有两个，分别是 nl2br()和 str_replace()。

2. nl2br()函数

nl2br()函数名称中的数字 2 实际上是 to 的缩写，简单理解该函数的作用就是，当用户在文本区域中输入文本时，把用户按【Enter】键生成的字符替换为 HTML 的换行标签
。更为准确的解释是在字符串中的每个新行（\n）之前插入 HTML 换行标签
。

微课 8-12　字符串替换函数 nl2br()

格式：nl2br(string)

参数 string 是必需的，是规定要检查的字符串。

【例 8-2】创建页面文件 txt.php，其中包含两部分代码，第一部分代码用于生成表单界面，包含一个 name 属性为 txt 的文本区域元素和一个 submit 类型的“提交”按钮；第二部分是 PHP 代码，用于接收和处理本页面中表单元素提交的数据。

在表单文本区域中输入带有回车符的文本内容并提交之后，重新运行页面文件 txt.php 可获取用户提交的文本信息，需进行两种处理：第一种，直接输出获取的信息；第二种，将获取的信息中的回车符替换为换行标签后再输出。读者可对比观察这两种输出的不同效果。

页面代码如下。

```
1: <body>
2: <form id="form1" name="form1" method="post" action="txt.php">
3:   <p>请在文本区域内输入带回车符的文本：</p>
4:   <p><textarea name="txt" cols="20" rows="3" id="txt"></textarea></p>
5:   <p><input type="submit" name="Submit" value="提交" /></p>
6: </form>
7: <?php
8:   if ( isset($_POST['txt']) ) {
9:     $txt = $_POST['txt'];
10:    echo "<hr />";
11:    echo "直接输出接收到的内容：<br />" . $txt;
12:    echo "<hr />";
13:    echo "用 nl2br() 函数处理后再输出接收的内容：<br />" . nl2br($txt);
14:  }
15: ?>
16: </body>
```

代码解释：

第 2～6 行，生成包含文本区域和“提交”按钮的表单界面，通过<form>标签中的 action="txt.php"确定当用户单击“提交”按钮时要运行的文件仍旧是 txt.php 自身。

第 7～15 行，嵌入 PHP 代码，采用两种方法处理接收到的数据，第一种方法是将文本区域提交的内容直接输出到浏览器中；第二种方法是将文本区域提交的内容中的用户按【Enter】键生成的字符使用换行标签替换后输出到浏览器端。每种方法输出数据之前都会使用 echo "<hr />"输出一条水平线。

第 8 行，使用 isset()函数判断$_POST['txt']数组元素是否存在，因为页面文件初始运行时，该元素不存在，所以不需要执行下面的 PHP 代码。当用户单击“提交”按钮之后，该元素就存在了，需要执行第 9～13 行代码。

页面文件初始运行结果如图 8-15 所示。

图 8-15 中没有出现 PHP 代码部分输出的内容。

在图 8-15 中输入 3 段内容之后，单击“提交”按钮，得到图 8-16 所示的运行界面。

从图 8-16 中可以看出，输出的第一部分内容将用户编辑时输入的 3 个段落都显示在一行中，即用户在文本区域中输入内容时按【Enter】键的操作在浏览器中输出时不起任何作用；输出的第二部分内容则将原来的 3 个段落分成 3 行来显示。

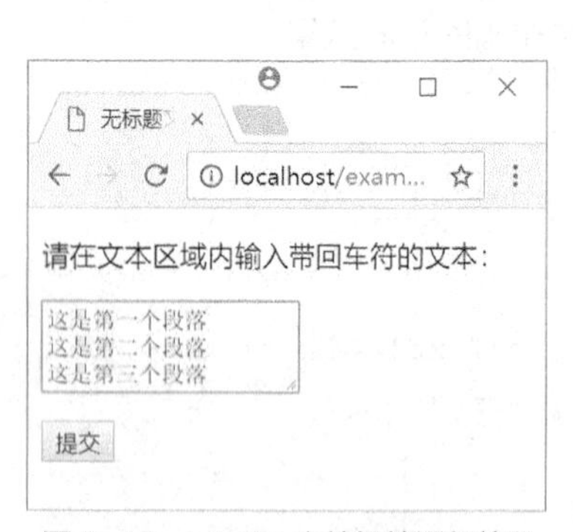

图 8-15 txt.php 文件初始运行效果

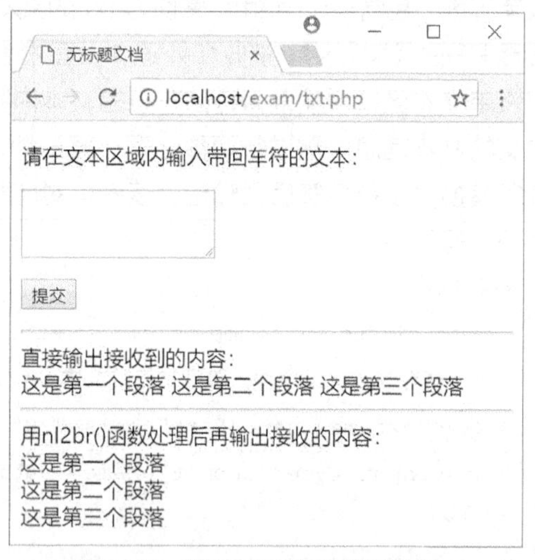

图 8-16 提交文本之后的运行界面

3. str_replace()函数

str_replace()函数能够按照用户的要求，将用户指定的任意子串全部替换成另一个子串。

微课 8-13 字符串替换函数 str_replace()

格式：str_replace(find, replace, string, count)

参数说明：

参数 find，必需，规定要查找的子串，也就是将要被替换掉的子串；

参数 replace，必需，规定要用来替换的子串；

参数 string，必需，规定被搜索的字符串；

参数 count，可选，对替换次数进行计数，通常很少使用。

【例 8-3】修改 txt.php 的代码，使用函数 str_replace()将按【Enter】键生成的字符替换为段落标签，并将代码保存为 txt-1.php 文件，代码如下。

```
1: <body>
2: <form id="form1" name="form1" method="post" action="txt-1.php">
3:   <p>请在文本区域内输入带回车符的文本：</p>
4:   <p><textarea name="txt" cols="20" rows="3" id="txt"></textarea></p>
5:   <p><input type="submit" name="Submit" value="提交" /></p>
6: </form>
7: <?php
8:   if ( isset($_POST['txt']) ) {
9:     $txt = $_POST['txt'];
10:    echo "<hr />";
11:    echo "直接输出接收到的内容：<br />" . $txt;
12:    echo "<hr />";
13:    echo "用 str_replace()函数处理后再输出接收的内容：<br />";
14:    echo str_replace( ( chr(13) . chr(10) ), "<p style='text-indent:2em'>", $txt);
15:  }
16: ?>
17: </body>
```

代码解释：

第 14 行，被替换掉的字符是“chr(13).chr(10)”，其中 chr(13)表示回车符，chr(10)表示换行符，13 是回车符在 ASCII（American Standard Code for Information Interchange，美国信息交换标准代码）表中的值，10 是换行符在 ASCII 表中的值。用户编辑文本时按【Enter】键将同时生成这两个字符，第一个是回车符，第二个是换行符，这两个字符的顺序不可颠倒；用来替换的字符则是设置了缩进两个字符的段落标签。

初始运行的页面效果如图 8-15 所示，输入 3 段内容，得到图 8-17 所示的效果。

思考问题：

为什么使用 str_replace()函数处理之后，第一个段落与后面两个段落的效果不同？要如何修改？

解答：

因为用户在文本区域中输入文本时，并没有在开始输入时就按【Enter】键，所以第一个段落前面不能替换出段落标签<p>。

解决的方法是，在第 14 行代码前面先使用代码 echo "<p style='text-indent:2em'>"输出一个能够缩进两个字符的段落标签。

解决问题后的效果如图 8-18 所示。

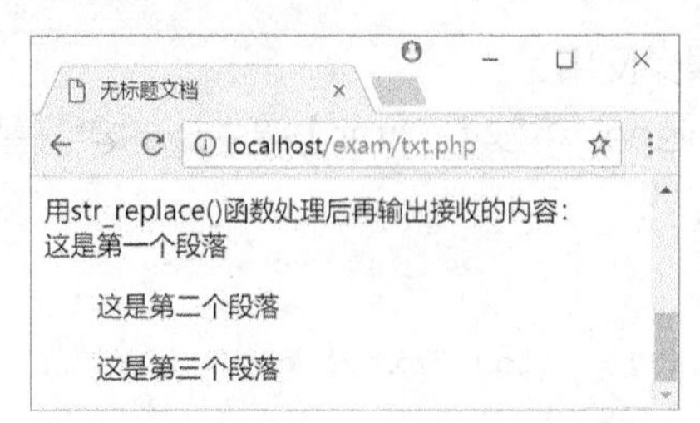

图 8-17 使用 str_replace()后的界面效果

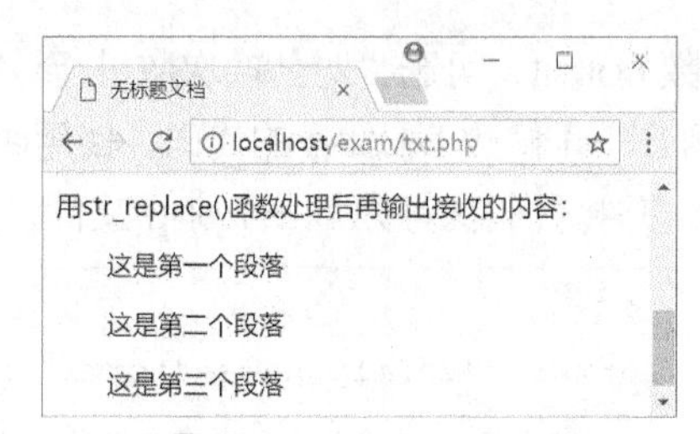

图 8-18 正确输出的 3 个段落的效果

8.2.3 打开并阅读邮件功能的实现

设计打开并阅读邮件页面，需要创建的文件有样式文件 openemail.css 和页面文件 openemail.php。

分别创建这两个文件，并在 openemail.css 文件中使用代码 body{margin:0;}定义整个页边距为 0。

之后在设计过程中，按照页面内容的顺序分别设计元素<div id='div1'>、<div id='div2'>和<div id='div3'>。

1. 设计元素<div id='div1'>

微课 8-14 设计打开并阅读邮件界面的 div1

（1）元素<div id='div1'>及内部元素的样式要求。

使用选择符#div1 定义样式要求：宽度为 auto（保证能够适应浮动框架窗口宽度的变化），高度为 auto（根据实际内容的多少来确定），上下填充为 10px，左右填充为 0，边距为 0，背景色为#eef，下边框为 2px、#aaf 颜色的实线。

页面中所有段落的样式直接使用 HTML 标签名选择符 p 定义：上下边距为 5px，左右边距为 0，上下填充为 0，左右填充为 10px（保证段落内容左右不贴边），段落中文本的字号为 10pt，文本行高为 20px。

在 openemail.css 中增加如下样式代码。

```
#div1{width:auto;  height:auto;  margin:0px;  padding:10px  0;  background:#eef;
border-bottom:2px solid #aaf;}
 p{margin:5px 0; padding:0 10px;font-size:10pt; line-height:20px; }
```

（2）设计 div 中的内容。

设计元素<div id='div1'>中的内容需要通过 3 个操作步骤来实现。

① 获取要打开的邮件的序号。

② 连接并打开数据库 email，以指定的邮件序号为条件查询数据表 emailmsg，得到指定序号的邮件信息。

③ 从服务器端输出元素<div id='div1'>，并在其内部输出需要的邮件信息。

在 openemail.php 文件首部使用代码<link rel="stylesheet" type="text/css" href="openemail.css" />引用定义的样式文件，然后在主体中增加如下代码。

```
1:  <body>
2:  <?php
```

```
3:    $emailno = $_GET['emailno'];
4:    $conn = mysqli_connect('localhost', 'root', '');
5:    mysqli_select_db($conn, 'email');
6:    $sql = "select * from emailmsg where emailno = {$emailno}";
7:    $res = mysqli_query($conn, $sql);
8:    $row = mysqli_fetch_array($res);
9:    echo "<div id='div1'>";
10:   echo "<p><b>{$row['subject']}</b></p>";
11:   echo "<p>发件人：{$row['sender']}</p>";
12:   echo "<p>收件人：{$row['receiver']} </p>";
13:   echo "<p>时  间：{$row['datesorr']} </p>";
14:   if ( $row['attachment'] != "" ) {
15:       $attment = explode(';', $row['attachment']);
16:       $attmentcount = count($attment) - 1;
17:       echo "<p>附  件：{$attmentcount}个</p>";
18:   }
19:   echo "</div>";
20: ?>
21: </body>
```

代码解释：

第 3 行，使用$_GET['emailno']接收 receiveemail.php 页面中用户单击发件人或者主题超链接时使用键名 emailno 提交的邮件序号，并将其保存到变量$emailno 中。

第 4 行，连接 MySQL 数据库。

第 5 行，打开数据库 email。

第 6 行，定义查询语句，使用变量$sql 保存，用于查找 emailmsg 表中用户指定记录序号的记录信息。

第 7 行，执行$sql 中保存的查询语句，返回查询结果记录集并将其保存在变量$res 中。

第 8 行，使用 mysqli_fetch_array() 函数从$res 查询结果记录集中获取一条记录并将其保存在数组$row 中。

第 9～19 行，输出元素<div id='div1'>及其内部所有内容。

第 10 行，使用段落标签和加粗标签控制输出$row['subject']中保存的邮件主题信息。

第 11 行，使用段落标签控制输出$row['sender']中保存的发件人信息。

第 12 行，使用段落标签控制输出$row['receiver']中保存的收件人信息。

第 13 行，使用段落标签控制输出$row['datesorr']中保存的收发日期信息。

第 14～18 行，判断是否有附件，以确定是否显示附件个数等相关信息。

第 14 行，判断$row['attachment']中保存的附件名称信息是否为空，不为空则执行第 15～17 行代码。

第 15 行，使用 explode() 和英文分号字符分割$row['attachment']中的所有附件名称信息，分隔后的结果保存在数组$attment 中。

第 16 行，获取数组元素的个数，减去 1 之后，将其保存在变量$attmentcount 中。因为每个附件名称后面都带有分号，若存在 3 个附件，则有 3 个分号。使用 explode() 函数分割之后，会存在 4 个子串，即数组$attment 长度为 4，但实际只有 3 个附件，所以将数组长度值减去 1 之后作为附件个数来使用。

第 17 行，使用段落标签控制输出附件的个数。

思考问题：

第 7 行执行 SQL 查询语句之后，为什么不需要判断查询结果记录集中是否有记录存在，就直接在第 8 行中使用 mysqli_fetch_array()函数获取其中的记录？

解答：

因为要打开的邮件是在收件箱中存在的，所以查找之后不需要再判断其是否存在。

2. 设计元素<div id='div2'>

（1）元素<div id='div2'>及内部元素的样式要求。

微课 8-15 设计打开并阅读邮件界面的 div2

使用选择符#div2 定义样式要求：宽度为 auto，高度为 auto，上下填充为 10px，左右填充为 0，边距为 0。

元素<div id='div2'>内部控制输出邮件内容的所有段落都要增加缩进 2 个字符的样式，直接使用包含选择符#div2 p 定义即可。

在 openemail.css 文件中增加如下样式代码。

```
#div2{width:auto; height:auto; margin: 0; padding:10px 0; }
#div2  p{text-indent:2em;}
```

（2）设计 div 中的内容。

设计元素<div id='div2'>中的内容需要两个操作步骤。

第 1 步，输出元素<div id='div2'>，在 div 内部开始处先增加一个段落标签，然后将当前邮件内容中的回车换行符使用段落标签替换之后，在 div 中输出。

第 2 步，判断元素<div id='div2'>的高度是否小于 200px，若小于 200 px，则将其设置为 200 px，否则使该元素的高度根据内容的多少自动设置。

在 openemail.php 文件中的元素<div id='div1'>结束之后增加如下代码。

```
1:  echo "<div id='div2'><p>" . str_replace( ( chr(13) . chr(10) ), '<p>', $row
['content'] ) . "</div>";
2:  echo "<script>";
3:  echo "if ( document . getElementById('div2') . clientHeight < 200 )";
4:  echo "{ document . getElementById('div2') . style . height = 200 + 'px'; }";
5:  echo "</script>";
```

代码解释：

第 1 行，输出元素<div id='div2'>及其内部要显示的邮件内容，在 div 内容开始时先输出一个段落标签，以保证邮件内容的第一个段落能够按照定义的格式输出，之后将邮件内容中的回车符和换行符使用段落标签替换。

第 2~5 行，输出脚本，判断元素<div id='div2'>的高度是否低于 200 px，若低于 200 px，就设置高度为 200 px；使用元素的 clientHeight 属性获取其显示的高度，使用 style.height 样式属性来设置其高度。

3. 设计元素<div id='div3'>

微课 8-16 设计打开并阅读邮件界面的 div3

（1）元素<div id='div3'>及内部元素的样式要求。

使用选择符#div3 定义样式要求：宽度为 auto，高度为 auto，填充为 0，边距为 0，边框为 1px、#aaf 颜色的实线。

元素<div id='div3'>中用来显示附件个数的段落样式与其他段落样式不同，这里使用包含选择符#div3 .p1 定义，样式要求为：边距为 0，背景色为#eef，文本行高为 40px。

所有的附件名称信息前面都带有附件文件类型图标，使用选择符#div3 .p2>img 定义图标的样式：宽度为 20px，右边距为 5px，与段落中的文件名称之间保留距离，在垂直方向上与文件名称顶端对齐。

在 openemail.css 文件中增加如下样式代码。

```
#div3{width:auto; height:auto; padding:0px; margin:0px; border:1px solid #aaf;}
#div3 .p1{margin:0; background:#eef; line-height:40px;}
#div3 .p2>img{width: 20px; margin-right:5px;vertical-align:top;}
```

（2）设计 div 中的内容。

首先判断是否需要输出元素<div id='div3'>，若当前邮件中有附件，则要输出，否则不需要输出。

输出元素<div id='div3'>中的内容需要 3 个操作步骤。

第 1 步，使用类名为 p1 的段落控制输出附件个数。

第 2 步，分割数据表 emailmsg 中 attachment 的列值，获取各个附件的信息，格式为“(随机数标识符)文件名称.扩展名(文件大小)”，并将其作为即将显示的附件名称信息。

第 3 步，对上面步骤得到的附件信息进行处理，获取用于超链接“打开”或“下载”的附件名称信息，格式为“(随机数标识符)文件名称.扩展名”，这是在文件夹 upload 中存储的文件名称格式。

在 openemail.php 页面中设置元素<div id='div2'>的高度之后增加如下代码。

```
1:  if ( $row['attachment'] != "" ) {
2:      echo "<div id='div3'>";
3:      echo "<p class='p1'>附件{$attmentcount}个</p>";
4:      for($i = 0; $i < $attmentcount; $i++){
5:              $attName=explode('(', $attment[$i]);
6:              $attachName="";
7:              for($j=1;$j<count($attName)-1;$j++){
8:                  $attachName="{$attachName}({$attName[$j]}";
9:              }
10:             echo "<p class='p2'>{$attment[$i]}<br />";
11:             echo "<a href='upload/{$attachName}'>下载</a> | <a href=
'upload/{$attachName}'>打开</a></p>";
```

```
12:     }
13:         echo "</div>";
14:  }
```

代码解释：

第 1 行，判断附件信息是否为空，若不为空，则执行第 2～13 行代码，输出元素<div id='div3'>及其内部的内容。

第 3 行，使用选择符 p1 控制输出附件个数的段落格式。

第 4～12 行，使用 for 循环结构逐个处理并输出保存在数组$attment 中的附件信息。

第 5 行，在附件名称信息中有两对括号的位置是固定的，一对位于开始部分用于定界随机数，一对位于最后用于定界文件大小，这里使用 explode() 函数和左圆括号分隔符分割保存在$attment[$i]中的附件名称（如“(3247)附件 a.docx(1.25kB)”），然后将其保存在数组$attName 中，结果至少有 3 部分，第一部分一定是空串，最后一部分一定是大小信息。如果文件名中存在用圆括号定界的内容，如“(3247)附件 a(李梅).docx(1.25 kB)”，则分割之后会有更多的子串，无论子串有多少，都需要将最后的大小信息部分去掉，得到保存在 upload 文件夹中的文件名称格式，如“(3247)附件 a.docx”或者“(3247)附件 a(李梅).docx”。

第 6 行，定义变量$attachName，初始值设置为空串，该变量用于保存去掉大小信息部分之后的文件名称。

第 7～9 行，使用循环结构将数组$attName 中的元素“斩头”（第一个元素为空白字符）和“去尾”（最后一个元素为大小信息），将剩余部分使用左圆括号作为间隔符连接到变量$attachName 中，所以循环变量$j 的初值设置为 1，终值则为数组$attName 元素的个数减去 2。

第 10 行，使用段落标签控制输出包含随机数和文件大小的附件名称信息，保证用户在下载附件时能够得知附件的大小。

第 11 行，在新的一行中输出“下载”和“打开”超链接，链接的文件是保存在 upload 文件夹中的附件名称。

下面举例说明对附件的处理。

假设某邮件中的附件信息为“(3247)附件 a(李梅).docx(1.25kB);(6537)b.png(203.5kB);”在<div id='div1'>中执行代码$attment=explode(';',$row['attachment'])之后，$attment[0]的内容为“(3247)附件 a(李梅).docx(1.25Kb)”，$attment[1]的内容为“(6537)b.png(203.5kB)”。

在<div id='div3'>中执行代码$attName=explode('(', $attment[0])之后，$attment[0]中的内容“(3247)附件 a(李梅).docx(1.25Kb)”被分割为 4 个部分，分别是空串、“3247)附件 a”、“李梅).docx”和“1.25Kb)”。

使用循环语句，第一次在变量$attachName 的初值空串的基础上连接左括号和“3247)附件 a”，变量$attachName 的值为“(3247)附件 a”；第二次在此基础上连接左括号和“李梅).docx”，结果变为“(3247)附件 a(李梅).docx”，得到存储在文件夹 upload 中的文件名称格式，循环结束。

微课 8-17 添加附件名称前面的图标

（3）显示附件前面的图标。

不同类型的附件前面应显示不同的图标，项目提供的图标文件夹内容如图 8-19 所示。

上传的所有图片文件，都以该图片自身的缩略图作为文件类型图标。

实现该功能极佳的方案是使用 jQuery 代码。在使用 jQuery 代码之前，需要下载 jQuery 库文件，此处使用的是 jquery-1.11.3.min.js。

图 8-19　提供的文件类型图标

在页面文件首部添加下面的代码。

```
1: <script src="jquery-1.11.3.min.js"></script>
2: <script type="text/javascript">
3: $(function(){
4:     var kzmArr= ['doc','docx','xls','xlsx','ppt','pptx','pdf','rar', 'txt',
'html','css','js','php','mp4'];
5:     var fileImg= ['doc.png','doc.png','xls.png','xls.png','ppt.png', 'ppt.png',
'pdf.jpg','rar.jpg','html.jpg','css.jpg','js.jpg','mp4.jpg'];
6:     $("#div3>.p2").each(function(){
7:         var pText=$(this).text();
8:         var fileNameArr=pText.split('(');
9:         fileNameArr.pop();
10:        var fileName=fileNameArr.join('(');
11:        var kzm=fileName.split('.').pop();
12:        var kzmInd=kzmArr.indexOf(kzm);
13:        if(kzmInd!=-1){
14:            var tubiao=fileImg[kzmInd];
15:            $(this).prepend("<img src='tubiao/"+tubiao+"' />");
16:        }else{
17:            $(this).prepend("<img src='upload/"+fileName+"' />");
18:        }
19:    })
20: })
21: </script>
```

代码解释：

第 1 行，加载 jQuery 库文件。

第 3～20 行，定义页面加载完成之后执行的函数代码。

第 4 行，定义数组 kzmArr，用于存放文件扩展名。在实际项目中，该数组要存放除了图片文件扩展名之外的所有类型的文件扩展名。此处只列举了 14 种常用的扩展名。

第 5 行，定义数组 fileImg，用于存放图标文件名称，这些文件名称要与数组 kzmArr 中的扩展名一一对应。这样做的目的是，从文件名称中截取出扩展名之后，找到扩展名在数组 kzmArr 中的索引，即可通过该索引找到数组 fileImg 中的图标文件名称，从而将图标文件插到文件名称前面。

第 6～19 行，遍历 div3 中类名为 p2 的所有段落，这些段落显示的是完整的文件名称信息，如“(3247)附件 a(李梅).docx(1.25Kb)”，遍历过程中截取最后的文件大小信息并将其丢弃，再截取最后的扩展名，从数组 kzmArr 中查找扩展名的索引。若找到，则从数组 fileImg 中找到图标文件名，若找不到，则意味着上传的是图片文件，将相应文件插入段落前面。

第 7 行，使用$(this).text()获取当前段落的文本，也就是文件名称信息，并将其保存在变量 pText 中。

第 8 行，使用代码 pText.split('(')将文件名称用左圆括号分割，并将其保存在数组 fileNameArr 中。

第 9 行，使用 pop()方法将数组 fileNameArr 的最后一个元素（文件大小信息部分）丢弃。

第 10 行，将 fileNameArr 中的剩余部分内容用左圆括号作为间隔符，通过 join()方法连接起来，得到形如“(3247)附件 a(李梅).docx”的文件名称，并将其保存在变量 fileName 中。

第 11 行，使用.作为分隔符，分割 fileName 的内容，“弹出”最后一部分（文件扩展名），并将其保存在变量 kzm 中。

第 12 行，在数组 kzmArr 中查找 kzm 代表的扩展名，将结果保存在变量 kzmInd 中。

第 13～18 行，根据 kzmInd 的内容确定要插入文件名称前面的图标文件。

第 14～15 行，如果 kzmInd 取值不是-1，则说明在 kzmArr 中存在要找的扩展名，此时根据 kzmInd 取值从 fileImg 数组中获取图标文件名称，并将其保存在变量 tubiao 中，使用$(this).prepend()方法将文件夹 tubiao 中的图标文件插入段落前面。

第 17 行，如果 kzmInd 取值是-1，则说明 kzmArr 中不存在要找的扩展名，根据项目说明，意味着此时上传的一定是图片文件，将保存在 upload 文件夹中的图片文件插入段落前面。

4. 修改 emailmsg 表中的 readflag 列值

当用户打开邮件之后，要判断当前邮件 readflag 列中是否已经保存过该用户的账号信息，如果没有保存过，则意味着该用户是第一次打开当前邮件，需要将用户的账号信息写入数据表 emailmsg 的 readflag 列。

微课 8-18　修改数据表 readflag 列值

完成上述操作需要先获取登录用户的账号信息，在 openemail.php 代码开始的位置添加如下代码。

```
1: <?php
2:     session_start();
3:     $uname=$_SESSION['emailaddr'].'@163.com';
4: ?>
```

代码解释：

第 2 行，启用 session。

第 3 行，将存储在$_SESSION['emailaddr']中的账号信息连接上@163.com 之后保存在变量$uname 中。

在前面代码的 if ($row['attachment'] != "") {...}之后增加下面的代码。

```
1:   $readArr=explode(';',$row['readflag']);
2:   $isin=in_array($uname,$readArr);
3:   if(!$isin){
4:       $readflag=$row['readflag']."{$uname};";
5:       $sql="update emailmsg set readflag='{$readflag}' where emailno={$emailno}";
6:       mysqli_query($conn,$sql);
7:   }
8:   mysqli_close($conn);
```

代码解释：

第 1 行，使用分号分割 readflag 列值，并将结果保存到数组$readArr 中。

第 2 行，使用 in_array()方法在数组$readArr 中查找$uname 中保存的用户账号信息。

第 3～7 行，判断数组$readArr 中是否存在$uname 的信息，如果不存在，则在$uname 内容后面加上分号连接到 readflag 列值中，并保存在变量$readflag 中；修改 emailmsg 数据表，对当前邮件记录使用 update 语句将变量$readflag 的内容设置为 readflag 列值，执行 SQL 语句完成更新操作。

8.2.4 openemail.css 和 openemail.php 文件的完整代码

1. openemail.css 的完整代码

```
body{margin:0px;}
#div1{width:auto;  height:auto;  margin:0px;  padding:10px  0;  background:#eef;
border-bottom:2px solid #aaf;}
p{margin:5px 0; padding:0 10px;font-size:10pt; line-height:20px; }
#div2{width:auto; height:auto; margin: 0; padding:10px 0; }
#div2  p{text-indent:2em;}
#div3{width:auto; height:auto; margin:0px; padding:0px; border:1px solid #aaf;}
#div3  .p1{margin:0; background:#eef; line-height:40px;}
#div3 .p2>img{width: 20px; margin-right:5px;vertical-align:top;}
```

2. openemail.php 的完整代码

```
<?php
  session_start();
  $uname=$_SESSION['emailaddr'].'@163.com';
?>
<!DOCTYPE html>
<html>
```

```
<head>
<meta charset=UTF-8" />
<title>无标题文档</title>
<link rel="stylesheet" type="text/css" href="openemail.css" />
<script src="jquery-1.11.3.min.js"></script>
<script type="text/javascript">
$(function(){
    var kzmArr= ['doc','docx','xls','xlsx','ppt','pptx','pdf','rar','txt', 'html',
'css','js','php','mp4'];
     var  fileImg=  ['doc.png','doc.png','xls.png','xls.png','ppt.png','ppt.png',
'pdf.jpg','rar.jpg','html.jpg','css.jpg','js.jpg','mp4.jpg'];
    $("#div3>.p2").each(function(){
        var pText=$(this).text();
        var fileNameArr=pText.split('(');
        fileNameArr.pop();
        var fileName=fileNameArr.join('(');
        var kzm=fileName.split('.').pop();
        var kzmInd=kzmArr.indexOf(kzm);
        if(kzmInd!=-1){
            var tubiao=fileImg[kzmInd];
            $(this).prepend("<img src='tubiao/"+tubiao+"' />");
        }else{
            $(this).prepend("<img src='upload/"+fileName+"' />");
        }
    })
})
</script>
</head>
<body>
<?php
  $emailno=$_GET['emailno'];
  $conn=mysqli_connect('localhost','root','');
  mysqli_select_db($conn,'email');
  $sql="select * from emailmsg where emailno='{$emailno}'";
  $res=mysqli_query($conn,$sql);
  $row=mysqli_fetch_array($res);
  echo "<div class='div1'>";
  echo "<p><b>{$row['subject']} </b></p>";
  echo "<p>发件人: {$row['sender']} </p>";
  echo "<p>收件人: {$row['receiver']} </p>";
```

```
    echo "<p>时   间: {$row['datesorr']} </p>";
    if ($row['attachment']!=""){
        $attment=explode(';',$row['attachment']);
        $attmentcount=count($attment)-1;
        echo "<p>附  件{$attmentcount}个</p>";
    }
    echo "</div>";
    echo "<div id='div2'><p>".str_replace((chr(13).chr(10)),"<p>",$row ['content']).
"</div>";
    echo "<script>";
    echo "if(document.getElementById('div2').clientHeight<200)";
    echo "{document.getElementById('div2').style.height=200+'px';}";
    echo "</script>";
    if ($row['attachment']!=""){
       echo "<div id='div3'>";
       echo "<p class='p1'>附件{$attmentcount}个</p>";
       for($i=0;$i<$attmentcount;$i++){
        $attName=explode('(', $attment[$i]);
        $attachName="";
        for($j=1;$j<count($attName)-1;$j++){
            $attachName="{$attachName}({$attName[$j]}";
        }
        echo "<p class='p2'>{$attment[$i]}<br />";
        echo "<a href='upload/{$attachName}'>下载</a> | <a href='upload/
{$attachName}'>打开</a></p>";
      }
        echo "</div>";
     }
     $readArr=explode(';',$row['readflag']);
     $isin=in_array($uname,$readArr);
     if(!$isin){
        $readflag=$row['readflag']."{$uname};";
        $sql="update emailmsg set readflag='{$readflag}' where emailno={$emailno}";
        mysqli_query($conn,$sql);
     }
     mysqli_close($conn);
   ?>
   </body>
   </html>
```

任务 8-3 删除邮件

🔔 **需要解决的核心问题**

- 如何将选定的邮件放入已删除文件夹？
- 彻底删除邮件时，如何将 upload 文件夹中的相关附件文件同时删除？

删除邮件包括将邮件从收件箱放入已删除文件夹的逻辑删除、分页浏览已删除文件夹中的内容和将已删除文件夹中的邮件彻底删除 3 个部分的操作。

微课 8-19 将邮件放入已删除文件夹

8.3.1 将邮件放入已删除文件夹

在 receiveemail.php 页面中，选中要删除的某封或者某几封邮件前面的复选框，如图 8-20 所示。

图 8-20 在 receiveemail.php 页面中选中要删除的邮件前面的复选框

用户单击“删除”按钮之后，将执行页面文件 delete.php，接收 receiveemail.php 文件中复选框组传递过来的邮件序号，把被选中邮件记录的 deleted 列值设置为 1，即把被选中邮件放入已删除文件夹，然后返回页面文件 receiveemail.php 中，并弹出消息框告知用户移动到已删除文件夹中的邮件数，效果如图 8-21 所示。

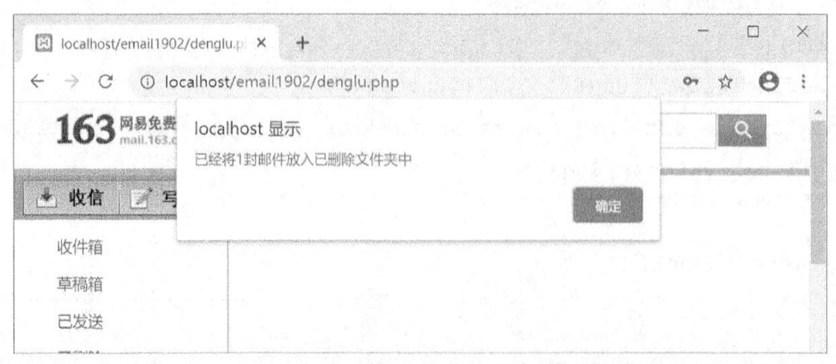

图 8-21 在 receiveemail.php 页面中显示被移动到已删除文件夹中的邮件数

创建文件 delete.php，页面代码如下。

```
1: <?php
2:  $emailno = $_POST['markup'];
3:  $num = count($emailno);
4:  $conn = mysqli_connect('localhost', 'root', '');
5:  mysqli_select_db($conn, 'email');
6:  for ( $i = 0; $i < count($emailno); $i++ ) {
7:       $sql = "update emailmsg set deleted =1 where emailno = {$emailno[$i]}";
8:       mysqli_query($conn, $sql);
9:  }
10: mysqli_close($conn);
11: include 'receiveemail.php';
12: echo "<script>";
13: echo "alert('已经将{$num}封邮件放入已删除文件夹中')";
14: echo "</script>";
15: ?>
```

代码解释:

第 2 行，使用$_POST['markup']接收 receiveemail.php 文件中 name 为 markup[]的复选框组传递过来的邮件序号信息，使用数组$emailno 保存，$emailno 数组元素的个数与用户在页面中选中的复选框个数相同。

第 3 行，获取数组$emailno 中元素的个数。

第 4 行，连接 MySQL 数据库。

第 5 行，打开数据库 email。

第 6～9 行，使用 for 循环结构将用户选择的所有邮件记录中的 deleted 列值设置为 1，循环次数是数组$emailno 的长度。

第 7 行，定义 update 更新语句，将被选中的记录中的 deleted 列值设置为 1。

第 8 行，执行 SQL 语句，完成更新操作。

第 10 行，关闭数据库连接。

第 11 行，使用 include 语句重新执行 receiveemail.php 文件，将收件箱中剩下的邮件重新分页显示。

第 12～14 行，控制输出脚本函数 alert()，在页面中弹出消息框，用于通知用户被删除的邮件数，这里要求将$num 变量放在括号中，以避免字符串连接运算符与数字结合产生歧义。

页面文件 delete.php 的运行说明如下。

修改 receiveemail.php 文件，在<form>标签内部设置 action= "delete.php"，实现当用户单击“删除”按钮时执行 delete.php 文件的要求。

8.3.2 分页浏览已删除文件夹中的邮件

用户单击 email.php 页面左侧的超链接“已删除”后，将在右侧浮动框架中执行文件 deletedemail.php，效果如图 8-22 所示。

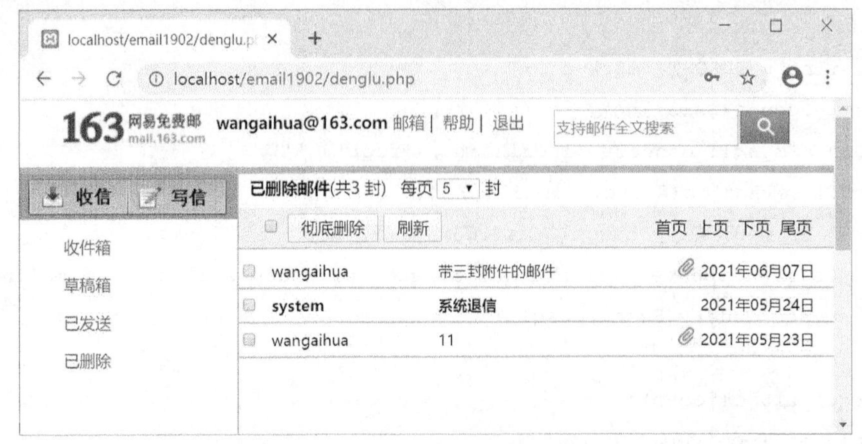

图 8-22 已删除邮件列表

设计该页面时，直接使用样式文件 receiveemail.css，不需要进行任何修改。

页面文件 deletedemail.php 与 receiveemail.php 的内容有以下几点不同。

（1）收邮件页面左上角的“收件箱”文本更换为已删除页面中的“已删除邮件”。

（2）获取已删除文件夹中的邮件记录时，查询条件是数据表 emailmsg 的 receiver 列值中包含的当前登录用户信息，并且 deleted 列值为 1，因此，要定义的查询语句为 select * from emailmsg where receiver like '%{$uname}%' and deleted=1。

（3）将表单<form>中 action 属性的取值更换为用于彻底删除邮件的文件 deletedchedi.php，当用户在已删除文件夹中选择邮件，单击“彻底删除”按钮之后，将执行该文件。

（4）收邮件页面中的“删除”按钮更换为已删除页面中的“彻底删除”按钮，单击“刷新”按钮时，需要重新执行的文件已更改为 deletedemail.php。

（5）设置“首页”“上页”“下页”“尾页”超链接时，链接的文件都改为 deletedemail.php。

其他所有内容与 receiveemail.php 文件完全相同，请读者将 receiveemail.php 文件复制并改名为 deletedemail.php 文件，然后按照上面的要求自行修改。

8.3.3 彻底删除邮件

用户在 deletedemail.php 页面中选中某一封或某几封邮件前面的复选框，单击“彻底删除”按钮后，将执行页面文件 deletedchedi.php，把被选中的邮件记录从数据表 emailmsg 中彻底删除。另外，若该邮件中有附件，则把 upload 文件夹中的附件文件一同删除。

微课 8-20 彻底删除邮件

页面文件 deletedchedi.php 的代码如下。

```
1:  <?php
2:     $markup = $_POST['markup'];
3:     $cnt = count($markup);
4:     $conn = mysqli_connect('localhost','root','','email');
5:     for($i = 0; $i < $cnt; $i++){
6:     $sql = "select * from emailmsg where emailno = {$markup[$i]}";
```

```
7:          $res = mysqli_query($conn,$sql);
8:          $row = mysqli_fetch_array($res);
9:          if($row['attachment'] != ''){
10:         $attachArr = explode(';', $row['attachment']);
11:         for($m = 0; $m < count($attachArr) - 1; $m++){
12:             $attach = explode('(', $attachArr[$m]);
13:             $fileName = "upload/";
14:             for($j = 1; $j < count($attach) - 1; $j++){
15:                 $fileName = "{$fileName}({$attach[$j]}";
16:             }
17:             $fileName=iconv("UTF-8",'gb2312',$fileName);
18:             unlink($fileName);
19:         }
20:     }
21:     $sql="delete from emailmsg where emailno={$markup[$i]}";
22:     mysqli_query($conn,$sql);
23:   }
24:   mysqli_close($conn);
25:   include "deletedemail.php";
26:   echo "<script>";
27:   echo "alert('已经彻底删除{$cnt}封邮件');";
28:   echo "</script>";
29: ?>
```

代码解释：

第 5～23 行，使用 for 循环将被选中的所有记录从数据表中删除，同时判断被删除的邮件中是否有附件，若有，则将附件文件从 upload 文件夹中删除。

第 6 行，定义 select 查询语句，查询将要被彻底删除的记录信息。

第 7 行，执行查询语句，将查询结果记录集保存在变量$res 中。

第 8 行，从查询结果记录集$res 中获取一条记录，将其以数组方式保存在变量$row 中。

第 9 行，判断数组$row 中的 attachment 列是否为空，不为空则说明有附件，需要执行第 10～20 行代码，完成附件文件的删除。

第 10 行，使用英文分号分割 attachment 列中各个附件的信息，并将其保存在数组$attachArr 中。

第 11～19 行，使用循环结构逐个删除附件文件。

第 12 行，使用左圆括号分割数组$attachArr 的当前元素，并将结果保存在数组$attach 中。

第 13 行，将保存附件文件的文件夹路径保存在变量$fileName 中。

第 14～16 行，去掉数组$attach 中的第一个元素（空串）和最后一个元素（文件大小信息部分），将剩余部分连接到变量$fileName 中，重新得到形如“(3247)附件 a(李梅).docx”的文件名称。

第 17 行，使用 PHP 提供的文件操作函数 unlink() 删除文件时，若文件名中有汉字，则必须使用 GB2312 编码，因此需要使用函数 iconv() 将文件名的 UTF-8 编码转换为 GB2312 编码。

第 18 行，使用函数 unlink() 删除指定路径下的文件，unlink() 需要的参数只有一个。

第 21 行，定义 delete 删除语句，删除记录的条件是 emailno 列值与用户选中记录的序号相同。

第 22 行，执行删除语句，将选中的记录从数据表 emailmsg 中彻底删除。

第 25～28 行，使用 include 重新回到已删除邮件界面，同时弹出消息框告知用户已经彻底删除的邮件数。

小结

本任务主要实现了以下 3 个功能。

（1）使用分页浏览功能完成了收件箱的设计。分页浏览部分重要的几个知识点是：邮箱中邮件页数的计算，每页中要显示记录的获取方法，页码的设置及获取，每页中记录数的变化，“首页”“上页”“下页”“尾页”超链接的设置方法，获取查询结果记录集中记录的函数的应用，记录数组中元素的获取方法等。创建的文件有 receiveemail.css、receiveemail.php 和 receiveemail.js。

（2）设计了打开和阅读邮件功能。在功能实现的过程中涉及的几个知识点是：替换指定字符串中某个子串的函数的应用、下载或打开附件的方法。创建的文件有 openemail.css 和 openemail.php。

（3）设计了删除邮件功能。删除邮件包括两个步骤：第 1 步，在收件箱中选中邮件进行逻辑删除，将邮件放入已删除文件夹；第 2 步，在已删除文件夹中选中邮件进行彻底删除，要同步删除邮件中所带的附件文件。创建的文件有 delete.php、deletedemail.php 和 deletedchedi.php。

习题

一、选择题

1. 判断表单中 name 取值为 psd 的密码元素的数据是否提交到服务器端的代码是________。

   A. if ($_POST['psd'] == '')　　B. if (isset($_POST['psd']))

   C. if (Isset($_POST['psd']))　　D. if (Isset($_FILES['psd']))

2. 访问 MySQL 数据库时，从查询结果记录集中获取一条记录的函数是________。

   A. mysqli_num_rows()　　B. mysqli_select_db()

   C. mysqli_fetch_array()　　D. mysqli_fetch_Array()

3. 在页面中设置链接热点是“首页”，用户单击超链接时打开页面文件 pagefirst.html，同时向服务器传送数据 1，设置超链接的代码是________。

   A. <a href="pagefirst.html"?pageno=1>首页</a>

   B. <a href="pagefirst.html? 'pageno=1'">首页</a>

   C. <a href="pagefirst.html? "pageno=1>首页</a>

   D. <a href="pagefirst.html?pageno=1">首页</a>

4. 在整个 163 邮箱项目中，下列哪个按钮不是 submit 类型的？________

   A. 注册界面中的“立即注册”按钮　　B. 写邮件界面中的“发送”按钮

   C. 收件箱中的“删除”按钮　　D. 登录界面中的“注册”按钮

5. 单击收件箱中的“刷新”按钮需要在当前窗口中重新运行 receiveemail.php 文件，需要在按钮标签内部增加的代码是________。

A. onclick="window.open('receiveemail.php','_self');"

B. onclick="window.open(receiveemail.php,'_self');"

C. onclick="window.open('receiveemail.php',self);"

D. onclick="window.open('receiveemail.php');"

6. 若$_GET['pageno']存在，则将其中的值传送给变量$pageno，否则把 1 传送给变量$pageno，实现该功能的代码是________。

A. $pageno = isset($_GET['pageno'])$_GET['pageno'] : 1;

B. $pageno = isset($_GET['pageno'])? $_GET['pageno'] : 1;

C. $pageno = isset($_GET['pageno'])? 1 : $_GET['pageno'];

D. $pageno = isset($_GET['pageno'])? $_GET['pageno'] || 1;

7. 函数 mysqli_fetch_array() 的作用是________。

A. 获取一个数组

B. 从查询结果记录集中获取一条记录并以对象方式存储访问

C. 从查询结果记录集中获取一条记录并以数组方式存储访问

D. 以上说法都不正确

二、填空题

1. 函数 ceil(3.2) 的结果是________，ceil(5.8) 的结果是________。

2. 在 MySQL 中，获取查询结果记录集中某个指定范围的记录，需要使用的关键字是________________。

3. 代码 list($y, $m, $d) = explode("-", "2013-10-26")执行之后，变量$y、$m 和$d 中存放的内容分别是________、________、________。

4. 删除服务器端指定路径下的文件，使用的函数是________________。

任务9 实现在线投票与网站计数功能

各类网站经常会出现各种在线投票页面，如评选我最喜爱的老师、十大杰出青年、我最喜爱的美食等。还有很多网站需要统计访客人数，如统计访问总量、本月访问量、本周访问量和今日访问量等。

要实现上述功能，需要将票数或者访问量等数据都保存在服务器端的文本文件中，这需要使用PHP 提供的各种文件访问操作函数。

素养要点

关爱地球 责任担当 使命精神 家国情怀

任务 9-1 运用文件系统函数

需要解决的核心问题

- fopen()函数中需要的参数有几个？打开文件的模式有哪几种？
- 函数 file_exists()的作用是什么？返回值是什么？
- 从文本文件中读取的汉字，如何将其编码转换为 UTF-8？
- 使用 fgets()函数默认会读取多少内容？
- 使用 fwrite()函数写完内容之后要如何换行？

PHP 提供的文件系统函数有几十个，本书只讲解常用的几个函数，包括实现文件打开与关闭、读取与写入功能的函数。

9.1.1 文件的打开与关闭

1. 打开文件——fopen() 函数

微课 9-1 文件操作函数 fopen()

函数格式：fopen(filename, mode, include_path, context)

参数 filename，必需，用于提供要打开文件的路径和名称。

参数 mode，必需，用于指定打开文件时的读或写方式，系统为该参数设置了多种不同的取值，本书只介绍常用的几种取值。

- 'r'：以只读方式打开，将文件指针指向文件头。
- 'r+'：以读写方式打开，将文件指针指向文件头。

- 'w'：以只写方式打开，文件指针指向文件头，打开的同时清除文件所有内容，如果文件不存在，则尝试建立文件。
- 'a'：以追加写方式打开，文件指针指向文件末尾，若文件不存在，则尝试建立文件。

参数 include_path 和 context 都是可选参数，不做介绍。

函数 fopen()的作用是打开指定的文件，若文件存在并且被打开，则返回一个句柄，否则返回 false。

例如，$fp=fopen('vote.txt', 'r') 的作用是以只读方式打开文本文件 vote.txt，返回的句柄保存在变量$fp 中，该句柄将用在读取、写入和关闭文件的函数中。

2. 判断文件是否存在——file_exists() 函数

在打开或使用某个文件之前，通常要判断该文件是否存在，这样才能确定是使用只读或读写方式直接打开一个已经存在的文件，还是以只写方式在打开的同时创建该文件。

判断文件是否存在需要使用函数 file_exists()。

函数格式：file_exists(path)

参数 path 是必需的，指定要检查、判断的路径。

该函数的返回值是布尔值，若指定的文件存在，则返回 true，否则返回 false。

例如，代码 if (! file_exists('vote.txt')){ $fp = fopen('vote.txt', 'w'); }的作用是判断文件 vote.txt 是否存在，若不存在，则使用只写方式在打开时创建该文件。

3. 关闭文件——fclose() 函数

对打开的文件进行的读操作或者写操作都完成之后，必须关闭文件，以释放内存，可使用 fclose()函数完成文件的关闭操作。

函数格式：fclose(int $handle)

参数$handle 表示之前打开文件时返回的句柄。

例如，代码 fclose($fp)的作用是关闭句柄$fp 指向的文件。

9.1.2 文件的读取与写入

1. 读取一行内容——fgets() 函数

函数 fgets() 可以从指定的文件中读取当前文件指针所指的一行内容。

函数格式：string fgets(int $handle[, int $length])

参数$handle，必需，表示已经打开的文件句柄。

参数$length，可选，指定返回的最大字节数，考虑到文本文件中的行结束符，最多可以返回$length-1 字节的字符串，若没有指定该参数，则默认为 1 024 字节。

2. 判断文件指针是否到达文件末尾——feof()函数

在读取文件内容时，经常要判断文件指针是否已经到达文件末尾，若已经到达文件末尾，则读取过程必须结束。可使用函数 feof()判断文件指针是否到达文件末尾。

函数格式：feof(int $handle)

参数$handle 表示之前打开文件时返回的句柄。

【例 9-1】假设存在文本文件 a.txt，里面有 3 行任意的内容，创建页面文件 read.php，打开文件 a.txt，逐行读出其中的内容并输出。

代码如下。

```
1: <?php
2:   header("Content-Type:text/html;charset=utf8");
3:   if ( file_exists('a.txt') ) {
4:     $fp = fopen("a.txt", 'r');
5:     while ( ! feof($fp) ) {
6:        $line = fgets($fp);
7:        $line = iconv("gb2312", "UTF-8", $line);
8:        echo "$line<br />";
9:     }
10:    fclose($fp);
11:  }
12: ?>
```

代码解释：

第 3 行，使用 file_exists()函数判断文件 a.txt 是否存在，若存在，则执行第 4～10 行代码。

第 4 行，使用 fopen()函数以只读方式打开文件 a.txt，返回句柄并将其保存在变量$fp 中。

第 5 行，使用 feof()函数判断文件指针是否到达文件末尾，并将该判断结果作为循环语句 while 的条件。若没有到达文件末尾，则循环条件成立，执行第 6～8 行代码；若到达文件末尾，则循环条件不成立，循环结束。

第 6 行，从$fp 所指文件中读出文件指针指向的一行内容，并将其保存在变量$line 中。

第 7 行，使用 iconv()函数将$line 中汉字的编码由 GB2312 转为 UTF-8，解决汉字乱码问题。

第 8 行，输出$line 中保存的内容，并在其后面增加换行标签。

思考问题：

第 8 行代码是否可以使用代码 echo nl2br($line)取代?

解答：

可以改用上述方案，使用 fgets()函数读取的一行内容中包括行结束时的回车换行符，因此使用 nl2br()函数可以将回车换行符转换为 HTML 中的换行标签
，作用等同于"$line
";。

3. 写入文件——fwrite() 函数

文件打开之后，要向文件中写入内容通常可使用 fwrite() 函数。

函数格式：fwrite($handle, $string [, $length])

参数$handle，必需，表示之前打开的文件句柄。

参数$string，必需，表示要向文件中写入的内容。

参数$length，可选，若指定该参数，则写入的内容是$string 串中前$length 个字节的数据；若$length 超出了$string 中字符串的长度，则将变量$string 的内容全部写进去。

> **注意** 该函数写完内容之后，并不会实现换行。

【例 9-2】创建页面文件 write.php，以只写方式打开并创建文件 b.txt，向其中写入两行内容，分别是“这是第一行内容”和“这是第二行内容”。

代码如下。

```
1: <?php
2:   $fp = fopen("b.txt", "w");
3:   fwrite($fp, "这是第一行内容");
4:   fwrite($fp, "这是第二行内容");
5:   fclose($fp);
6: ?>
```

上面代码执行后，b.txt 文件内容如图 9-1 所示。

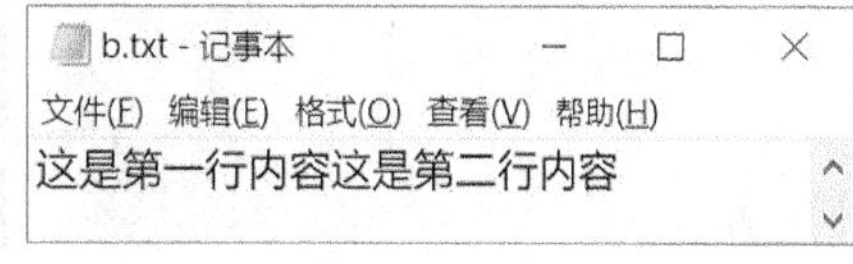

图 9-1　b.txt 文件内容

思考问题：

b.txt 中的内容为什么没有换行？如何解决该问题？在写入串的后面增加
标签是否起作用？

解答：

因为 fwrite() 函数写完内容之后，不能实现自动换行，所以需要在写入内容的后面加上回车换行符\r\n，即需要将第 3 行和第 4 行代码修改为：

```
fwrite($fp, "这是第一行内容\r\n");
fwrite($fp, "这是第二行内容\r\n");
```

这里不能通过增加 HTML 标签
的形式完成文件内容的换行，标签只能在浏览器环境下才能被解释执行，放在文本文件中只能以标签字符串的形式存在。

任务 9-2　实现在线投票功能

需要解决的核心问题

- 如何将读取出来的数字文本转换为数字？
- 如何在文件中保存不同对象的票数？如何获取并修改相应的票数？
- 如何使用 Session 禁止重复投票？禁止之后还存在什么问题？
- 如何使用 Cookie 禁止重复投票？

下面设计一个评选关爱地球创意作品的在线投票页面，效果如图 9-2 所示。

> **素养提示**　在线投票项目以“关爱地球”为主题，提醒我们关爱地球、共建美好家园的责任和使命，厚植家国情怀。

这种网页结构的设计可以比较随意，读者可根据自己需要的页面宽度设计一行中显示的图片数。

9.2.1　简单在线投票功能的实现

简单在线投票是指任何用户登录到投票页面后，都可以不受任何限制地进行任意次数的投票，复杂的控制过程将在 9.2.2 小节和 9.2.3 小节中讲解。

1. 页面布局结构与样式定义

整个页面内容包含在一个父元素 div 中，使用类选择符.wdiv 定义，具体样式要求为：宽度为 1 080px，高度为 900px，填充为 0，上下边距为 0，左右边距为 auto。

每幅图片以及图片下方的票数、百分比等信息都放在一个个子元素 div 中，使用类选择符.ndiv 定义，具体样式要求为：宽度为 250px，高度为 300px，填充为 0，上边距和右边距都为 0，下边距为 10px，左边距为 20px，向左浮动，div 中的文本内容在水平方向上居中对齐，文本字号为 12pt。

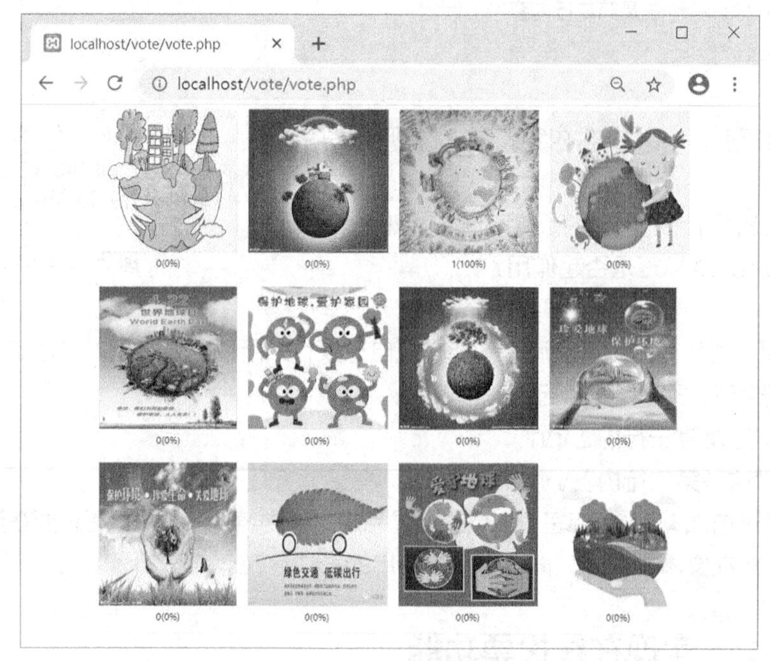

图 9-2　在线投票页面效果

元素<div class='ndiv'>内部下方的文本有两行，使用两个段落标签控制。使用包含选择符.ndiv p 定义段落的上边距为 5px，其他边距为 0。

元素<div class='ndiv'>内部所有图片的边框都使用包含选择符.ndiv　img 设置为 0，即{border:0;}。这是因为在页面中，所有图片都要做成供用户单击来投票的超链接形式，在大部分浏览器中，做成超链接热点的图片都会带上蓝色的边框，在页面中不太美观，将其设置为 0 即可解决该问题。

总结：整个页面的布局就是在父元素<div class='wdiv'>中分两行向左浮动，每行 6 个子元素，共排列了 12 个子元素<div class='ndiv'>。

2. 功能要求

要创建的页面文件是 vote.php。

单击来投票的页面需要包含以下 5 个方面的操作。

（1）素材中的图片文件命名方式必须是有规律的，素材的主文件名都是“img+数字序号”的形式，数字序号从 0 开始，而扩展名则可以是.jpg 或者.gif，图片都要以超链接的形式存在。

（2）每幅图片下面都要显示相应的票数信息，除此之外还要显示该票数占总票数的百分比。

（3）为了能够保存每幅图片的票数，要求即便是因服务器突然出现故障停止运行，当服务器再度运行之后，也不会将原有票数清零，必须使用文本文件记录每幅图片的票数，而不能使用简单的变量或者数组的形式保存。使用简单的变量或数组存在的问题是，一旦页面重新运行，保存的数据都不复存在，因为变量与数组的“生存周期”是程序运行一次的时间，同样也没有必要选用复杂的数据库方式来保存，这样会使问题变得过于复杂。

在文本文件中，一幅图片的票数占一行，图片的顺序与图片文件名称中的序号也要保持一致，这样便于获取和更新票数。这里用于保存票数的文本文件是 vote.txt，文本文件不用事先创建，可以在参与投票的第一个用户运行页面文件时创建，因此在文件代码开始处，必须判断文本文件 vote.txt 是否存在，不存在则通过函数 fopen()以只写方式打开并创建它。

每个用户在打开页面时，程序都要将当前每幅图片的票数从 vote.txt 文件中读取出来，在完成投票之后，再将最新结果重新写入 vote.txt。

（4）对于每幅图片及其下面的票数信息，都是通过 for 循环结构输出的，使用这种设计方法在图片随意增多或者减少时，可以方便地进行控制，而不需要调整页面的任何内容。

例如，若 for 循环变量的当前取值是 5，则输出的图片只能是 img5.jpg 或者 img5.gif，到底是哪一个，要通过 file_exists() 函数判断两个文件中哪一个存在之后才能确定；同时控制输出从文本文件 vote.txt 中读出的相应票数。

（5）用户单击每一幅图片时，都要向链接的页面文件 vote.php 提交这幅图片对应的序号，保证完成对这幅图片的投票，同时在页面中可看到变化后的票数。

3. 页面代码

页面文件 vote.php 的代码如下。

（1）首部代码。

```
1: <head>
2: <meta http-equiv="Content-Type" content="text/html; charset=UTF-8" />
3: <title>无标题文档</title>
4: <style type="text/css">
5:   .wdiv{width:1080px; height:900px; padding:0; margin:0 auto;}
6:   .ndiv{width:250px; height:300px; padding:0; margin:0 0 10px 20px; float:left;
text-align:center; font-size:12pt; }
7:   .ndiv  p{margin:5px 0 0;}
8:   .ndiv  img{border:0;width: 250px; height: 250px; }
9: </style>
10: </head>
```

（2）页面主体代码。

```
1:  <body>
2:  <div class="wdiv">
3:  <?php
4:    $imgnum = 12;
5:    $sum = 0;
6:    if ( ! file_exists('vote.txt') ) {
7:       $fp = fopen('vote.txt', 'w');
```

```
8:     fclose($fp);
9:   }
10:  $fp = fopen('vote.txt', 'r');
11:  for ( $i = 0; $i < $imgnum; $i++ ) {
12:    $count[$i] = fgets($fp);
13:    $count[$i] = $count[$i] + 0;
14:    $sum = $sum + $count[$i];
15:    }
16:    fclose($fp);
17:    $vote = isset($_GET['vote'])? $_GET['vote'] : '';
18:    if ( $vote != '' ) { $count[$vote]++; $sum++; }
19:    for ( $i = 0; $i < $imgnum; $i++ ) {
20:      if( $sum != 0 ) {
21:        $per = ( round( ($count[$i] / $sum) * 100, 2) ) . "%";
22:      }
23:      else{
24:        $per = "0%";
25:      }
26:      echo "<div class='ndiv'>";
27:      $img = 'images/img' . ($i);
28:      if ( file_exists($img.".jpg") ) {
29:          $img = $img . ".jpg";
30:      }
31:      else{
32:          $img = $img . ".gif";
33:      }
34:      echo "<a href='vote.php?vote=" . ($i) . "'><img src='$img' width='160'
heigh5='240'></a>";
35:      echo "<p>" . $count[$i] . "($per)";
36:      echo "</div>";
37:    }
38:    $fp = fopen('vote.txt', 'w');
39:    for ( $i = 0; $i < $imgnum; $i++ ) {
40:       fwrite( $fp, $count[$i] . "\r\n");
41:    }
42:    fclose($fp);
43: ?>
44: </div></body>
```

代码解释：

第 2 行和第 44 行，分别表示元素<div class="wdiv">的开始与结束，所有内容都在该 div 内部设置。

第 4 行，使用变量$imgnum 保存需要投票的图片数，该变量将用于控制循环的次数。

第 5 行，定义$sum 变量来表示本页面中的总票数，初始值是 0，只要从文本文件 vote.txt 中读出票数，就要累加到该变量中，另外，某幅图片的票数增加了，也要累加到该变量中。

第 6～9 行，这一部分代码只有在第一次运行本页面文件时因为文件 vote.txt 不存在而需要执行，第 6 行使用 file_exists() 函数判断文件 vote.txt 是否存在，如果不存在则条件成立，接下来执行第 7 行代码，使用 fopen() 函数以只写方式打开文件 vote.txt，并在打开时创建该文件，然后执行第 8 行代码关闭打开的文件。

第 10 行，使用 fopen()函数以只读方式打开文本文件 vote.txt。

第 11～15 行，定义 for 循环语句，循环的次数由图片数决定。

第 12 行，每次循环都要使用 fgets() 函数从文件 vote.txt 中读取一行内容（一幅图片的票数），并将其保存到相应的数组元素$count[$i]中。

第 13 行，从文本文件 vote.txt 中读出来的数字都是文本格式的，使用加 0 操作将其转换为数字。

第 14 行，将读出来的每个票数值都累加到表示票数总和的变量$sum 中。

第 16 行，读取文件结束之后，使用 fclose() 函数关闭以只读方式打开的文本文件 vote.txt。

第 17 行，使用三元运算符表达式 isset($_GET['vote'])?$_GET['vote']:'' 判断数组元素$_GET['vote']是否存在，若存在，则说明用户已经在页面中通过单击图片进行投票，此时需要获取$_GET['vote']中接收的图片序号，将其保存在变量$vote 中。若用户没有投票，则要将$vote 的值设置为空。

第 18 行，判断第 17 行设置的$vote 变量的值是否为空，若不为空，则将$vote 中保存的序号作为数组$count 的元素索引，在$count[$vote]保存的原来票数的基础上完成加 1 操作，同时使保存总票数的变量$sum 完成加 1 操作。

例如，假设页面是初次运行，所有图片下面的票数都是 0，第一个用户单击第 3 幅图片进行投票，则变量$vote 获取到的是数字 2，要将$count[2]元素值加 1，并且总票数也要增加 1，实现投票。

第 19～37 行，使用 for 循环结构完成页面中所有内容的计算与输出。

第 20～25 行，判断总票数是否为 0，若不为 0，则使用代码 round(($count[$i]/$sum)* 100,2)计算每幅图片的票数占总票数的百分比，结果采用四舍五入函数 round() 保留 2 位小数，最后连接上百分号%字符，保存在变量$per 中；若总票数为 0，则所有票数占的百分比都使用$per="0%"设置为 0 即可。

第 26 行，输出内部的元素<div class='ndiv'>。

第 36 行，结束元素<div class='ndiv'>。

以下对第 27～36 行代码的解释都假设当前循环变量$i 的取值是 2。

第 27 行，根据循环变量$i 的取值 2，获取要输出图片的路径和主文件名部分，保存到变量$img 中的内容是“images/img2”。

第 28～33 行，使用 file_exists()函数判断文件 images/img2.jpg 是否存在，若存在，则将变量$img 的值修改为 images/img2.jpg，否则将变量$img 的值修改为 images/img2.gif。这样做的目的是保证无论是 JPG 类型还是 GIF 类型的图片，都可以正常使用，此处假设存在的是 img2.jpg 文件。

第 34 行，以宽度 160px、高度 240px 输出图片 images/img2.jpg，并将其作为超链接热点，设置超链接打开的文件是当前页面文件 vote.php，链接执行该文件时，使用键名 vote 将循环变量$i 的值 2 传递到文件中，保证可以在重新执行的 vote.php 文件中通过第 18 行代码的$_GET['vote']获取到数字 2。

第 35 行，在图片 img2.jpg 的下面使用段落标签，控制输出数组元素$count[2]中保存的与图片对应的票数和使用圆括号标识的图片票数的百分比值。

第 38 行，以只写方式打开文件 vote.txt。

第 39～41 行，使用 for 循环结构，将保存在数组$count 中的所有票数值逐行写入文本文件 vote.txt，也就是说，每个用户投票之后，都要将所有票数值重新以覆盖方式写入文本文件。

第 42 行，关闭以只写方式打开的文本文件。

9.2.2 使用 Session 禁止重复投票

上面设计的实现简单投票功能的页面存在一个很严重的问题，任何用户打开页面之后，都可以任意单击超链接不断投票。为了避免这个问题，需要增加 Session 机制的应用，对程序进行优化，禁止用户打开页面后重复投票。

1. 功能说明

将 vote.php 文件另存为 voteSession.php 文件，在文件中增加 Session 机制的应用，实现下面 3 个功能。

（1）在页面代码开始处使用 session_start()函数启用 Session。

（2）当用户单击超链接投票、系统获取到投票信息之后，设置系统数组元素$_SESSION['voted']=1。

（3）当用户试图再次单击超链接或者以刷新页面的方式继续投票时，通过代码 isset($_SESSION['voted']) 判断数组元素是否存在，若已经存在，则输出脚本代码提示用户已经投票不可再投，然后直接结束页面文件的执行。

2. 增加与修改代码

需要对文件的两个位置进行修改。

在页面文件 voteSession.php 开始处起始标签<?php 后面增加如下代码。

```
1: session_start();
2: if ( isset($_SESSION['voted']) ) {
3:     echo "<script>";
4:     echo "alert('你已经投过票了,不允许重复投票');";
5:     echo "</script>";
6:     exit();
7: }
```

代码解释：

第 6 行，函数 exit()用于结束文件 vote.php 的运行，一旦结束就不可以再通过刷新页面来重新运行。

在代码 if ($vote!=''){$count[$vote]++; $sum++;}的花括号中增加代码$_SESSION['voted']=1，生成系统数组元素，修改后的代码如下。

```
if ($vote!=''){$count[$vote]++; $sum++; $_SESSION['voted']=1;}
```

当用户重复投票时，页面的运行效果如图 9-3 所示。

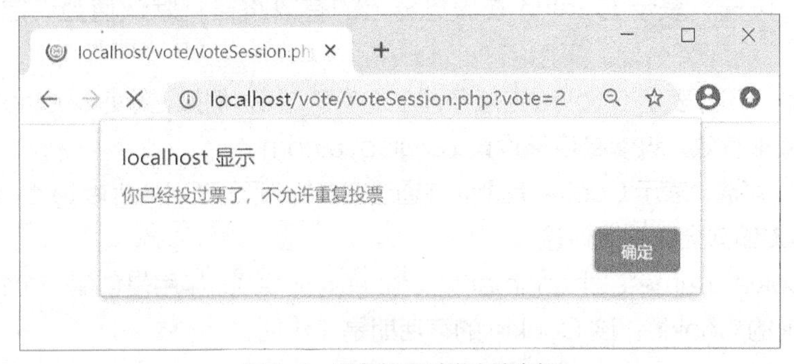

图 9-3　重复投票时弹出消息框

说明　页面再次运行时，系统将输出脚本弹出消息框提示“你已经投过票了，不允许重复投票”。当用户单击消息框中的“确定”按钮关闭消息框之后，系统将执行程序中的 exit() 函数，之后整个窗口变为空白，不再出现投票界面。

9.2.3　使用 Cookie 禁止重复投票

请大家尝试：

运行页面文件 voteSession.php，进行一次投票之后，在当前页面继续刷新或者再次单击超链接能否继续投票?

关闭当前浏览器，重新打开之后再次运行文件，是否可以继续投票?

也就是说，使用 Session 禁止重复投票的页面存在什么问题?

问题解答请看下面的内容。

Session 是有“生命周期”的，在关闭浏览器后 Session 会自动失效，Session 失效之后，创建的数组元素$_SESSION['voted']就不复存在。因此只要用户重新打开浏览器窗口再次运行就可以继续投票，这在投票系统中是绝对不允许的。

使用 Cookie 可以解决上述问题，Cookie 是用户浏览网站时由服务器写入用户主机硬盘的文本文件，其中保存了用户访问网站时的一些私有信息。当用户下一次再访问该网站时，可以使用 PHP 文件读取这些信息，用于进行各种判断。简而言之，Cookie 是一种在本地浏览器端储存数据并以此来跟踪和识别用户的机制。

1. 创建 Cookie

在 PHP 中创建 Cookie 需要使用 setcookie()函数，其语法格式如下。

setcookie(name, value, expire, path, domain, secure)

参数 name，必需，设置 Cookie 的名称。

参数 value，必需，设置 Cookie 的值。

参数 expire，可选，设置 Cookie 的有效期，这是一个 UNIX 时间戳，即从 UNIX 纪元开始的秒数，对于 expire 参数的设置一般通过当前时间戳（用 time()表示）加上相应的秒数来确定。例如，time()+1200 表示 Cookie 将在 20 分钟之后失效。若不设置 expire 参数，则 Cookie 将在浏览器关闭时立即失效。

参数 path，可选，表示 Cookie 在服务器上的有效路径，默认值为设定 Cookie 的当前目录。

参数 domain，可选，表示 Cookie 在服务器上的有效域名。例如，要使 Cookie 在 ryjiaoyu.com 域名下的所有子域都有效，该参数应该设置为.ryjiaoyu.com。

参数 secure，可选，表示 Cookie 是否允许通过安全的 HTTPS（Hypertext Transfer Protocol Secure，超文本传输安全协议）传输。

例如，setcookie("name", "zhangmanli", time() + 3600)的作用是创建一个名称为 name，取值为 zhangmanli 的 Cookie，该 Cookie 的存活期是 1 小时。

2. 访问 Cookie

通过 setcookie()函数创建的 Cookie 会作为数组元素存放在系统数组$_COOKIE 中，因此可以直接通过数组元素来访问已经创建的 Cookie。

例如，对于上面创建的 Cookie，使用代码 echo $_COOKIE["name"]将输出 zhangmanli。

另外，根据在数组中创建元素的方法，还可以使用$_COOKIE["name"]="zhangmanli" 的方式创建 Cookie，但是这样创建的 Cookie 因为没有设置“生存时间”，在会话结束时会消失。

3. 删除 Cookie

使用 setcookie()函数创建 Cookie 时通常都会指定一个“过期时间”，到了过期时间，Cookie 将被自动删除，若在过期之前想要删除 Cookie，则可以使用 setcookie()函数重新创建 Cookie，将其过期时间设置为过去的时间。例如，使用代码 setcookie("name", "zhangmanli", time()-600) 将名称为 name 的 Cookie 删除。

4. 使用 Cookie 禁止重复投票

将 9.2.1 小节中给定的 vote.php 文件另存为 voteCookie.php 文件，对代码进行两处修改。

（1）在开始处<?php 标签后面增加如下代码。

```
1: session_start();
2: $sessionID = session_id();
3: if ( isset( $_COOKIE['voted'] ) ) {
4:   echo "<script>";
5:   echo "alert('你已经投过票了，不允许重复投票');";
6:   echo "</script>";
7:   exit();
8: }
```

代码解释：

第 2 行，使用 session_id()函数获取服务器为当前用户产生的 Session 的唯一标识值，使用变量$sessionID 保存。

第 3 行，使用 isset()函数判断数组元素$_COOKIE['voted']是否存在，也就是判断名称为 voted 的 Cookie 是否存在，若存在，则执行第 4～7 行代码输出提示信息并结束程序的执行。

（2）在代码 if ($vote!=''){$count[$vote]++; $sum++;}的花括号中增加如下两行代码。

```
$tm=3600 * 120;
setcookie("voted", $sessionID, time() + $tm);
```

上面的代码会创建名称为 voted 的 Cookie，并设置 Cookie 的过期时间是 5 天。

说明 本页面中 Cookie 的创建必须发生在用户的一次投票完成之后，这样才能在下次想投票时用来做判断条件。

任务 9-3　网站计数功能的实现

需要解决的核心问题

- 如何统计访问总量、今日访问量、当月访问量等信息？
- 如何将文本数字改为数值数字？

创建页面文件 wzjsq.php，在其中统计并输出本页面的访问总量和今日访问量，效果如图 9-4 所示。

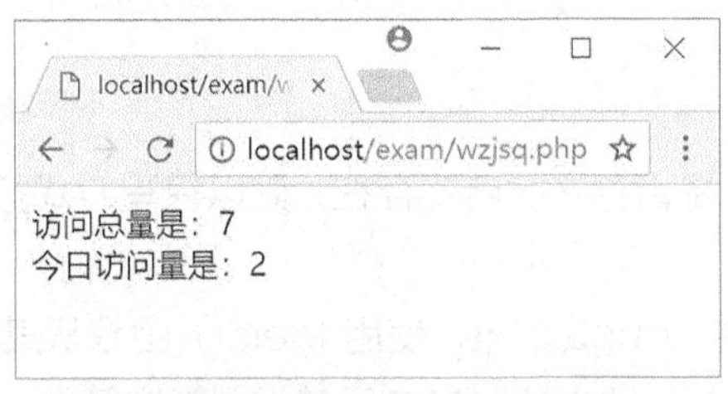

图 9-4　网站计数器运行效果

微课 9-2　网站计数器功能实现

1. 功能说明

页面要显示访问总量和今日访问量，需要使用的信息有 3 项，分别是访问总量、今日访问量和用户访问网站时的日期，使用文本文件 counter.txt 保存这 3 项信息。

保存日期的目的是读取该日期之后，将其与系统的当前日期进行比较。若相同，则说明当前访客与上一个访客是在同一天访问网站的，所以要将今日访问量加 1；否则说明当前访客与上一个访客不是在同一天访问网站的，即当前访客是今天的第一个访客，需要将今日访问量设置为 1。

2. 页面代码

```
1: <?php
2:   if ( !file_exists('counter.txt') ) {
3:       $fp = fopen('counter.txt', 'w');
4:       fclose($fp);
```

```
5:  }
6:  $fp = fopen('counter.txt', 'r');
7:  $sum = fgets($fp) + 0;
8:  $todaycnt = fgets($fp) + 0;
9:  $riqi = fgets($fp);
10: fclose($fp);
11: if ( $sum == '' ){
12:     $sum = 0;     $todaycnt = 0;      $riqi = 0;
13: }
14: $sum++;
15: $today = date('Y-m-d');
16: if ( $riqi == $today ) { $todaycnt++; }
17: else { $todaycnt = 1; }
18: $fp = fopen('counter.txt', 'w');
19: fwrite($fp, $sum. "\r\n");
20: fwrite($fp, $todaycnt. "\r\n");
21: fwrite($fp, $today);
22: fclose($fp);
23: echo "访问总量是：{$sum<br} />";
24: echo "今日访问量是：{$todaycnt}";
25: ?>
```

代码解释：

第 2～5 行，判断文件 counter.txt 是否存在，若不存在，则以只写方式打开文件同时完成文件的创建，创建完成后要关闭文件。

第 6～10 行，以只读方式打开文件 counter.txt，使用 fgets() 函数从其中读出 3 行数据，对于访问量这样的数字形式的数据，从文本文件中读出来之后其类型为字符型，采用加 0 方式可以将文本数字转换为数值数字，对于读出的日期数据不需要进行任何修改。

第 11～13 行，使用访问总量$sum 来判断其取值是否为空，若为空，则说明文件是刚刚创建的，不存在访问量的相关数据。此时需要将表示访问总量的变量$sum 和表示今日访问量的变量$todaycnt 的值都设置为 0，将日期变量$riqi 也设置为 0，完成变量的初始化。

第 14 行，任何时候来的访客都会使变量$sum 加 1。

第 15 行，针对当前访客，将其访问网站页面时的服务器日期获取出来，并保存在变量$today 中。

第 16～17 行，判断变量$today 中刚刚获取到的日期信息和变量$riqi 中保存的日期信息是否一致。若一致，则说明上个访客和当前访客是在同一天访问网站的，需要将今日访问量加 1；若两者的访问日期不一致，则说明当前访客是今天的第一个访客，需要将今日访问量设置为 1。

第 18～22 行，以只写方式打开文件 counter.txt，将访问总量、今日访问量和当前用户的访问日期信息写入文件进行保存。因为函数 fwrite() 在写入数据之后不能实现自动换行，所以需要在前两个值写入之后分别增加实现换行功能的\r\n 字符。

第 23～24 行，分别输出访问总量和今日访问量。

思考问题：

（1）在第 19 行和第 20 行中，能否将定界\r\n 的双引号改为单引号？为什么？

（2）在第 21 行中，能否在写入变量$today 的值后面也增加\r\n？为什么？若增加了，会有什么影响？

解答：

（1）不能将定界\r\n 的双引号改为单引号，因为 PHP 对单引号不进行检查、替换，会将单引号定界中的\r\n 直接写入文本文件，而不是将其解释、替换为实现换行。

（2）第 21 行写入变量$today 的值后面若增加\r\n，则意味着在第 9 行读出日期时也要读出\r\n，即若对上一个用户系统写入的日期值是 2018-07-26，则对下一个用户系统读出来的将是 2018-07-26\r\n。任何时候这两个值都是不相等的，会导致程序出错。

能力拓展 在页面中增加本年度、本月、本周的访问量，可以分别获取服务器系统日期中的年度值、月份值和周次，将它们连同存放相应访问量的变量值一起保存到文件 counter.txt 中，这些功能的实现过程与实现今日访问量的过程基本一致。

小结

本任务通过在线投票和网站计数两个案例功能的实现讲解并应用了文件系统操作的相关函数，包括文件的打开与关闭、文件的读取与写入等方面的函数。为了禁止在线投票中的重复投票，本任务介绍了使用 Session 和 Cookie 机制对投票功能进行改善，保证了程序功能的完整性。

更多的文件操作函数可以扫码查阅。

扫码查阅文件操作函数

习题

一、选择题

1. 代码 if (!file_exists('vote.txt')){ $fp=fopen('vote.txt','w');}的作用是________。
   A. 若文件 vote.txt 不存在，则以只写方式打开，同时向其中写内容
   B. 若文件 vote.txt 不存在，则以只写方式打开，同时创建该文件
   C. 若文件 vote.txt 存在，则以只写方式打开
   D. 若文件 vote.txt 不存在，则不进行任何操作
2. 关于 fgets()函数，下面说法中正确的是________。

A．能够读取一行或者一行中指定个数的字符

B．能够跨段落读取

C．只能读取一行，不能指定需要读取的字符数

D．以上说法都不正确

3．关于 fwrite()函数，下面说法中正确的是________。

A．写入内容后会实现自动换行

B．可以使用 fwrite($fp,'abc\r\n')实现写入后换行

C．可以使用 fwrite($fp,"abc\r\n")实现写入后换行

D．任何时候都不能实现换行

二、填空题

1．用于打开服务器端文件的函数是________________，设置以只读方式打开时使用的参数值是________________。

2．创建 Cookie 的函数是______________，访问 Cookie 使用的系统数组是______________。

第3篇　提高篇

任务10 判断注册界面的密码强弱

10

密码的强弱程度与输入的密码字符串的长度并不成正比，而是根据密码字符串中包含的字符种类多少来确定密码的强弱。对密码强弱进行判断，是指输入密码并使光标离开“密码”文本框之后，由系统调用指定的 JavaScript 函数来完成判断。

任务 5 实现注册界面输入密码时，可以包含的字符有数字 0～9、大写英文字母 A～Z、小写英文字母 a～z 和特殊字符! @、#、$、%、^ &、*共 4 种。

密码强弱的判断结果通常包含弱、中、强 3 种情况，可根据上述 4 种类型的字符确定密码强弱。若是密码字符只包含上面 4 种字符中的一种，则认定为弱；若是包含上面 4 种字符中的任意 2 种或 3 种字符，则认定为中；若是包含 4 种字符，则认定为强。

密码强弱的判断结果需要在“密码”文本框右侧或下方显示出来以提示用户，此处是将结果显示在“密码”文本框下方。例如，用户输入的密码为 Sz*123，其中包含大写字母、小写字母、特殊字符和数字字符共 4 种字符，所以判断为强，效果如图 10-1 所示。

*密码 ●●●●●●

密码强弱：强

图 10-1　密码字符数符合要求的运行效果

素养要点

精益求精　敬业精神

任务 10-1　创建新的注册页面

需要解决的核心问题

- 设置密码时关于密码强弱的提示信息如何定义？

判断密码强弱时，打开页面的初始运行效果与任务 5 中的完全相同，但是因为要增加显示密码情况的动态变化的文本，因此页面的样式定义和内容定义都需要比任务 5 中的复杂一些。

1. 样式代码

创建样式文件 zhuce.css，代码如下。

```
1: .divshang{ width:965px; height:55px; padding:0px; margin:0 auto;
background:url(images/wbg_shang.JPG);}
```

```
2: .divzhong{ width:965px; height:auto; padding:40px 0px 0px; margin:0 auto; background:url(images/wbg_zhong.JPG) repeat-y;}
3: .divxia{ width:965px; height:15px; padding:0px; margin:0 auto; background: url(images/wbg_xia.JPG);}
4: .divzhong table td{height:60px;}
5: .divzhong table .td1{ width:150px; font-size:12pt; text-align:right; vertical-align:top;}
6: .divzhong table .td2{ width:450px; font-size:10pt; line-height:12pt; color:#666; text-align:left; vertical-align:top;}
7: #psd1, #psd2, #phoneno{width:320px;}
8: #emailaddr, #useryzm{width:220px;}
9: .sp1{text-decoration:underline; color:#00f; cursor:pointer;}
10: p{ margin:5px 0 10px;}
11: #psd2err{font-size:10pt; color:#f00; display:none;}
12: #psd1qr{font-size:10pt; color:#009933; display:none;}
```

代码解释：

第 11 行，定义 ID 选择符#psd2err 是为了在输入密码、确认密码和手机号不符合要求时为显示错误提示信息做准备。

第 12 行，定义 ID 选择符#psd1qr 是为显示输入密码的强弱情况做准备。

2. 页面内容代码

创建页面文件 zhuce.html，代码如下。

```
1: <body>
2:  <div class="divshang"></div>
3:  <div class="divzhong">
4:    <form method="post" onsubmit="return validate();">
5:      <table width="600" border="0" align="center" cellpadding="0" cellspacing="0">
6:        <tr><td class="td1">*邮箱地址</td>
7:          <td class="td2">
8:             <input name="emailaddr" type="text" id="emailaddr" required= "required" pattern="[a-zA-Z][A-Za-z0-9_]{4,16}[a-zA-Z0-9]" onchange="check()" />
9:             <span style="font-size:10pt; color:#000;">@163.com</span>
10:            <p>6～18 个字符，包括字母、数字、下画线，字母开头、字母或数字结尾</p>
11:     </td></tr>
12:       <tr><td class="td1">*密码</td>
13:         <td class="td2"><input name="psd1" type="password" id="psd1" required= "required" pattern="[a-zA-Z0-9_!@#$%^&*]{6,16}" onblur=" psdQr()" onfocus="psd1Focus()" />
14:           <p id="ppsd1">6～16 个字符，区分大小写</p>
15:           <p id="psd1qr"></p></td></tr>
16:       <tr><td class="td1">*确认密码</td>
17:         <td class="td2"><input name="psd2" type="password" id="psd2" onblur=
```

```
"psd2Check()" onfocus="psd2Focus()" />
    18:           <p id="ppsd2">请再次输入的密码</p>
    19:        <p id="psd2err">两次输入的密码必须相同</p></td></tr>
    20:       <tr><td class="td1">手机号码</td>
    21:         <td class="td2"><input name="phoneno" type="text" id="phoneno" pattern=
"1[3|5|7|8][0-9]{9}" />
    22:           <p>密码遗忘或被盗时，可通过手机短信取回密码</p>
    23:      </td></tr>
    24:       <tr><td class="td1">*验证码</td>
    25:         <td class="td2"><input name="useryzm" type="text" id="useryzm" />
    26:           <img src="yzm.php" name="yzm" id="yzm" align="top" /><br />请输入图片中
的字符 <span class="sp1" onclick="yzmupdate()">看不清楚？换一张</span> </td>
    27:       </tr>
    28:       <tr><td class="td1"> </td>
    29:         <td class="td2"><input type="submit" name="Submit" value="立即注册"
/></td></tr></table>
    30:    </form>
    31: </div>
    32: <div class="divxia"></div>
    33: </body>
```

代码解释：

第 12～15 行，设计与密码相关的内容，初始状态时，显示的提示信息使用段落<p id="ppsd1">控制；密码输入完成之后，要显示的密码强弱信息使用段落<p id="psd1qr">控制。

第 16～19 行，设计与确认密码相关的内容，初始状态时，显示的提示信息使用段落<p id="ppsd2">控制；输入确认密码不符合要求时，要显示的错误提示信息使用段落<p id="psd2err">控制。

任务 10-2 判断密码强弱

需要解决的核心问题

- 如何确定密码字符串中包含几种字符？

1. 密码强弱判断要求

初始状态时，显示的与密码相关的内容如图 10-2 所示。

图 10-2 初始状态时显示的与密码相关的信息

判断并显示输入密码的强弱，可定义函数 psdQr()来实现，无论输入的密码字符数是否符合要求，只要光标离开密码框<input name="psd1" type="password" id="psd1"... />，系统都会调用函数 psdQr()显示当前密码的强弱信息，如图 10-1 所示。

当用户重新将光标定位到密码框<input name="psd1" type="password" id="psd1"... />中

时，需要调用函数 psd1Focus()，将图 10-1 中显示的密码强弱信息隐藏，显示效果恢复为图 10-2 所示的初始状态内容。

2. 函数 psd1Focus()的定义与调用

```
1: function  psd1Focus(){
2:  document . getElementById('ppsd1') . style . display = 'block';
3:  document . getElementById('psd1qr') . style . display = 'none';
4: }
```

代码解释：

第 2 行，显示段落<p id="ppsd1">，即显示初始状态的提示信息。第 3 行，隐藏段落<p id="psd1qr">，即隐藏密码强弱信息。

函数调用：

因为当用户将光标定位到“密码”文本框内部时，系统会调用函数 psd1Focus()，此时触发的是“密码”文本框的 focus 事件，所以需要在生成“密码”文本框的标签<input name="psd1"... />内部使用代码 onfocus= "psd1Focus()"来调用函数。

3. 密码强弱的判断

在 zhuce.js 文件中定义函数 psdQr()，用于判断密码强弱，代码如下。

```
1:  function psdQr(){
2:    var psd1 = document . getElementById('psd1') . value;
3:    var ptrn1 = /\d/;
4:    var ptrn2 = /[a-z]/;
5:    var ptrn3 = /[A-Z]/;
6:    var ptrn4 = /[!@#$%^&*]/;
7:    res1 = 0; res2 = 0; res3 = 0; res4 = 0;
8:    if ( ptrn1 . test(psd1) ) { res1 = 1; }
9:    if ( ptrn2 . test(psd1) ) { res2 = 1; }
10:   if ( ptrn3 . test(psd1) ) { res3 = 1; }
11:   if ( ptrn4 . test(psd1) ) { res4 = 1; }
12:   res = res1 + res2 + res3 + res4;
13:   if ( res == 1 ) {
14:          document . getElementById('ppsd1') . style . display = 'none';
15:          var psd1qr = document . getElementById('psd1qr');
16:          psd1qr . innerHTML = '密码强弱：弱';
17:          psd1qr . style . display = 'block';
18:   }
19:   if ( res == 2 || res == 3 ) {
20:          document . getElementById('ppsd1') . style . display = 'none';
21:          var psd1qr = document . getElementById('psd1qr');
22:          psd1qr . innerHTML = '密码强弱：中';
```

```
23:         psd1qr . style . display = 'block';
24:  }
25:  if(res==4){
26:         document . getElementById('ppsd1') . style . display = 'none';
27:         var psd1qr = document . getElementById('psd1qr');
28:         psd1qr . innerHTML = '密码强弱: 强';
29:         psd1qr . style . display = 'block';
30:   }
31: }
```

代码解释：

第 2 行，获取用户在“密码”文本框中输入的密码字符。

第 3 行，定义正则表达式/ \d/，使用变量 ptrn1 保存，数字 0～9 符合该正则表达式的规则。

第 4 行，定义正则表达式/[a-z]/，使用变量 ptrn2 保存，小写字母 a～z 符合该正则表达式的规则。

第 5 行，定义正则表达式/[A-Z]/，使用变量 ptrn3 保存，大写字母 A～Z 符合该正则表达式的规则。

第 6 行，定义正则表达式/[!@#$%^&*]/，使用变量 ptrn4 保存，特殊字符符合该正则表达式的规则。

第 7 行，定义 4 个变量 res1、res2、res3 和 res4，初值都设置为 0。若用户输入的密码字符串包含数字字符，则设置 res1 为 1；若密码字符串包含小写字符，则设置 res2 为 1；若密码字符串包含大写字符，则设置 res3 为 1；若密码字符串包含特殊字符，则设置 res4 为 1。

第 8 行，使用正则表达式 ptrn1 和函数 test()测试 psd1 是否包含数字字符，有则设置 res1=1。

第 9 行，使用正则表达式 ptrn2 和函数 test()测试 psd1 是否包含小写字母，有则设置 res2=1。

第 10 行，使用正则表达式 ptrn3 和函数 test()测试 psd1 是否包含大写字母，有则设置 res3=1。

第 11 行，使用正则表达式 ptrn4 和函数 test()测试 psd1 是否有指定的特殊字符，有则设置 res4=1。

第 12 行，将变量 res1、res2、res3 和 res4 中的值加起来，将结果保存在变量 res 中。

第 13 行，判断 res 的值是否是 1，是 1 则说明在给定的 4 种字符中只出现了一种字符，执行第 14～17 行代码，在段落<p id="psd1qr">中使用 innerHTML 属性设置要显示的内容为“密码强弱：弱”。

第 19 行，判断 res 的值是否是 2 或 3，是 2 或 3 则说明在给定的 4 种字符中出现了 2 种或 3 种字符，执行第 20～23 行代码，在段落<p id="psd1qr">中使用 innerHTML 属性设置要显示的内容为“密码强弱：中”。

第 25 行，判断 res 的值是否是 4，是 4 则说明允许使用的 4 种字符都出现了，执行第 26～29 行代码，在段落<p id="psd1qr">中使用 innerHTML 属性设置要显示的内容为“密码强弱：强”。

素养提示 用户注册时可以显示密码强弱，对用户有善意提醒。在项目开发中也要敬业精神，做到客户至上，精益求精。

函数调用：

当用户使光标离开“密码”文本框时会调用函数 psdQr()，此时触发的是“密码”文本框的 blur 事件，所以需要在生成“密码”文本框的标签中使用代码 onblur="psdQr();"来完成函数调用。

小结

本任务介绍了使用 JavaScript 中的正则表达式对密码的强弱进行判断，并将判断的结果动态显示在“密码”文本框的下面，以及时将用户设置的密码的强弱特性提示给用户，增加了注册界面的用户友好性。

任务11 添加附件的复杂方法设计

添加附件的复杂方法是指在写邮件界面中，当用户单击“添加附件”后，在不显示文件域元素的情况下，直接完成附件的添加，并将已经添加的附件的名称和大小信息显示在写邮件界面中。用于添加附件的页面效果如图 11-1 所示。

图 11-1　用于添加附件的页面效果

单击图 11-1 中的“添加附件”可打开选择文件的界面，选择附件文件之后，系统直接将附件文件保存到服务器端指定的文件夹中，并在进行处理之后将附件的名称和大小等信息显示在写邮件界面中，效果如图 11-2 所示。

图 11-2　添加附件之后的界面效果

图 11-2 中显示的附件名称后面同时显示了附件的大小信息，单击右侧的“删除”，可以删除附件。

素养要点

创新思维 创新能力

任务 11-1 设计“添加附件”页面

需要解决的核心问题

- 单击图 11-1 中的“添加附件”，会弹出选择文件的界面，“添加附件”文本元素需要以怎样的形式添加到写邮件界面中？
- 当表单中没有“提交”按钮时，如何使用 submit() 方法在指定操作完成之后向服务器提交数据？

显示在页面中的“添加附件”实际上是一个独立的页面文件的内容，页面文件名称是 up.php，该文件作为浮动框架子页面被嵌入 writeemail.php 文件。

文件 up.php 涉及两部分的内容：第一部分是设计选择附件界面；第二部分是附件文件的上传与处理。

11.1.1 选择附件界面的设计

1. 界面设计要求

为了方便控制文本元素“添加附件”和文件域元素的位置，需要将文件 up.php 的页面边距定义为 0。

在文件 up.php 中需要有两个页面元素，分别是文件域元素和“添加附件”文本元素。

设计“添加附件”文本元素时，使用<span>…</span>标签进行定界，定义文本的样式为：字号为 10pt，文本的行高为 20px，文本颜色为蓝色，带下画线。

这部分所说的单击“添加附件”实现附件的添加，在实际操作中单击的是表单文件域元素的“浏览”按钮。采用的做法是将“浏览”按钮叠放在“添加附件”的前面，且设计为透明效果，所以用户看到的只有 “添加附件”，实现这种设计的关键是文件域元素的样式定义。

在 up.php 文件中插入表单，设计 name 和 id 是 file1 的文件域元素，使用 ID 选择符#file1 定义文件域元素的样式，样式要求如下。

（1）高度是 20px，与“添加附件”文本元素的行高一致。

（2）使用“滤镜”filter:alpha 设置文件域元素的透明效果，在 IE 中要使用样式代码 filter:alpha(opacity=0);进行设置，在其他浏览器中则要使用样式代码 opacity:0;进行设置。为了保证在各种浏览器中都起作用，可同时定义这两种样式。

（3）要实现文件域元素与“添加附件”文本元素的层叠显示效果，需要将文件域元素进行绝对定位，只有绝对定位的元素才能够放在其他元素的前面或后面。进行绝对定位之后，要保证定位在

“添加附件”位置的正好是文件域元素中的“浏览”按钮，所以定位时，要将文件域元素中的文本框部分向左移动到浏览器窗口左边框外侧，保证“浏览”按钮的位置与“添加附件”的位置一致。使用绝对定位且横坐标为-160px，纵坐标设置为 0 即可，将 z-index 设置为 2，保证将文件域元素显示在“添加附件”的前面。

（4）使用代码 cursor:pointer;将鼠标指针设为手状。

素养提示 设计复杂的添加附件功能，可以让用户使用更加方便。在项目开发中也要有创新思维和创新设计能力。

2. 样式代码与页面元素代码

（1）内嵌样式代码如下。

```
<style type="text/css">
 body{margin:0;}
 #file1{height:20px; filter:alpha(opacity=0); opacity:0; position:absolute; top:0px;
left:-160px; z-index:2; cursor:pointer;}
 .sp1{font-size:10pt;line-height:20px; color:#00f; text-decoration:underline;}
</style>
```

（2）页面元素代码如下。

```
<form action="" method="post" enctype="multipart/form-data"  name="form1" id="form1">
  <input name="file1" type="file" id="file1" />
</form>
<span class="sp1">添加附件</span>
```

11.1.2 表单界面内容与数据处理功能的合并

1. 使用 submit()方法提交表单数据

在 up.php 页面中实现当用户单击“添加附件”实现文件上传时，需要使用表单的 submit() 方法来提交数据。

当文件域元素的文本框内容发生变化时，系统会调用 submit() 方法。用户单击“添加附件”并选择文件之后，文件域元素的文本框中会显示文件的信息，这就意味着文本框的内容发生了变化，此时会触发文本框的 change 事件。因此只需要在文件域元素标签内部使用代码 onchange="document.表单名称.submit();"即可完成数据的提交。

修改 up.php 文件代码，在<input name="file1" type="file" id="file1" />标签内部增加代码 onchange="document.form1.submit();"实现数据上传，此处的 form1 是表单<form>标签中 name 属性的取值。

2. 获取并处理上传的文件

在 up.php 文件中同时包含表单界面的设计代码和表单数据提交之后的处理功能代码，因此在数据提交之前要先判断数据是否已经提交，否则会出现代码错误。

使用 isset()函数判断数据是否已经提交，即判断系统数组元素$_FILES['file1']是否已经设置，若已经设置，则说明数据已经提交，可执行数据处理部分的代码。

在上面已经编写完成的 up.php 页面元素代码之后增加如下代码，完成附件文件的上传与处理。

```
1: <?php
2:   if ( isset($_FILES['file1']) ) {
3:       $fname=$_FILES['file1']['name'];
4:       $fsize=round($_FILES['file1']['size']/1024,2)."kB";
5:       $ftype=$_FILES['file1']['type'];
6:       $ftmpname=$_FILES['file1']['tmp_name'];
7:       $name1=iconv("UTF-8", "GB2312", $fname);
8:       $rnd=mt_rand(0,100000);
9:       $name1="($rnd)$name1";
10:      move_uploaded_file($ftmpname,"upload/$name1");
11:  }
12: ?>
```

代码解释：

第 7 行，解决文件夹 upload 中文件名称内部的汉字乱码问题。

第 8 行和第 9 行，为了防止相同名称的附件互相冲突，产生随机数放在文件名称开始位置。

任务 11-2 添加与删除附件功能的实现

需要解决的核心问题

- 用来上传附件的 up.php 文件应如何加载到写邮件页面中？
- 写邮件页面中设计了几个接收上传附件信息的文本框？它们各自的作用是什么？
- 在 up.php 页面中上传的附件信息怎样传送给写邮件页面中的文本框？
- 如何在上传的附件信息前面增加附件图标，在其后面增加“删除”文本元素，之后显示在写邮件页面中？
- 删除附件时，如何去掉写邮件页面中的带有附件图标和“删除”文本元素的附件信息？如何修改存放所有附件信息的文本框的内容？如何使用 AJAX 技术请求服务器删除 upload 文件夹中的相应文件？

添加附件，是指当用户单击“添加附件”后，系统将上传的文件信息显示在写邮件页面中，同时准备好要传递给服务器的保存在数据表 emailmsg 中的附件信息内容。

删除附件，是指当用户单击“删除”后，系统将对应的附件信息从写邮件页面中删除，同时修改在添加附件时准备好的要上传给服务器的保存在数据表 emailmsg 中的附件信息，还要请求服务器删除文件夹 upload 中的相应文件。

11.2.1 界面设计

1. 使用浮动框架嵌入上传附件页面

对于添加附件的页面文件 up.php，需要使用浮动框架将其嵌入页面文件 writeemail.php，在 writeemail.php 表格的“主题”和“内容”之间增加一行，在右侧单元格中插入浮动框架。浮动框架的设计要求如下。

宽度为 100px，高度为 30px，没有滚动条，边框为 0，名称为 upfile，初始状态加载的页面文件是 up.php。

代码如下。

```
<iframe src="up.php" width="100" height="30" scrolling="no" name="upfile" frameborder=
"0"></iframe>
```

2. 设计接收上传附件的元素

（1）在页面中增加接收附件名称和大小信息的文本框元素。

当用户单击“添加附件”上传文件后，服务器端就已经接收并存储了上传的文件，不过，需要将上传文件的名称、大小等信息显示在写邮件页面中。另外，发送邮件时，需要将所有附件以“(随机数)文件名称(大小);”格式连接在一起提交给服务器，存储在邮件信息数据表 emailmsg 的 attachment 列中。

为此，需要在 writeemail.php 文件中添加两个隐藏的文本框，一个文本框的 id 为 attachmsg2，用于接收 up.php 文件上传的当前附件的名称和大小信息；另一个文本框的 id 为 file，用于接收 up.php 文件已经上传的所有附件的“(随机数)文件名称(大小);”信息。

为了能够观察到效果，临时将两个文本框都设置为显示状态，添加 3 个附件后，两个文本框及附件信息的显示效果如图 11-3 所示。

图 11-3 两个文本框及附件信息的显示效果

在图 11-3 中，“主题”文本框下面的第一个文本框的 id 是 attachmsg2，只显示最后添加的附件的名称和大小信息；第二个文本框的 id 是 file，内部会按顺序显示 3 个附件的相关信息。

添加两个文本框，需要分别定义样式代码和页面元素代码。

在样式文件 writeemail.css 中增加代码#attachmsg2, #file{display:none; }。

在页面文件浮动框架所在单元格内部的上方增加下面两行代码。

```
<input type="text" name="attachmsg2" id="attachmsg2" />
<input type="text"  name="file" id="file" />
```

（2）为文本框传递数据。

修改 up.php 文件代码，在 move_uploaded_file($ftmpname,"upload/$name1");之后添加代码，将上传附件的名称和大小等信息传递到页面文件 writeemail.php 的两个文本框元素中，新增代码如下。

```
1:     $value="$fname($fsize)";
2:     $file="($rnd)$fname($fsize);"
3:     echo "<script>";
4:     echo "parent.document.getElementById('attachmsg2').value='$value';";
5:     echo "var fileVal=parent.document.getElementById('file').value;";
6:     echo "parent.document.getElementById('file').value=fileVal+'$file';";
7:     echo "parent.appendattachment();";
8:     echo "</script>";
```

代码解释：

第 1 行，将已经计算出来的文件大小信息连接到文件名称后面，得到“文件名(大小)”格式的附件信息，将其保存在变量$value 中，通过第 4 行代码，将其作为 id="attachmsg2"的文本框的内容。

第 2 行，获取“(随机数)文件名(大小)”格式的附件信息，将其保存在变量$file 中，通过第 5 行和第 6 行代码，将其连接到 id="file"的文本框原有内容的后面。

第 4～6 行，代码中的 parent 用于指明要从父窗口文件 writeemail.php 中查找 attachmsg2 元素，这是因为 up.php 文件以浮动框架子窗口方式被嵌入 writeemail.php 父窗口文件，所以此处的 parent 不可缺少。

第 7 行，将附件信息传递到 writeemail.php 页面中之后，需要运行该页面中定义的脚本函数 appendattachment()，将附件信息以图 11-2 所示的格式显示在页面中。该函数的定义后面会讲解。

（3）用于显示附件信息的元素设计。

每上传一个附件之后，需要将 writeemail.php 页面中 id="attachmsg2"的文本框元素的内容获取出来，在其前面增加附件图标，在其后面增加“删除”文本元素之后，以图 11-2 中的效果显示在页面中。

因为附件图标和“删除”文本元素需要在所有附件中使用，所以在添加附件之前应先准备好这两个元素，这两个元素初始状态都是隐藏的，id 分别为 attachflag 和 delete。当用户单击“添加附件”时，分别复制这两个元素作为段落元素的子元素。

在样式文件 writeemail.css 中增加如下样式代码。

```
#attachment{width:auto; height:auto; margin:0; padding:0; background:#eef;}
#attachment p{height:25px; margin:0; font-size:9pt; line-height:25px;}
```

```
#attachflag{vertical-align:middle;} /*设置图片与右侧文本中线对齐*/
#delete,#attachflag{display:none;}
#delete{font-size:10pt; color:#00f; text-decoration:underline; cursor: pointer;}
```

在页面文件 writeemail.php 中浮动框架<iframe src="up.php" width="100" height="30" scrolling="no" name="upfile" frameborder="0"></iframe>的下方增加如下代码。

```
<div id="attachment"></div>
<img src="images/attachmentflag.JPG" id="attachflag" />
<span id="delete" onclick="dele(event)">删除</span> <!--单击“删除”时调用函数dele(),
同时传递参数event，该函数将在11.2.3小节中定义-->
```

在 writeemail.php 页面的“添加附件”前后增加的元素一共有 5 个，临时将这 5 个元素都设置为显示状态，其中<div id="attachment">因为初始高度为 auto，且没有内容，所以不能显示（该元素用于设置显示附件的浅蓝底色区域，其内部使用一个个段落显示一个个附件信息，如图 11-2 所示），其余 4 个元素的效果如图 11-4 所示。

图 11-4　为处理附件准备的部分元素的效果

11.2.2　添加段落节点显示附件信息

显示在 writeemail.php 页面中的所有附件信息都需要使用段落标签来进行控制，之后将段落元素作为元素<div id="attachment">的子元素添加到页面中，项目中会使用脚本函数 appendattachment() 实现这一功能。

在 writeemail.js 文件中创建函数 appendattachment()，代码如下。

```
1: var index = 1;
2: function appendattachment(){
3:    var attachment = document.getElementById('attachment');
4:    var value = document.getElementById('attachmsg2').value;
5:    var p = document.createElement('p');
6:    p.id = 'p' + index;
7:    var attflag = document.getElementById('attachflag');
8:    var aflag = attflag.cloneNode(true);
9:    aflag.style.display = 'inline';
10:   p.appendChild(aflag);
11:   p.innerHTML = p.innerHTML + value + "    ";
12:   var dele = document.getElementById('delete');
13:   var dele1 = dele.cloneNode(true);
14:   dele1.style.display = 'inline';
15:   dele1.name = index+'del';
16:   p.appendChild(dele1);
17:   attachment.appendChild(p);
```

```
18:  index++;
19:  var rdivH = document.getElementById('rdiv').clientHeight;
20:  document.getElementById('rdiv').style.height = (rdivH + 25) + "px";
21:  document.getElementById('zhedie').style.paddingTop = ((rdivH+25-60)/2) +"px";
22:  parent.iframeHeight();
23: }
```

代码解释：

第 1 行，定义全局变量 index，变量的值将作为创建的段落元素 id 中的序号部分，为该变量设置的初值是 1。在生成段落时，设置的 id 值从 p1 开始。添加多个附件时，依次再使用 p2、p3……。

第 3 行，获取页面中的元素<div id="attachment">，使用变量 attachment 表示。

第 4 行，获取 id 为 attachmsg2 的文本框元素中存放的值，包括文件全名和文件大小两部分信息，将它们保存在变量 value 中。

第 5 行，使用 document 对象的 createElement()方法创建段落标签，括号中的参数是 HTML 标签的名称，使用变量 p 表示该段落标签。

第 6 行，设置刚刚创建的段落标签的 id 属性取值是字符 p 连接上序号 index。例如，创建的第一个段落标签的 id 属性取值为 p1，这是为后面删除附件做准备工作。

第 7 行，获取页面中 id 为 attachflag 的附件图标元素，并将其保存在变量 attflag 中。

第 8 行，使用元素 attflag 的 cloneNode()方法复制元素 attflag，将复制的元素保存在变量 aflag 中。

第 9 行，使用样式中 display 的取值 inline 设置复制后的元素 aflag 为行内显示状态。

第 10 行，使用 appendChild() 方法将附件图标元素 aflag 添加为段落 p 的子节点。

第 11 行，在段落 innerHTML 属性原有内容后面增加格式为"文件名(大小)"的附件信息，后面添加几个空格，这是为了将附件信息与"删除"文本元素间隔一段距离。

第 12～15 行，复制 id="delete"的文本元素，设置其显示状态为行内显示，同时设置其 name 属性取值为"序号+del"的格式。例如，若变量 index 取值为 2，则复制后的文本元素的 name 属性取值为 2del。

第 16 行，将删除节点添加为段落 p 的子节点。

第 17 行，使用节点 attachment 的 appendChild()方法将段落标签添加为元素<div id="attachment">的子节点。

第 18 行，完成一个附件的添加之后，使序号变量 index 的值增加 1，为下个附件的添加做准备。

第 19 行，使用 clientHeight 获取元素<div id="rdiv">的高度。

第 20 行，使用 style.height 设置元素<div id="rdiv">的高度为现有高度值加上一个附件段落的高度 25px。

第 21 行，设置元素<div id="zhedie">的上填充，其取值为元素<div id="rdiv">的高度值减去元素<div id="zhedie">的高度 60px 之后的结果的 1/2。

第 22 行，使用 parent 对象调用父窗口页面中的 iframeHeight()函数，在增加附件之后重新设置浮动框架的高度。

函数调用：

关于函数 appendattachment()的调用，在 11.2.1 小节修改的 up.php 文件中，为 id="attachmsg2"和 id="file"的两个文本框传递数据之后，已经使用代码 parent.appendattachment()完成了函数调用。

11.2.3 删除附件

删除附件时需要实现两个功能，第一，删除图 11-2 中写邮件页面内显示的附件信息；第二，删除保存在 upload 文件夹中的附件文件。

删除写邮件页面中的附件信息，需要定义脚本函数完成；删除 upload 文件夹中的附件文件，需要使用 AJAX 完成浏览器与服务器的交互，最终实现服务器端文件的删除操作。

删除附件操作需要定义的脚本函数有两个：一是函数 createXML()，用于创建对象 XMLHttpRequest 的实例；二是函数 dele()，用于删除写邮件页面中的附件信息，删除 id="file"的文本框中相应附件的“(随机数)文件名(大小);”格式的信息，通过 AJAX 向服务器端发出请求，提交要删除文件的“(随机数)文件名”格式的信息。

除了定义脚本函数，还需要定义一个 PHP 文件，用于接收文件名称并删除附件文件，项目中定义的文件是 delefujian.php。

1. 创建函数 createXML()

在 writeemail.js 文件中创建函数 createXML()，代码如下。

```
function createXML(){
    var xml = false;
    if (window.ActiveXObject ) {
        try {
            xml = new ActiveXObject("Msxml2.XMLHTTP");
        }
        catch (e) {
            try {
                xml = new ActiveXObject("Microsoft.XMLHTTP");
            }
            catch (e) {
                xml = false;
            }
        }
    }
    else if (window.XMLHttpRequest) {
        xml = new XMLHttpRequest();
    }
    return xml;
}
```

代码解释请参阅 5.4.1 小节中的相关内容。

2. 创建函数 dele()

在 writeemail.js 文件中创建函数 dele()，代码如下。

```
1: function dele(evt){
2:   var e = evt||window.event;
3:   var obj = e.srcElement? e.srcElement : e.target;
4:   name = obj.name;
5:   num = parseInt(name);
6:   var p = document.getElementById('p' + num);
7:   var div = document.getElementById('attachment');
8:   div.removeChild(p);
9:   var rdivH = document.getElementById('rdiv').clientHeight
10:  document.getElementById('rdiv').style.height = (rdivH - 25) + "px";
11:  document.getElementById('zhedie').style.paddingTop = (rdivH - 25 - 60) / 2 + "px";
12:  parent.iframeHeight();
13:  var file = document.getElementById('file').value;
14:  var fileGrp = file.split(";");
15:  file='';
16:  for (i = 0; i < fileGrp.length - 1; i++){
17:    if ( i+1 == num ) {
18:      file = file + ";";
19:      fileName = fileGrp[i];
20:      var ind = fileName.lastIndexOf("(");
21:      fileName = fileName.substr(0, ind);
22:    }
23:    else {
24:      file = file + fileGrp[i] + ";";
25:    }
26:  }
27:  document.getElementById('file').value = file;
28:  //以下代码用于向服务器发送文件名称信息
29:  var url = "delefujian.php";
30:  var postStr = "fileName=" + fileName;
31:  var xml = createXML();
32:  xml.open("POST", url, true);
33:      xml.setRequestHeader("Content-Type", "appliction/x-www-form-urlencoded;charset=
utf8");
34:  xml.send(postStr);
35: }
```

代码解释：

第 1 行，函数中的形参 evt 是为了解决火狐浏览器的兼容性问题而设置的，调用时实参使用 event 即可。

第 2 行，若浏览器是 IE，则变量 e 的值被设置为 window.event；若是火狐浏览器，则变量 e 的值被设置为 evt。

第 3 行，在 IE 下，e.srcElement 是存在的，此时条件成立，获取 e.srcElement 的值并保存在变量 obj 中；若浏览器是火狐浏览器，则获取 e.target 的值并保存在变量 obj 中。这里的 e.srcElement 或者 e.target 的作用是获取事件操作的源对象，即进行单击操作时操作的页面元素。

第 4 行，获取事件所操作源对象的 name 属性的取值，并保存在变量 name 中。

第 5 行，使用 parseInt()方法获取变量 name 取值中开始位置的序号值。例如，若操作的“删除”文本元素的 name 属性为 3del，则代码 parseInt(name)获取到的是序号 3，将其保存在变量 num 中。

第 6 行，使用'p'+num 作为段落的 id 属性值，根据该 id 获取段落元素，将其保存在变量 p 中。例如，若变量 num 为 3，则获取到的段落的 id 属性取值为 p3。

第 7 行，获取元素<div id="attachment">。

第 8 行，使用 removeChild() 方法删除元素<div id="attachment">中指定的段落节点，例如，删除 id 为 p3 的段落。

第 9～11 行，设置元素<div id="rdiv">的新高度，每增加一个附件，整体高度增加 25px；设置元素<div id="zhedie">的上填充值，保证该元素在垂直方向上位于元素<div id="rdiv">的中间。

第 12 行，调用父窗口页面中的 iframeHeight() 函数重新设置浮动框架的高度。

第 13～27 行，处理 id="file"的文本框中保存的附件信息，保证上传到数据库中的是正确的附件信息，同时获取要从文件夹中删除的文件名称。

第 14 行，使用函数 split() 以分号为分隔符分割 id="file"的文本框中的附件信息，将其保存在数组 fileGrp 中。每个附件信息最后都有一个分号。例如，3 个附件有 3 个分号，使用分号分割之后，得到的数组有 4 个元素，比附件数多 1。

第 15 行，将变量 file 的值设置为空，为后面保存未删除的附件信息做准备。

第 16～26 行，使用循环结构逐个处理数组 fileGrp 中的附件信息，此时要注意循环次数为数组元素个数减 1。

第 17 行，若条件成立，则说明数组 fileGrp 中的当前元素表示被删除的附件信息，使用第 18～21 行代码处理被删除的附件信息。

第 18 行，对该附件信息只保留一个分号，该分号作为存在过的但是被删除的附件的一个记录，只是为了在数组 fileGrp 中保留一个序号。

对于所保留的分号的作用，下面举例说明。假设用户上传的附件有 3 个，效果如图 11-5 所示。

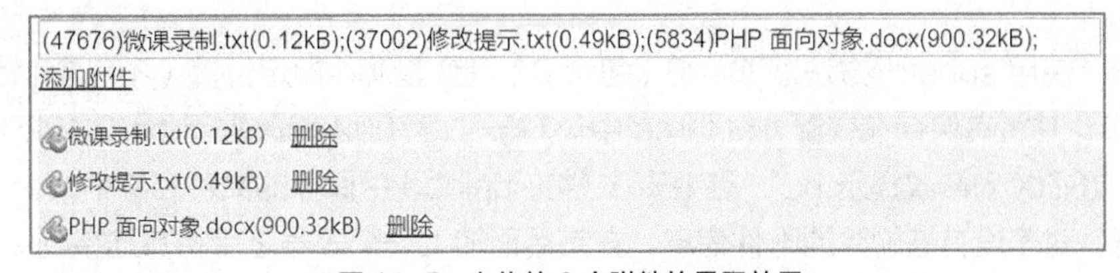

图 11-5 上传的 3 个附件的显示效果

在图 11-5 中，第 1 个附件微课录制.txt 对应的“删除”文本元素 name 取值中的序号为 1，第 2 个附件修改提示.txt 对应的“删除”文本元素 name 取值中的序号为 2，第 3 个附件 PHP 面向对象.docx 对应的“删除”文本元素 name 取值中的序号为 3。

将 id="file"的文本框中的内容使用分号分割之后，得到的数组 fileGrp 的 4 个元素的值分别如下。

```
fileGrp[0] = "(47676)微课录制.txt(0.12kB)";
fileGrp[1] = "(37002)修改提示.txt(0.49kB)";
fileGrp[2] = "(5834)PHP 面向对象.docx(900.32kB)";
fileGrp[3] = "";  //最后一个空元素被舍弃
```

此时，将非空数组元素索引加 1 即可得到“删除”文本元素 name 属性取值中的序号。

删除附件修改提示.txt 之后，图 11-5 的效果变为图 11-6 所示的效果。

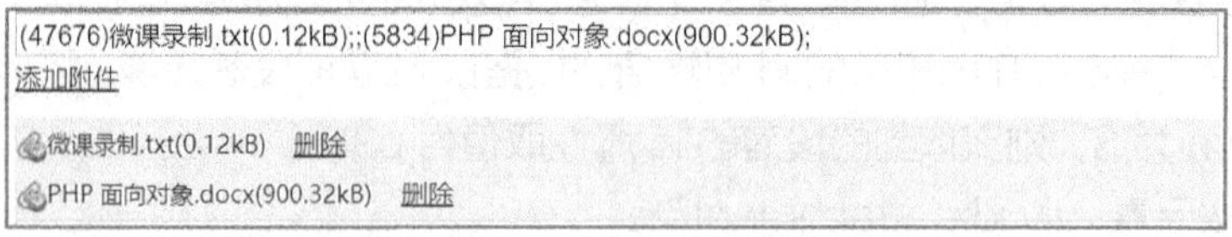

(47676)微课录制.txt(0.12kB);;(5834)PHP 面向对象.docx(900.32kB);
添加附件
微课录制.txt(0.12kB) 删除
PHP 面向对象.docx(900.32kB) 删除

图 11-6 删除一个附件之后的显示效果

在图 11-6 中，附件微课录制.txt 对应的“删除”文本元素 name 取值中的序号为 1，附件 PHP 面向对象.docx 对应的“删除”文本元素 name 取值中的序号为 3。

将 id="file"的文本框中的内容使用分号分割之后，得到的数组 fileGrp 仍然有 4 个元素，相关代码如下。

```
fileGrp[0] = "(47676)微课录制.txt(0.12kB)";
fileGrp[1] = "";
fileGrp[2] = "(5834)PHP 面向对象.docx(900.32kB)";
fileGrp[3] = "";  //最后一个空元素被舍弃
```

此时，将非空数组元素索引加 1 仍旧可得到“删除”文本元素 name 属性取值中的序号。无论是要继续删除附件还是要添加附件，都不会对其序号造成任何影响，这样可保证每种操作顺利进行。

若附件被删除之后，没有保留分号，将会导致数组元素索引与“删除”文本元素 name 属性取值中的序号完全“错乱”，从而找不到对应关系，造成删除文件时的“混乱”。

第 19 行，使用变量 fileName 记录数组 fileGrp 中被删除的附件信息，当前格式为“(随机数)文件名(大小)”。例如，删除图 11-5 中的第二个附件时，变量 fileName 的内容为“(37002)修改提示.txt(0.49kB)”。

第 20 行，使用 lastIndexOf()方法搜索变量 fileName 中定界“大小”的左圆括号，并返回其索引，将它保存在变量 ind 中。例如，对于“(37002)修改提示.txt(0.49kB)”而言，搜索之后返回的索引是 14。

第 21 行，使用 substr()方法截取从 0（包含 0）到变量 ind 指定位置（不包含 ind 指定位置）之间的字符串，并将其保存在变量 fileName 中。对于“(37002)修改提示.txt(0.49kB)”而言，得到的结果是“(37002)修改提示.txt”，这正是文件夹 upload 中保存的文件名称格式。

第 24 行，对于没有被删除的附件信息，在其后面加上一个分号之后将其连接到变量 file 中。

第 27 行，将变量 file 中存储的信息重新作为 id="file"的文本框的内容。

第 30～34 行，使用 AJAX 技术，将变量 fileName 中存储的格式为“(随机数)文件名”的文件名传递到服务器端文件 delefujian.php 中，为删除 upload 文件夹中的文件做准备。

3. 创建服务器端文件 delefujian. php

文件代码如下。

```
1: <?php
2:   header("Content-Type: text/html;charset=utf8");
3:   $fileName = $_POST['fileName'];
4:   $fileName = "upload/{$fileName}";
5:   $fname = iconv("UTF-8", "GB2312", $fileName);
6:   unlink($fname);
7: ?>
```

代码解释：

第 3 行，获取函数 dele()提交的文件名称，并将其保存在变量$fileName 中。

第 4 行，在文件名前面增加 upload，得到完整的路径。

第 5 行，使用 iconv()函数处理文件名中的汉字编码问题。

第 6 行，使用 unlink()函数删除指定路径下的文件。

任务 11-3 修改 storeemail.php 文件

在 11.2 节中使用的添加附件的方案中，所有附件的信息都以“(随机数)文件名(大小);”格式连接在一起放在 id="file"的文本框中，发送邮件时，这些附件的信息会作为完整的数据提交给服务器。因此，需要修改在任务 7 中创建的文件 storeemail.php 的代码，完成附件信息的接收与处理。

修改之后的文件 storeemail.php 的代码如下。

```
<?php
 ……
 //文件开始处获取收件人、发件人、主题、内容、日期和时间信息的代码与 7.4.4 小节中给定的代码完全相同
 //下面给定的代码用于获取并处理 writeemail.php 文件中 id="file"的文本框提交的附件名称信息
1:  $attachment = $_POST['file'];
2:  $attachmentGrp = explode(';', $attachment);
3:  $attachment = '';
4:  for ($i = 0; $i < count($attachmentGrp); $i++) {
5:    if ($attachmentGrp[$i] != ''){
6:       $attachment = $attachment . $attachmentGrp[$i] . ";";
7:    }
8:  }
 //后面打开数据库完成邮件发送或者系统退信的代码与 7.4.4 小节中给定的代码完全相同
 ……
?>
```

代码解释：

第 1～8 行，用于获取并处理 writeemail.php 文件中 id="file"的文本框提交的附件名称信息，因为发送邮件之前可能进行过删除附件的操作，使得文本框中可能存在多余的空格，所以在将数据保存在数据表 emailmsg 的 attachment 列中之前，需要将多余的空格去掉。

第 1 行，获取 id="file"的文本框提交的内容，并将其保存在变量$attachment 中。

第 2 行，使用分号分割变量$attachment 中的内容，并将其保存在数组$attachmentGrp 中，该数组中取值为空串的元素有两种情况：一种情况是其对应的是一个被删除的附件，另一种情况是其对应的是最后一个分号作为分隔符得到的最后一个空串元素。

第 5～7 行，若数组$attachmentGrp 的当前元素不为空，则说明存在附件，要将其重新连接到变量$attachment 中，并在最后增加一个分号。

小结

本任务通过嵌入的浮动框架模拟了邮箱中的通过单击操作添加附件的功能，这种添加附件的方式使得附件数不受限制。

为了能够将已经上传的附件的信息传递到写邮件页面中，在页面中添加了多个隐藏的元素用于接收这些数据，这样做的目的有 3 个：第一，能够在写邮件页面中显示所选择的附件信息；第二，发送邮件时方便向数据库中写入附件信息；第三，方便对附件进行删除操作。

删除附件时，使用了 AJAX 技术请求服务器端将已经接收并保存在文件夹中的文件彻底删除。

与任务 7 中介绍的添加和删除附件的功能实现方法相比，本任务提供的方法更为实用，只是因为实现难度偏高，故而将其放在提高篇中讲解。

任务12 使用PHP面向对象程序设计方法

12

本任务对 PHP 面向对象的相关知识进行简单介绍，包括面向对象程序设计概念、面向对象的基本特征、类的创建与访问等几个方面的内容，最后采用面向对象的方式改写了邮箱登录功能的相关代码，说明了面向对象在项目开发中的应用形式。

素养要点

尊重个体 双效统一

任务 12-1 理解面向对象

需要解决的核心问题

- 面向对象的基本特征有哪些？它们各自的含义是什么？

与大多数面向对象的编程语言不同，PHP 是同时支持面向过程和面向对象的编程语言。PHP 开发者可以在面向过程和面向对象两种方式中自由选择其一或是混合使用。面向过程开发周期短、发布速度快、效率较高；面向对象开发周期长、效率较低，但易于维护、改进、扩展和开发 API（Application Programming Interface，应用编程接口）。在 PHP 开发中，很难说哪一种方式更优异，应尽量在开发过程中发挥出两种编程方式各自的优势。

素养提示 PHP 面向过程和面向对象两相宜，在项目开发中要注重不同用户群体的需求，尊重个性化，提升项目潜在的社会效益和经济效益。

12.1.1 面向对象程序设计概念

面向对象的软件系统由多个类组成，类代表了客观世界中具有某种特征的一类事物，这类事物往往有一些内部的状态数据，比如人有身高、体重、年龄、爱好等各种状态数据。在程序中，需要使用属性来描述状态数据。当然，程序没有必要记住该事物的所有状态数据，只需要记录业务中关心的状态数据即可。

在面向对象的语言中，除了事物的内部状态数据需要使用类进行封装之外，在类中往往还需要提供两种方法，一种是操作这些状态数据的方法，另一种是为实现这类事物的行为特征而定义的方法，这些方法使用函数来实现。

即在面向对象的程序设计中，开发者希望直接对客观世界进行模拟：定义一个类，对应客观世界的某种事物；实际业务中需要关心这个事物的哪些状态，程序就为这些状态定义属性；实际业务中需要关心这个事物的哪些行为，程序就为这些行为定义方法函数。

例如，需要完成“小猴子吃蜜桃”这样一件事情。

在面向过程的程序世界中，“一切以函数为中心，函数最大”，因此这件事情会用如下语句来表达。

吃(小猴子,蜜桃);

吃是一个动作，或者说是一个方法，所以作为函数名称，而谁吃、吃什么则作为函数中的两个参数出现。

在面向对象的程序设计中，“一切以对象为中心，对象最大”，因此这件事情会用如下语句来表达。

小猴子.吃(蜜桃);

可见，面向对象的语句更接近自然语言的语法，主语、谓语、宾语一目了然，十分直观。

12.1.2 面向对象的基本特征

面向对象的方式有 3 个基本特征：封装（Encapsulation）、继承（Inheritance）和多态（Polymorphism）。

封装指的是将对象的实现细节隐藏起来，然后通过一些公用方法来展示该对象的功能，封装是通过类来实现的。

继承是面向对象实现软件复用的重要手段，当子类继承父类后，子类将直接继承父类的属性和方法，除此之外，子类还可以修改或额外添加新的行为。

多态就是把子类对象赋值给父类引用，然后调用父类的方法去执行子类覆盖父类的方法。在 PHP 中，对象引用并不明确区分是父类引用还是子类引用。

任务 12-2 使用类和对象

需要解决的核心问题

- 如何创建类？类的属性和方法如何定义？如何对类进行实例化？
- 对类进行访问控制时，可以使用哪几个关键字？它们各自的含义是什么？
- 类的静态属性和方法如何定义？如何访问？
- 构造函数和析构函数的作用是什么？PHP 5 及之后的版本中，构造函数和析构函数的名称分别是什么？
- 如何实现类的继承和重载？
- 抽象类如何定义？如何使用？
- PHP 中接口的概念是什么？
- 魔术方法有哪几个？它们各自的作用是什么？

面向对象的程序设计中有两个重要概念——类（Class）和对象（Object），对象也被称为实例

(Instance)。其中类是对某一批对象的抽象描述，可以把类理解成某种概念；对象则是一个具体存在的实体。一个类的所有对象都具有相同的数据结构，并且共享相同的实现操作的代码；各个对象又可以拥有各自不同的状态，即私有数据。

12.2.1 类的创建与实例化

类由变量和函数等组成，在类中，变量可称为属性，函数可称为方法。

1. 定义类

PHP 面向对象中定义类的简单语法如下。

```
[修饰符] class 类名{
  零到多个属性
  零到多个方法
}
```

每个类的定义都以关键字 class 开头，后面依次跟类名和一对花括号，花括号中包含对类的属性与方法的定义。

注意 类名后面没有圆括号。

修饰符可以是 public、final 和 abstract。public 是默认值，其对应的类权限最大；final 类不可被继承；abstract 类是一个抽象类，抽象类不能被实例化，但是使用 extends 关键字继承抽象类之后得到的 public 类是可以被实例化的。

类名可以是任何非 PHP 保留字的合法标签。一个合法类名以字母或下画线开头，后面跟若干字母、数字或下画线。

2. 类的实例化与访问

在声明一个类之后，该类只存在于文件中，程序不能直接调用它。需要对该类创建一个对象，在程序中才可以使用该类，创建一个类的对象的过程称为类的实例化。类的实例化需要使用 new 关键字，关键字后面需要指定实例化的类名，格式如下。

```
$obj = new classname;
```

注意 对类进行实例化时，如果需要传递参数，则类名后面必须有圆括号；如果没有参数，加圆括号或者不加圆括号效果都相同。

【例 12-1】定义一个 Ctest 类并对其进行实例化，代码如下。

```
1: <?php
2:   class Ctest{
3:       var $stuNO;
4:       function add($str){
```

```
5:          $this -> stuNO = $str;
6:          echo $this -> stuNO;
7:      }
8:  }
9:  $obj = new Ctest();
10: $obj -> add("201608080321");  //通过方法 add()输出 201608080321
11: echo $obj -> stuNO;  //输出 201608080321
12: ?>
```

说明 在一个类中，可以访问一个特殊的指针“$this”，如果当前类有一个属性$attr，则在类的内部要访问该属性时，可以使用“$this -> attr”来引用。

代码解释：

第 2~8 行，声明一个类，类名是 Ctest，默认是 public 类型的。

第 3 行，定义类中的一个属性，属性名称用变量$stuNO 表示。

第 4~7 行，以定义函数的方式，定义类中的方法，并实现方法中需要的功能。方法名称是 add，需要的形参是$str。

第 5 行，将形参$str 表示的数据传送给类中的属性$stuNO。

第 6 行，输出属性 stuNO 的内容。

第 9 行，创建类的实例，使用变量$obj 表示，注意此处不需要传递参数，类名后面的圆括号可以去掉。

第 10 行，通过对象$obj 引用类中的方法 add()，同时传递实参。因为在类中定义方法时，方法内部有输出语句，所以程序执行到第 10 行代码调用方法传递参数之后会执行第 6 行代码，输出实参值。

第 11 行，输出对象$obj 的属性 stuNO 的值。

对类进行实例化时，有些类允许接收参数，若能够接收参数，则可以使用以下代码创建对象。

```
$obj = new classname([$args, ...]);
```

其中，$args 是要传递的参数。

对象被创建之后，可以在类的外部通过对象访问其属性和方法，访问时需要在对象后面使用“->”符号加上要访问的属性或者方法，如$obj->add("201608080321");和 echo $obj->stuNO;。

从例 12-1 中可以看出，无论是从类的方法内部访问其成员属性（第 5 行和第 6 行代码），还是通过类的实例引用成员属性（第 11 行代码），成员属性前面都不能带有$符号。

12.2.2 类的访问控制

类的访问控制是指对属性或方法的访问控制，是通过在前面添加关键字 public（公有的）、protected（受保护的）或 private（私有的）来实现的。

- public：被定义为公有的类成员可以在类的外部或内部被访问。
- protected：被定义为受保护的类成员可以被其自身及其子类和父类访问。
- private：被定义为私有的类成员只能被其定义所在的类访问，即私有成员将不会被继承。

属性必须定义为公有的、受保护的、私有的之一。如果用 var 定义，则被视为公有的，可以将 var 看作 public 关键字的别名形式。

【例 12-2】应用 3 种访问控制方式，代码如下。

```
<?php
  //Define MyClass
  class  MyClass{
    public $public = 'Public';  //定义公有属性$public，可在任何位置被访问
    protected $protected = 'Protected';  //定义受保护的属性$protected，可被其父类、子类
及其自身访问
    private $private = 'Private';  //定义私有属性$private，只能在本类内部访问
    function  printHello(){  //定义一个默认的公有方法
        echo $this->public ."<br />";  //$this 可以理解为当前对象
        echo $this->protected ."<br />";
        echo $this->private ."<br />";
    }
  }
  $obj = new MyClass();  //创建类 MyClass 的实例
  echo $obj->public ."<br />";   //在类的外面可以通过实例访问其公有属性，输出 public
  echo $obj->protected;   //这行会产生一个致命错误，执行后会终止程序的执行
  echo $obj->private;   //这行也会产生一个致命错误，执行后会终止程序的执行
  $obj->printHello();   // 输出 Public、Protected 和 Private
  // Define MyClass2
  class MyClass2 extends MyClass{
    // 可以对 public 和 protected 进行重定义，但不能对 private 进行重定义
    protected $protected = 'Protected2';
    function  printHello() {
        echo $this->public ."<br />";
        echo $this->protected ."<br />";
        echo $this->private ."<br />";
    }
  }
  $obj2 = new MyClass2();
  echo $obj2->public ."<br />";   //输出父类中属性$public 的内容 public
  echo $obj2->private ."<br />";   //未定义 private
  echo $obj2->protected;   //这行会产生一个致命错误
```

```
  $obj2->printHello();   //输出 Public、Protected2 和 Undefined，子类不能访问父类的私有属性
?>
```

在设计类时，通常可将类的属性设为私有的，而将大多数方法设为公有的。这样，类以外的代码不能直接访问类的私有数据，从而实现了数据封装；而公有的方法可为内部的私有数据提供外部接口，但接口实现的细节在类的外面又是不可见的。

12.2.3 静态的属性和方法

在类中还可以定义静态的属性和方法，所谓“静态”，是指所定义的属性和方法与类的实例无关，只与类本身有关。静态的属性和方法一般用来包含类要封装的数据和功能，可以由所有类的实例共享。在类中可以使用 static 关键字定义静态的属性和方法。

访问静态的属性和方法时，需要使用范围解析符“::”，格式如下。

```
classname::$attribute;     //访问静态属性
classname::Cfunction();    //访问静态方法
```

【例 12-3】应用静态属性，代码如下。

```
<?php
  class Cteacher{
    public static $name="";
    public static function setName($name){
        Cteacher::$name=$name;
    }
    public static function getName(){
        echo Cteacher::$name;
    }
  }
  Cteacher::setName("王红");
  Cteacher::getName();   //输出"王红"
  echo Cteacher::$name;  //输出"王红"
?>
```

注意　只有静态的属性和方法才可以使用范围解析符。

12.2.4 构造函数和析构函数

构造函数是类中的一个特殊函数，创建类的实例时，构造函数将被自动调用，其主要功能是对类中的对象完成初始化操作。与构造函数相对的是析构函数，析构函数在类的对象被销毁时自动调用。

1. 构造函数

PHP 4 中，在类的内部与类同名的函数都被认为是构造函数，该函数在创建类的对象时自动执行。PHP 5 以及之后的版本中，构造函数用__construct()方法来声明（注意，construct 前面是两条下画线），这样做的好处是可以使构造函数名称与类名区分开，当类名发生改变时，不需要修改相应的构造函数名称。

在 PHP 5 及之后的版本中，为了向下兼容，如果一个类中没有名为__construct() 的方法，则 PHP 将搜索一个与类名同名的方法作为构造方法。如果__construct() 方法和与类名同名的方法同时存在，则优先将__construct() 作为构造方法。

2. 析构函数

类的析构函数是__destruct()，析构函数不能使用参数。若在类中声明了该函数，则 PHP 将在对象被销毁前调用该函数，将对象从内存中销毁，节省服务器资源。

【例 12-4】定义构造函数和析构函数，代码如下。

```
<?php
  header("Content-Type: text/html;charset=utf8");
  //构造函数和析构函数
  class Con{
      function __construct($num){
          echo "执行构造函数$num<br />";
      }
      function __destruct(){
          echo "执行析构函数<br />";
      }
      function res($num1,$num2){
          $res = $num1 + $num2;
          echo "$num1 + $num2 = $res<br />";
      }
  }
  $a = new Con(1);
  $b = new Con(2);
  $a -> res(3, 5);
  $b -> res(4, 6);
?>
```

执行结果如图 12-1 所示。

将数字 1 作为实参创建对象$a 时，自动执行构造函数，输出结果“执行构造函数 1”；将数字 2 作为实参创建对象$b 时，自动执行构造函数，输出结果“执行构造函数 2”。对象$a 和$b 分别访问了类的函数 res()，根据传递的实参计算并输出结果。在所有内容执行完毕之后，分别访问对象$a 和对象$b 的析构函数销毁对象，并输出“执行析构函数”。

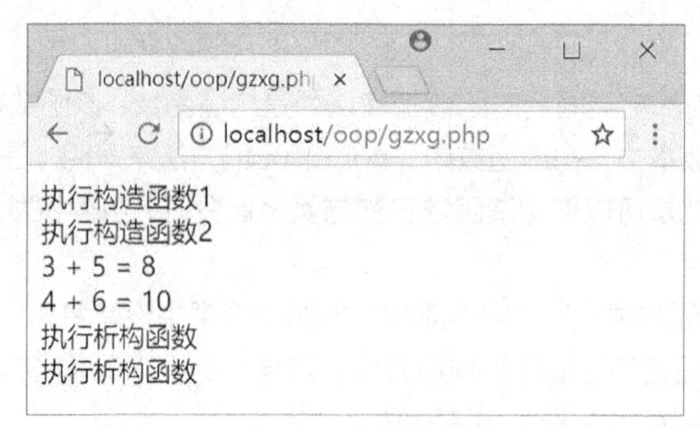

图 12-1　构造函数和析构函数的执行结果

12.2.5　类的继承

1. 子类访问父类

在 PHP 中，允许通过继承其他类的方式来调用这些类中已经定义的属性和方法。PHP 不支持多继承，因此一个子类只能继承一个父类。可以使用 extends 关键字指明类与类之间的继承关系，格式如下。

```
class Subclass extends Parclass{}
```

其中，Subclass 表示子类，Parclass 表示父类。

【例 12-5】定义父类 Person 和子类 Student，代码如下。

```
<?php
  header("Content-Type: text/html;charset=utf8");
  class Person{
      public $name = "Jery";
      public $sex;
      public $age;
      function say($name, $sex, $age){
          $this -> name = $name;
          $this -> sex = $sex;
          $this -> age = $age;
          echo "我的名字是：$this -> name <br />";
          echo "我的性别是：$this -> sex <br />";
          echo "我的年龄是：$this -> age <br />";
      }
  }
  class Student extends Person{
     protected $stuNO;
     function stuSay($stuNO){
         $this -> stuNO = $stuNO;
```

```
            echo "我的学号是：$this -> stuNO<br />";
        }
    }
    $stu1 = new Student();
    $stu1 -> stuSay("201608080421");
    $stu1 -> say("张宇", "男", 19);
?>
```

程序运行结果如图 12-2 所示。

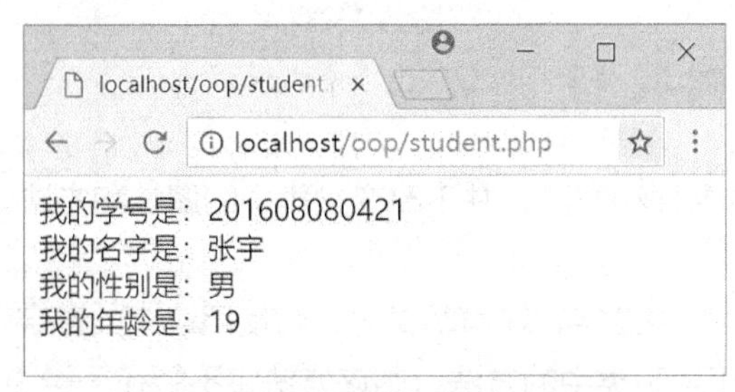

图 12-2　子类继承父类的运行结果

在程序中，因为类 Student 继承于类 Person，所以类 Student 的对象$stu1 既能够访问该类中定义的方法 stuSay()，也能够访问其父类 Person 中定义的方法。

子类可以继承父类中的构造函数，也可以定义自己的构造函数。

要在子类内部调用父类的方法，除了使用“$this->”之外，还可以使用“parent::”或者“父类名称::”的形式；而对于父类中的属性，在子类中则只能使用“$this->”的形式来访问。

例如，在例 12-5 中，可以直接将代码$stu1->say("张宇","男",19);移至子类的方法 stuSay(){}内部，改为 parent::say("张宇","男",19);。

2. 重定义

方法的重载是指在一个类中可以定义多个同名的方法，通过参数个数和类型来区分这些方法。PHP 并不支持这一特性，但可以通过类的继承在子类中定义与父类中同名的方法来实现类似于方法重载的特性，即重定义。

【例 12-6】在子类中对父类的属性和方法进行重定义，代码如下。

```
<?php
  header("Content-Type: text/html;charset=utf8");
  class A{
     public $attr = "stringA";
     function func(){
          echo "父类 A<br />";
      }
  }
  class B extends A{
     public $attr = "stringB";
```

```
        function func(){
            echo "子类B<br />";
        }
    }
    $b = new B();
    $b -> func();                    //输出“子类B”
    echo $b -> attr . "<br />";     //输出“stringB”
    $a = new A();
    $a -> func();                    //输出“父类A”
    echo $a -> attr . "<br />";     //输出“stringA”
?>
```

子类中重定义父类中的属性和方法，并不改变父类中的属性和方法。

3. 关键字 final

从 PHP 5 开始引入 final 关键字，在声明类时，若使用这个关键字，则该类将不能被继承。另外，若是将关键字 final 用于声明类中的方法，则该方法将不能在子类中重载。

> **注意** final 关键字只能用于声明类和方法，不可以用于声明属性。

12.2.6 抽象类和接口

1. 抽象类

抽象类是从 PHP 5 开始引入的新特性，它是一种特殊的类，使用关键字 abstract 定义，不能被实例化。一个抽象类中至少包含一个抽象方法，抽象方法也是由 abstract 关键字定义的。抽象方法只提供方法的声明，不提供方法的具体实现。例如：

```
abstract function func($name, $num);
```

包含抽象方法的类必须是抽象类。

抽象类只能通过继承来使用。继承抽象类的子类必须重载抽象类中的所有抽象方法才能被实例化。

【例 12-7】创建抽象类 Teacher 及其子类 Student，输出指定内容，代码如下。

```
<?php
    //定义抽象类 Teacher
    abstract class Teacher{
        var $teaNO = "19940473";
        var $project;
        abstract function showNO();
        abstract function getPro($project);
```

```
        function showPro(){
            echo $this -> project . "<br />";
         }
    }
    //定义子类 Student
    class Student extends Teacher {
        function showNO(){          //重载父类中的 showNO()方法
            echo $this -> teaNO . "<br />";
        }
        function getPro($pro){      //重载父类中的 getPro()方法
            $this -> project = $pro;
        }
    }
    $stu = new Student;
    $stu -> showNO();               //输出“19940473”
    $stu -> getPro("computer");
    $stu -> showPro();              //输出“computer”
?>
```

2. 接口

PHP 只能进行单继承，即一个类只能有一个父类。当一个类需要继承多个类的功能时，单继承将无法实现。为了解决这个问题，从 PHP 5 开始引入接口的概念。

接口是通过 interface 关键字而不是 class 关键字定义的，虽然像定义标准的类一样，但其中定义的所有方法都是空的。

接口中定义的所有方法都必须是公有方法，这是接口的特性。另外，接口中不能使用属性，但可以使用 const 关键字定义常量。

接口也支持继承，接口之间的继承也使用关键字 extends 来实现。

定义接口之后，可以将其实例化，接口的实例化称为接口的实现。实现一个接口需要一个子类来实现接口中的所有抽象方法。定义接口的子类必须使用关键字 implements。一个子类可以实现多个接口，通过这种形式可解决多继承的问题。

【例 12-8】定义 3 个接口：Teacher（教师）、Stu（学生）和 Course（课程），在 3 个接口中分别定义获取教师名称、学生名称和课程名称的方法；定义类 Student 同时实现 3 个接口，最终输出“学生×××选修了×××老师的×××课程”，代码如下。

```
<?php
  header("Content-Type: text/html;charset=utf8");
  interface Teacher{
     function getTeaName($TeaName);
  }
  interface Stu{
```

```
    function getStuName($StuName);
  }
  interface Course{
    function getCourName($CourName);
  }
  class Student implements Teacher, Stu, Course{
    function getStuName($StuName){
        echo "学生$StuName 选修了";
    }
    function getTeaName($TeaName){
        echo "$TeaName 老师的";
    }
    function getCourName($CourName){
        echo "$CourName 课程";
    }
  }
  $stu = new Student();
  $stu -> getStuName("王洪亮");
  $stu -> getTeaName("李振东");
  $stu -> getCourName("《数据结构》");
?>
```

一个子类还可以同时继承一个父类和多个接口。

12.2.7 类的魔术方法

因为 PHP 规定以双下画线“__”开头的方法都保留为“魔术方法”，所以在定义函数名时尽量不要使用“__”开头，除非是为了重载已有的魔术方法。前面介绍的构造函数__construct() 和析构函数__destruct()都是魔术方法。除此之外，PHP 还有另外几个魔术方法。

1．克隆对象

在 PHP 中可使用 clone 关键字建立与原对象拥有相同属性和方法的对象，若需要改变这些属性，则可以使用 PHP 提供的魔术方法__clone()，这个方法在“克隆”对象时会自动调用。

【例 12-9】观察下面代码的执行结果。

```
<?php
  header("Content-Type: text/html;charset=utf8");
  class Cid{
    public $id=1;
    public function __clone(){
        $this->id++;
```

```
        }
        public function showId(){
            echo "当前对象的 id 为: ".$this -> id ."<br />";
        }
    }
    $obj = new Cid();
    $obj1= clone $obj;
    $obj -> showId();   //输出"当前对象的 id 为: 1"
    $obj1 -> showId();  //输出"当前对象的 id 为: 2"
?>
```

克隆的对象$obj1 自动执行魔术方法__clone()，实现 id 属性的增值。

注意 魔术方法__clone()并不是克隆对象必需的。

2. 方法重载

魔术方法__call()可以用于实现方法的重载。使用该方法的格式如下。

```
function __call(arg1, arg2){}
```

参数 arg1，表示被调用的方法名称。

参数 arg2，表示传递给该方法的参数数组，当对象访问类中不存在的方法时，__call()方法将被调用。

【例 12-10】定义类 Student，在类中定义方法__call()和 stuStudy()，在类的实例中访问不存在的方法 setName()和 setIntr()以及存在的方法 stuStudy()，代码如下。

```
<?php
  header("Content-Type: text/html;charset=utf8");
  class Student{
     function __call($method, $arr){
          echo "对象中调用了一个没有定义的方法 '$method', ";
          echo "方法中传递的数据是 '".implode(',', $arr)."'<br />";
     }
     function stuStudy($name){
          echo "$name 学习成绩非常好! <br />";
     }
  }
  $stu = new Student();
  $stu -> setName('徐潇');
  $stu -> setIntr('爬山', '游泳', '旅游');
  $stu -> stuStudy("紫薇");
?>
```

运行结果如图 12-3 所示。

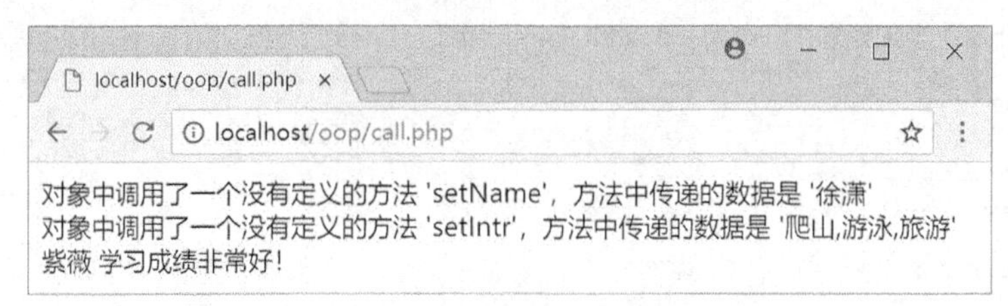

图 12-3　重载方法的运行效果

当对象$stu 访问类中不存在的方法 setName() 时，程序自动执行重载方法__call()，将不存在的方法名称 setName 作为__call()方法中$method 参数的值，将传递的参数“徐潇”以数组的方式作为__call()方法中参数$arr 的值。因此在__call()方法的代码中使用 implode()方法以逗号作为间隔符，合并数组元素的值并输出。

3. 访问类的属性

通常情况下为了实现类的封装，会将类的属性定义为 private（私有的），此时从类的外部直接访问类的私有属性是不允许的。在 PHP 中定义了两个魔术方法__set()和__get()，在读取不存在的属性时，会自动调用方法__set()和__get()。

__set()方法需要两个参数，分别是将要设置的属性名称和取值；__get()方法只需要属性名称一个参数，该方法会返回属性的值。

【例 12-11】应用__set()和__get()方法，代码如下。

```
<?php
  class Fruit
  {
    private $color;
    private $weight;
    public  function __set($name,$value){
         $this->$name = $value;
    }
    public  function __get($name){
         return $this->$name;
    }
  }
  $fru=new Fruit();
  $fru->color = 'red';
  echo $fru->color;  //输出“red”
?>
```

类中的属性$color 是私有的，若没有在类中使用__set()和__get()方法，则代码$fru->color 是错误的。通过方法__set()可设置属性$color，通过方法__get()可返回属性$color 的取值。

4. 字符串转换

由类创建的对象，其数据类型是对象，不能直接使用 print 或者 echo 语句输出。在要输出对象时，可以在类中定义__toString()方法，在该方法中会返回可输出的字符串。

【例 12-12】应用__toString()方法，代码如下。

```
<?php
  class Testclass{
    public $foo;
    public function __construct($foo){
        $this->foo = $foo;
    }
    public function __toString(){
        return $this->foo;
    }
  }
  $class = new Testclass("Hello");
  echo $class;   //输出 Hello
?>
```

在创建类 Testclass 的实例$class 时，自动执行构造函数__construct()，该函数会接收参数 Hello，并将其赋给类的属性$foo。在执行代码 echo $class;时，会自动执行字符串转换方法__toString()，输出类的属性$foo 的取值 Hello。

5. 自动加载对象

__autoload()方法用于自动加载对象，它不是一个类方法，而是一个单独的函数。如果脚本中定义了__autoload()函数，则使用 new 关键字实例化没有声明的类时，这个类的名称将作为实参传递给__autoload()函数，该函数会根据实参类名自动确定类文件名，并加载类文件中的同名类。示例代码如下。

```
<?php
  function __autoload($source){
    require_once $source . '.php';
  }
  $obj = new Student();
?>
```

在上面的代码中，创建类 Student 的实例时，会将类名 Student 作为__autoload() 函数的实参，从而执行代码 require_once $source . '.php';，包含文件 student.php，并从该文件中查找类 Student。

6. 对象序列化

对象序列化是指将对象转换成字节流的形式，并将序列化后的对象在文件或网络中传输，然后将其反序列化还原为原数据。

对象序列化使用函数 serialize()来实现，反序列化使用函数 unserialize()来实现。在进行对象序列化时，如果存在魔术方法__sleep()，则 PHP 会调用该方法，用于清除数据提交、关闭数据库连接等，并返回一个数组，该数组包含需要序列化的所有变量。在反序列化对象后，PHP 调用__wakeup()方法，用于重建对象序列化时丢失的资源。方法__sleep()和__wakeup()都不需要接收参数。

【例 12-13】对对象进行序列化，代码如下。

```
<?php
  class serialization{
     private $NO = "081101";
     private $name="张颖";
     public function show(){
         echo $this->NO . "<br />";
         echo $this->name ."<br />";
     }
     function __sleep(){
         return array('NO','name');  //指定要序列化的变量$NO 和$name
     }
     function __wakeup(){
         $this->NO = '081102';
         $this->name = '林东';
     }
  }
  $test = new serialization();
  $demo = serialize($test);  //序列化$test 对象，将结果保存在变量$demo 中
  echo $demo;    //输出序列化后的字符串
  $ntest = unserialize($demo);  //反序列化
  $ntest->show();  //输出'081102' '林东'
?>
```

12.2.8 实例——使用类和对象的方式实现邮箱登录功能

1. 创建数据库操作类 Database

创建文件 db_class.php，在其中创建类 Database，在类中定义下面的属性。

- $conn，用于表示数据库连接。
- $result，用于保存查询结果记录集。
- $rowNum，用于保存查询结果记录集中的记录数。

在类中定义下面的方法。

- connect_db()，用于完成数据库连接。

- select_db()，用于打开指定的数据库。
- db_query()，用于执行定义的 SQL 语句。
- row_num()，用于获取查询结果记录集中的记录数，并返回记录数。

代码如下。

```
<?php
  class Database{
    public $conn;
    public $result;
    public $rowNum;
    function connect_db($host, $user, $psd){
        if ( !($this -> conn = mysqli_connect($host, $user, $psd) ) ) {
           die("Cannot connect to the database . error code:" . mysqli_error());
        }
    }
    function select_db($dbname){
        if ( !mysqli_select_db($this -> conn, $dbname) ) {
            die("Cannot to select the database . Error code:" . mysqli_error() );
        }
    }
    function db_query($sql){
        if ( !($result = mysqli_query($this -> conn, $sql)) ) {
            die("mysqli_query execute error . Error code : " . mysqli_error());
        }
        else{
            $this -> result = $result;
        }
    }
    function row_num(){
        $this -> rowNum = mysqli_num_rows($this -> result);
        return $this -> rowNum;
     }
  }
?>
```

2. 创建 denglu.php 文件

```
<?php
  session_start();
  $emailaddr = $_POST['emailaddr'];
  $_SESSION['emailaddr'] = $emailaddr;
  include 'db_class.php';    //包含文件 db_class.php
  $my_db_class = new Database();
  $my_db_class -> connect_db('localhost', 'root', 'root');  //传递参数连接 MySQL
  $my_db_class -> select_db('email');  //传递参数打开数据库 email
  $emailaddr = mysqli_real_escape_string($my_db_class->conn, $emailaddr); //转义地
址中的特殊字符
  $psd = mysqli_real_escape_string($my_db_class->conn, $_POST['psd']); //转义密码中
```

的特殊字符

```
    $sql = "select * from usermsg where emailaddr = '$emailaddr' and psd = '$psd' ";
    $my_db_class -> db_query($sql);      //传递参数，执行 SQL 语句
    $num = $my_db_class -> row_num();   //获取查询结果记录集中的记录数
    if ( $num == 0 ) {
       include 'denglu.html';
       echo "<script>";
       echo "document.getElementById('errormsg').style.display = 'block';";
       echo "</script>";
    }
    else{
       include 'email.php';
       echo "<script>";
       echo "document.getElementById('email').value = '$emailaddr@163.com';";
       echo "</script>";
    }
    mysqli_close($my_db_class->conn);
?>
```

小结

本任务简单介绍了面向对象程序设计的基本概念和特征，并对类和对象的相关知识通过设计的例题进行了比较翔实的讲解，任务的最后使用面向对象的方式改写了邮箱登录功能的相关代码，帮助读者深入理解面向对象的程序设计方法。

习题

一、选择题

1. PHP 中默认的访问权限修饰符是________。

   A. public　　B. private
   C. protected　　D. interface

2. PHP 中的析构函数是________。

   A. __construct()　　B. __destruct()
   C. __clone()　　D. __call()

3. 访问静态的属性和方法时，需要使用范围解析符________。

   A. ::　　B. :
   C. $　　D. $$

二、填空题

1. 抽象类需要使用关键字______________来定义。
2. PHP 中使用关键字______________来指明类与类之间的继承关系。
3. 类的实例化需要使用关键字______________来实现。